R语言
入门与实践

张婷 编著

U0223295

清华大学出版社

北京

内 容 简 介

本书循序渐进、由浅入深地讲解了 R 语言开发技术，并通过具体实例讲解了 R 语言的各个知识点。本书共分 12 章，其中第 1～2 章是基础知识部分，讲解了 R 语言开发的基础知识，包括 R 语言基础、R 语言语法基础；第 3～6 章是核心语法部分，分别讲解了流程控制语句、函数、数据结构、包和环境空间等知识，这部分内容介绍的是 R 语言中最重要的语法知识；第 7～10 章是进阶提高部分，分别讲解了数据输入和导出、数据处理、绘制可视化图、R 语言和人工智能等知识，这部分内容是 R 语言开发技术的重点和核心；第 11 章和第 12 章是综合实战部分，讲解了两个大型案例的实现过程，介绍了 R 语言在大型商业项目中的应用。

本书不仅可以作为 R 语言初学者的学习用书，也适合有一定 R 语言基础的读者学习，还可以作为高等院校相关专业的教学用书和培训机构的教材。

图书在版编目(CIP)数据

R 语言入门与实践/张婷编著. —北京：清华大学出版社，2024.7
ISBN 978-7-302-66396-6

Ⅰ. ①R… Ⅱ. ①张… Ⅲ. ①程序语言—程序设计 Ⅳ. ①TP312

中国国家版本馆 CIP 数据核字(2024)第 111468 号

责任编辑：魏 莹
封面设计：李 坤
责任校对：翟维维
责任印制：刘 菲

出版发行：清华大学出版社
　　　网　　　址：https://www.tup.com.cn, https://www.wqxuetang.com
　　　地　　　址：北京清华大学学研大厦 A 座　　　邮　　　编：100084
　　　社 总 机：010-83470000　　　邮　　　购：010-62786544
　　　投稿与读者服务：010-62776969, c-service@tup.tsinghua.edu.cn
　　　质量反馈：010-62772015, zhiliang@tup.tsinghua.edu.cn

印 装 者：三河市君旺印务有限公司
经　　销：全国新华书店
开　　本：185mm×230mm　　印　张：23.25　　字　数：464 千字
版　　次：2024 年 7 月第 1 版　　印　次：2024 年 7 月第 1 次印刷
定　　价：89.00 元

产品编号：104120-01

从你开始学习编程的那一刻起，就注定了以后所要走的路——从编程学习者开始，可能会依次经历实习生、程序员、软件工程师、架构师、CTO 等职位的磨砺；当你站在职位顶峰的位置蓦然回首时，会发现自己的成功并不是偶然，在程序员的成长之路上会有不断修改代码、寻找并解决 Bug、不停测试程序的经历。不可否认的是，只要你在自己的开发生涯中稳扎稳打，并且善于学习和总结，最终将会得到可喜的收获。

选择一本合适的书

对于一名程序开发初学者来说，究竟如何学习才能提高自己的开发技术呢？关键是选择合适的图书进行学习。但是，市面上许多面向初学者的编程书籍中的大多数篇幅都是讲解基础知识，多偏向于理论，读者学习以后面对实战项目时还是无从下手。如何实现从理论到项目实战的平滑过渡，是初学者需要迫切解决的问题，为此，作者特意编写了本书。

本书的特色

1. 以"从入门到精通"的模式构建内容，让读者入门容易

为了使读者能够完全看懂本书的内容，本书遵循"从入门到精通"基础类图书的写法，循序渐进地讲解 R 语言的基本知识。

2. 破解语言难点，帮助读者绕过学习中的误区

本书通过详细讲解基本知识点，让读者理解并绕过学习中的误区，知其然又知其所以然。

3. 视频讲解，降低学习难度

书中每一章均提供图文并茂的教学视频，这些视频能够引导初学者快速入门，增强学习的信心，从而快速理解所学的知识。

4. 贴心提示和注意事项提醒

本书根据需要在文中安排了很多"注意"小板块，让读者可以在学习过程中更轻松地理解相关知识点及概念，更快地掌握个别技术的应用技巧。

5. 源程序+视频+PPT 丰富的学习资料，让学习更轻松

本书的篇幅有限，不可能囊括"基础+范例+项目案例"的全部内容，所以配备了学习资源来辅助实现。在本书的学习资源中不但有全书的源代码，而且还精心制作了实例讲解视频、知识点讲解视频等，读者可以扫描书中提供的二维码观看视频，也可以扫描下方的二维码获取源代码和 PPT 课件。

扫码获取源代码　　　　　　扫码获取 PPT

6. QQ 群实现教学互动，形成互帮互学的朋友圈

本书作者为了方便给读者答疑，特提供了 QQ 群进行技术支持，并且随时在线与读者互动。让大家在互学互帮中形成一个良好的学习编程氛围。

本书的读者对象

- ❑ 初学编程的自学者
- ❑ 大中专院校的教师和学生
- ❑ 做毕业设计的学生
- ❑ 软件测试人员
- ❑ 编程爱好者
- ❑ 相关培训机构的教师和学员
- ❑ 初、中级程序开发人员
- ❑ 参加实习的初级程序员

致谢

本书在编写过程中，得到了清华大学出版社编辑的大力支持，正是各位编辑的求实、耐心和效率，才使得本书能够在这么短的时间内出版。另外，也十分感谢我的家人给予的巨大支持。由于本人水平有限，书中纰漏之处在所难免，恳请广大读者提出意见或建议，以便修订并使之更臻完善。

最后感谢您购买本书，希望本书能成为您编程路上的领航者，祝您阅读快乐！

编　者

目录

第 1 章

R 语言基础

　　R 语言的全称是 Recovery Component，它是一种面向对象的编程语言，在数据统计分析、绘图、数据挖掘等领域广泛应用。本章将详细讲解 R 语言的发展历程、R 语言环境的搭建方法，最后通过案例演示了开发 R 语言应用程序的过程。

1.1　R 语言的发展历程

扫码看视频

R 语言源自 S 语言，是 S 语言的一个变种。S 语言由 Rick Becker、John Chambers 等人在贝尔实验室开发。贝尔实验室在科学界享有盛名，像著名的 C 语言、UNIX 系统便是由贝尔实验室开发的。

下面是 R 语言的几个重要发展变化。

- ❑ R 语言的诞生：Ross Ihaka 和 Robert Gentleman 在奥克兰大学基于 S 语言开发了 R 语言，目的是创建一个免费的、开源的统计编程环境。
- ❑ CRAN 的建立：为了更好地分发 R 语言及其包，CRAN(The Comprehensive R Archive Network)被创建，这是一个网络存储库，用于存储和分发 R 的二进制包、源代码包和贡献包。
- ❑ 多平台支持：R 语言开始支持 Windows 操作系统，这进一步扩大了其用户基础。
- ❑ 大数据和并行计算：随着大数据时代的到来，R 语言通过引入并行计算和分布式计算框架(如 Apache Spark 的接口)来处理大规模数据集。
- ❑ RStudio 的兴起：RStudio 提供了一个集成开发环境(IDE)，极大地提高了 R 语言的易用性和开发效率。
- ❑ 人工智能阶段：随着人工智能技术的发展，R 语言也迎来了其在 AI 领域的应用，特别是在机器学习和深度学习方面。在这一时期，R 语言社区开发了多个包，如 keras、tensorflow、h2o 等，这些包使得 R 语言能够与 AI 技术无缝对接，用于构建、训练和部署复杂的机器学习模型。此外，R 语言在自然语言处理、计算机视觉等 AI 子领域也展现出了其潜力。

1.2　R 语言的特点

扫码看视频

推出 R 语言的最初目的是实现数据统计和绘图功能，经过长时间的发展，目前 R 语言在数据处理和可视化展示方面发挥了巨大的作用。在 TIOBE 近日发布的编程语言排行榜中，R 语言的排名稳步上升，已经成为科学界不可或缺的编程语言。

R 语言具有以下几个特点。

- 完全免费并开源：R 语言是一个自由软件，其代码开源，可运行于各种主要计算机操作系统。
- 易于编码：R 语言是一种开源统计语言，被认为是易于编码的语言之一。并且，238 也很容易安装和配置。
- 与其他语言的集成：R 语言可与其他编程语言如 C、C++、Java 和 Python 集成并使用不同的数据源。
- 强大的制图功能：如果希望将复杂数据进行可视化操作，R 语言无疑是首选。
- 良好的扩展性：R 语言跨平台，可以胜任复杂的数据分析工作，并能绘制精美的图形。
- 功能强大：R 语言提供了应用广泛的技术，可用于数据分析、采样和可视化。它用更先进的工具来分析统计数据。
- 交互式数据分析：R 语言支持复杂的算法描述，图形功能极其强大。
- 实现了经典的、现代的统计方法：R 语言支持参数和非参数假设检验、线性回归、广义线性回归、非线性回归、树回归、混合模型、方差分析、判别、聚类、时间序列分析等功能。

1.3 安装 R 语言运行环境

在使用 R 语言之前，需要先搭建其运行环境，只有在计算机中搭建好了运行环境后才可以运行 R 程序。下面将详细讲解搭建 R 运行环境的知识。

扫码看视频

1.3.1 Windows 系统安装 R 语言

(1) 登录 R 语言的官方网址 https://cloud.r-project.org/bin/windows/base/，在此网页会显示适合 Windows 系统的 R 语言版本，通常会显示当前的最新版本，如图 1-1 所示。

(2) 单击网页顶部的 Download R-4.2.2 for Windows 链接，开始下载 R 语言，下载完成后会得到安装文件 R-4.2.2-win.exe。

(3) 双击安装文件 R-4.2.2-win.exe，将弹出"选择语言"对话框，如图 1-2 所示。在该对话框的下拉列表框中选择"中文(简体)"选项，然后单击"确定"按钮。

(4) 弹出"信息"界面，如图 1-3 所示，单击"下一步"按钮。

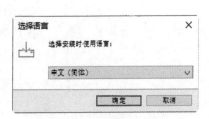

图 1-1　Windows 版本的 R 语言下载页面

图 1-2　"选择语言"对话框

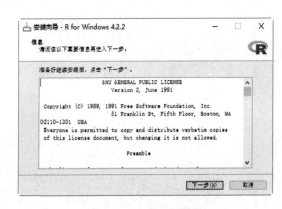

图 1-3　"信息"界面

(5)　弹出"选择安装位置"界面，如图 1-4 所示，单击"下一步"按钮。

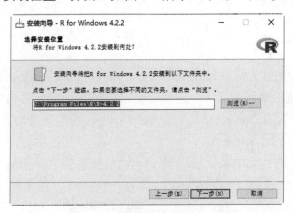

图 1-4　"选择安装位置"界面

(6) 弹出"选择组件"界面，如图 1-5 所示，单击"下一步"按钮。

(7) 弹出"启动选项"界面，如图 1-6 所示，单击"下一步"按钮。

图 1-5 "选择组件"界面

图 1-6 "启动选项"界面

(8) 弹出"选择开始菜单文件夹"界面，如图 1-7 所示，单击"下一步"按钮。

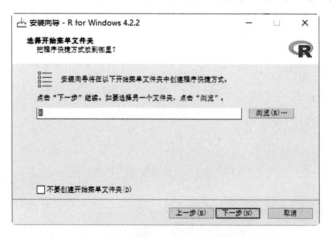

图 1-7 "选择开始菜单文件夹"界面

(9) 弹出"选择附加任务"界面，如图 1-8 所示，单击"下一步"按钮。

(10) 弹出"正在安装"界面，其中会显示安装进度条，如图 1-9 所示。

(11) 进度条完成后将弹出"安装完成"界面，如图 1-10 所示，单击"结束"按钮完成安装。

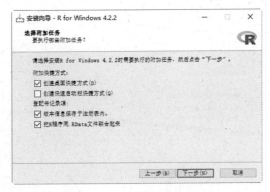

图 1-8　"选择附加任务"界面

图 1-9　"正在安装"界面

图 1-10　"安装完成"界面

1.3.2　在 Linux 系统和 macOS 系统安装 R 语言

1. Linux 系统

获取 Linux 版 R 语言的网址如下。

- □　官方网址：https://cloud.r-project.org/bin/linux/。
- □　USTC 镜像网址：https://mirrors.ustc.edu.cn/CRAN/bin/linux/。
- □　TUNA 镜像网址：https://mirrors.tuna.tsinghua.edu.cn/CRAN/bin/linux/。

在上述网址中提供了不同 Linux 版 R 语言的安装教程，读者按照教程操作即可完成安装。

2. macOS 系统

获取 macOS 版 R 语言的网址如下。

- ❑　官方网址：https://cloud.r-project.org/bin/macosx/。
- ❑　USTC 镜像网址：https://mirrors.ustc.edu.cn/CRAN/bin/macosx/。
- ❑　TUNA 镜像网址：https://mirrors.tuna.tsinghua.edu.cn/CRAN/bin/macosx/。

在上述网址中提供了不同 macOS 版 R 语言的安装教程，读者按照教程操作即可完成安装。

如果读者觉得打开上述网址的速度太慢，可以访问清华大学提供的源网址 https://mirrors.tuna.tsinghua.edu.cn/CRAN/bin/。

1.4　R 语言开发工具：R GUI

在安装 R 语言后，接下来就可以编写 R 程序了。下面将为大家介绍两款 R 语言的开发工具。在安装 R 语言后，会自动安装 R 语言官方提供的开发工具 R GUI。在 Windows 系统中单击"开始"按钮，在弹出的下拉菜单中选择 R 4.2.2 命令即可启动 R GUI，如图 1-11 所示。

图 1-11　选择 R 4.2.2 命令

扫码看视频

启动 R GUI 后的界面如图 1-12 所示。

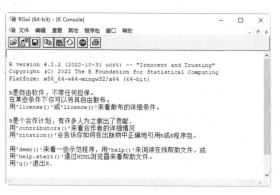

图 1-12　启动 R GUI 后的界面

◉ 1.4.1　以命令行的方式运行 R 程序

如图 1-13 所示是一个命令行界面，我们可以通过交互式方式运行程序。例如，输入如下代码：

```
print("Hello, world")
```

按 Enter 键即可显示执行结果""Hello, world""，如图 1-13 所示。

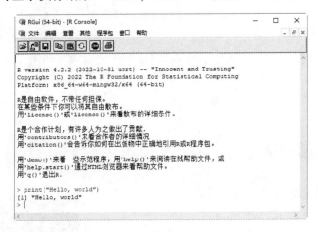

图 1-13　显示程序运行结果

R GUI 具备代码着色功能，在图 1-13 中，红色部分"print("Hello, world")"表示 R 程序代码，下方蓝色部分""Hello, world""表示执行结果。

1.4.2　以文件的方式运行 R 程序

(1)　打开 R GUI 后，选择"文件"→"新建程序脚本"命令，如图 1-14 所示。

(2)　在弹出的 R 编辑器界面中可以编写 R 程序代码。例如，输入以下代码(见图 1-15)：

```
print("Hello, world")
```

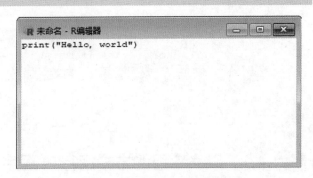

图 1-14　选择"新建程序脚本"命令　　　　　图 1-15　编写的 R 程序代码

（3）按键盘上的 Ctrl+S 组合键或选择"文件"→"保存"命令，在弹出的"保存程序脚本为"对话框中为当前程序设置一个文件名，并设置保存位置。例如，可以将其命名为"first"，保存到"R 语言\codes\1"目录下，如图 1-16 所示。

(a) 选择"保存"命令　　　　　　　(b) "保存程序脚本为"对话框

图 1-16　保存 R 程序文件

（4）单击"保存"按钮，将会在"R 语言\codes\1"目录下保存刚刚编写的 R 程序文件 first.R。其中，.R 是 R 语言的扩展名，表示这是一个 R 语言程序文件。

（5）选择"编辑"→"运行所有代码"命令，将运行文件 first.R 中的所有代码，如图 1-17 所示。如果选择"编辑"→"运行当前行或所选代码"命令，将运行文件 first.R 中的选定代码。

图 1-17　运行代码

1.5　R 语言开发工具：RStudio

为了提高开发 R 程序的效率，下面介绍一款著名的 IDE（ Integrated Development Environment，集成开发环境 ）开发工具：RStudio，可以帮助我们快速开发 R 程序。RStudio 具备基本的调试、语法高亮、项目管理、代码跳转、智能提示、自动完成、单元测试、版本控制等功能。

扫码看视频

1.5.1　安装 RStudio

RStudio 是 R 语言的一个集成开发环境，由 JJ Allaire 公司于 2011 年创建并发布，分为 Desktop 版和 Server 版，两个版本的具体说明如下。

- ❑ Desktop 版：桌面版本，安装在开发者电脑中，可以在 Windows、Linux 和 Mac 等不同操作系统上安装。
- ❑ Server 版：服务器版本，是一个基于 Web 访问的 RStudio 云端开发环境，需要安装在 Linux 服务器中，供多个网络用户远程访问使用。

对于本书读者来说，只需安装 Desktop 版即可。下载并安装桌面版 RStudio 的流程如下。

(1) 登录 RStudio 官方网站 https://posit.co/downloads/，找到 RStudio Desktop 下面的 Free(免费)版本，然后单击 DOWNLOAD 按钮，如图 1-18 所示。

图 1-18　单击 DOWNLOAD 按钮

(2) 在弹出的页面中显示了当前最新的 RStudio 版本，并介绍了需要安装的 R 语言版本。因为我们已经安装了 R 语言，所以在此处单击 DOWNLOAD RSTUDIO DESKTOP FOR WINDOWS 按钮开始下载 RStudio，如图 1-19 所示。

图 1-19　下载 RStudio

（3）下载完成后得到一个 .exe 格式的安装文件，双击该安装文件开始安装 RStudio，首先弹出"欢迎使用 RStudio 安装程序"界面，如图 1-20 所示。

图 1-20　"欢迎使用 RStudio 安装程序"界面

（4）单击"下一步"按钮，弹出"选择安装位置"界面，在此选择安装 RStudio 的位置，如图 1-21 所示。

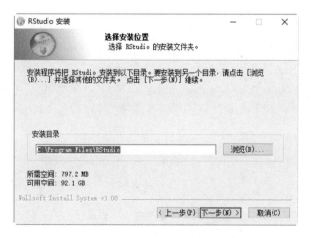

图 1-21　"选择安装位置"界面

（5）单击"下一步"按钮，弹出"选择开始菜单文件夹"界面，在此选择安装 RStudio 开始菜单文件夹的位置，如图 1-22 所示。

（6）单击"安装"按钮，弹出"正在安装"界面，如图 1-23 所示。进度条达到 100% 后，即完成安装工作。

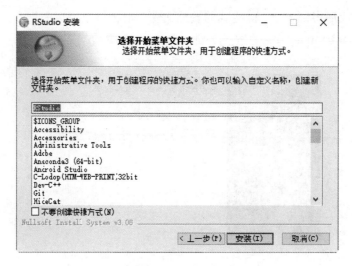

图 1-22 "选择开始菜单文件夹"界面

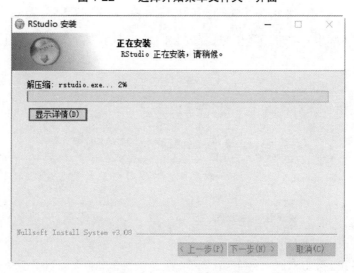

图 1-23 "正在安装"界面

1.5.2 RStudio 界面

打开 RStudio,其初始界面如图 1-24 所示。

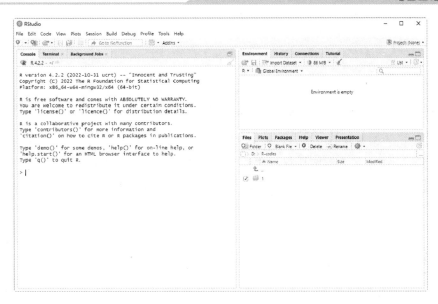

图 1-24　RStudio 界面

RStudio 界面一般分为 3 个或 4 个窗格，其中控制台 Console 与前面介绍的 R GUI 的命令行窗口基本相同，只是功能有所增强。RStudio 界面中几个重要的选项卡如下。

- □　Files：该选项卡列出当前项目的目录(文件夹)内容。其中以.R 或者.r 为扩展名的是 R 源程序文件，单击某一源程序文件，就可以在编辑窗格中打开该文件。
- □　Plots：如果程序中有绘图结果，将会显示在该选项卡中。因为绘图需要足够的空间，所以当屏幕分辨率过低或者 Plots 选项卡太小的时候，可以单击 Zoom 图标将图形显示在一个单独的窗口中，或者将图形窗口作为唯一选项卡显示。
- □　Packages：该选项卡显示已安装的 R 扩展包及其文档。
- □　Help：R 软件的文档与 RStudio 的文档都在该选项卡中。
- □　Environment：已经有定义的变量、函数都显示在该选项卡中。
- □　History：以前运行过的命令都显示在该选项卡中，不限于本次 RStudio 运行期间，也包括以前使用 RStudio 时运行过的命令。

1.5.3　使用 RStudio 开发 R 程序

使用 RStudio 编写 R 程序的基本步骤如下。

(1) 我们先创建 R 工程，然后再创建 R 程序文件。选择 RStudio 菜单栏中的 File→New File→R Script 命令，如图 1-25 所示。

图 1-25　选择 R Script 命令

　　(2)　在弹出的编辑界面中可以编写 R 程序代码,例如输入"print("Hello, world")"。然后按键盘上的 Ctrl+S 组合键或选择"文件"→"保存"命令,在弹出的对话框中为当前程序设置一个文件名,并设置保存位置。例如,可以将其命名为"second",然后保存到 R-codes\1 目录下。最终的界面效果如图 1-26 所示。

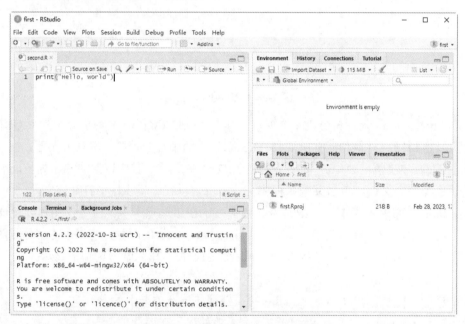

图 1-26　创建的程序文件 second.R

　　在图 1-26 所示的界面中,左上部分是 RStudio 的编辑窗格,其中展示了程序文件 second.R 的代码。通过该编辑窗格,可以查看和编辑 R 程序、文本型的数据文件、程序与文字融合在一起的 Rmd 文件等。在编辑窗格中可以用操作系统中常用的编辑方法对源文件进行编辑,如复制、粘贴、查找、替换等。

　　(3)　单击编辑窗格顶部的按钮 ⇒ Run,可以运行程序文件 second.R,在左下方的 Console 选项卡中将显示运行结果,如图 1-27 所示。

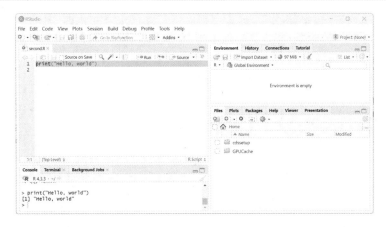

图 1-27　运行程序文件 second.R

1.6　编写第一个 R 程序：石头、剪刀、布游戏

扫码看视频

通过学习本书前面的内容，我们了解了编写并运行 R 程序的方法。本节将使用 R 语言开发一个石头、剪刀、布游戏，介绍开发 R 程序的完整流程。在这个游戏中，玩家用户和电脑进行石头、剪刀、布的小游戏，由用户选择出拳，并统计电脑和用户的得分，用户可以选择是否退出游戏。

实例 1-1：石头、剪刀、布游戏(源码路径：R-codes\1\game.R)

1.6.1　新建 R 工程

在使用 RStudio 编写程序时，建议用一个工程保存一个独立的软件项目。这样做的好处是不同的软件项目可以使用同名的 R 程序文件而不会发生冲突，当在程序中用到某个 R 程序文件时，只需要知道文件名而无须知道文件所在的目录。打开 RStudio，为石头、剪刀、布游戏创建一个独立的工程，具体流程如下。

(1) 选择 RStudio 菜单栏中的 File→New Project 命令，在弹出的 Create Project 界面中单击 New Directory 按钮，如图 1-28 所示。

(2) 在弹出的 Create New Project 界面中为当前工程设置名称和保存路径，例如，可以将其名称设置为"first"，将当前工程保存在 D:/R-codes/1 目录中，如图 1-29 所示。

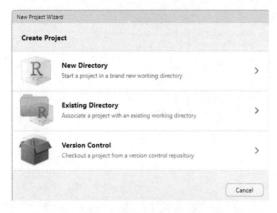

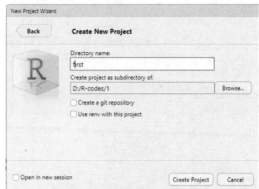

图 1-28　单击 New Directory 按钮　　　　图 1-29　设置工程名和保存路径

（3）单击 Create Project 按钮，将开始创建工程，工程创建成功后会在 D:\R-codes\1 目录中自动生成工程文件，如图 1-30 所示。

图 1-30　自动生成的工程文件

1.6.2　编写程序文件

创建工程 first 后，接下来我们在工程中新建一个 R 程序文件，具体方法请参考本章 1.5.3节中的内容。我们在工程 first 中创建 R 程序文件 game.R，具体代码如下：

```
rock_paper_scissors<-function(){
    win = 0                          # 赢的分数
    lose = 0                         # 输的分数
    draw = 0                         # 平的分数
    while(TRUE){
        choice = readline(prompt='Please input your choice: 1-rock, 2-paper,
            3-scissors, 4-quit.--') # 读取当前行用户的输入，并存储到 choice 变量中
        user_number = as.numeric(choice) # 将字符型的 choice 变量转换为数字型变量 user_number
        # sample 函数从给定向量中随机采样，size 是采样的个数，此处用于生成随机数
        pc_number = sample(1:3, size = 1)    # 生成区间[1,3]内的一个随机整数
        if(is.na(user_number)){      # 输入无法转换为数字，说明输入有误，提示用户重新输入
            print('Please input one of "1, 2, 3, 4".')
```

```
    next                                # 直接开始下一次循环
}else if(user_number == 4){             # 等于 4，就退出游戏
    # cat 函数用于将字符串和变量值进行拼接
    cat('you win:', win, 'lose:', lose, 'draw:', draw) # 游戏结果
    break
}else if(user_number == 1){             # 玩家出石头
    if(pc_number == 1) {                # 电脑出石头
        print('You choose rock, pc chooses rock.')
        draw = draw + 1                 # 平局
    }
    else if(pc_number == 2){            # 电脑出布
        print('You choose rock, pc chooses paper.')
        lose = lose + 1                 # 输了
    }
    else if(pc_number == 3) {           # 电脑出剪刀
        print('You choose rock, pc chooses scissors.')
        win = win + 1                   # 赢了
    }
    cat('you win:', win, 'lose:', lose, 'draw:', draw)
}else if(user_number == 2){             # 玩家出布
    if(pc_number == 1) {                # 电脑出石头
        print('You choose paper, pc chooses rock.')
        win = win + 1                   # 赢了
    }
    else if(pc_number == 2){            # 电脑出布
        print('You choose paper, pc chooses paper.')
        draw = draw + 1                 # 平局
    }
    else if(pc_number == 3) {           # 电脑出剪刀
        print('You choose paper, pc chooses scissors.')
        lose = lose + 1                 # 输了
    }
    cat('you win:', win, 'lose:', lose, 'draw:', draw)
}else if(user_number == 3){             # 玩家出剪刀
    if(pc_number == 1) {                # 电脑出石头
        print('You choose scissors, pc chooses rock.')
        lose = lose + 1                 # 输了
    }
    else if(pc_number == 2){            # 电脑出布
        print('You choose scissors, pc chooses paper.')
        win = win + 1                   # 赢了
    }
    else if(pc_number == 3) {           # 电脑出剪刀
        print('You choose scissors, pc chooses scissors.')
        draw = draw + 1                 # 平局
    }
    cat('you win:', win, 'lose:', lose, 'draw:', draw)
```

```
        }else{              # 输入的不是 1、2、3、4 中的一个，提示重新输入
          print('Please input one of "1, 2, 3, 4".')
        }
    }
}

# 调用函数，开始游戏
rock_paper_scissors()
```

在上述代码中，使用死循环来监听用户的输入，根据用户不同的输入来猜拳或者退出游戏，每次猜拳后就打印游戏得分情况。程序执行后会输出：

```
Please input your choice: 1-rock, 2-paper, 3-scissors, 4-quit.--1
[1] "You choose rock, pc chooses paper."
you win: 0 lose: 1 draw: 0
Please input your choice: 1-rock, 2-paper, 3-scissors, 4-quit.--1
[1] "You choose rock, pc chooses rock."
you win: 0 lose: 1 draw: 1
Please input your choice: 1-rock, 2-paper, 3-scissors, 4-quit.--2
[1] "You choose paper, pc chooses paper."
you win: 0 lose: 1 draw: 2
Please input your choice: 1-rock, 2-paper, 3-scissors, 4-quit.--2
[1] "You choose paper, pc chooses rock."
you win: 1 lose: 1 draw: 2
Please input your choice: 1-rock, 2-paper, 3-scissors, 4-quit.--
```

第 2 章

R 语言语法基础

        对于一门编程语言来说，语法是整个程序的编码规范。在编写程序的过程中，需要遵循这门编程语言的语法规则。如果没有按照语法规则编写程序，程序就不会成功运行。本章将详细讲解 R 语言基础语法的知识。

2.1 注释

扫码看视频

在 R 程序中，注释是对程序语言的说明，有助于开发者和用户之间的交流，方便理解程序。因为注释不是编程语句，所以被编译器忽略。也就是说，在编译运行一个 R 程序时，注释不会被编译运行。R 语言支持 3 种注释方式，具体说明如下。

1. 单行注释

单行注释以"#"符号标识，只能注释一行内容。例如下面的代码，演示了在 R 程序中使用单行注释的过程：

```
#这是一个单行注释
x <- 5                              #为 x 赋值
print(x)                            #打印输出 x 的值
```

在上述代码中，加粗斜体部分就是单行注释，执行后会输出以下内容，说明注释不会影响程序的执行结果。

```
[1] 5
```

2. 多行注释

多行注释包含在"/*"和"*/"之间，能注释多行内容。为了实现良好的可读性，一般不在首行和尾行写注释信息，这样会比较美观。例如下面的代码，演示了在 R 程序中使用多行注释的过程：

```
/*
这是一个多行注释的例子
代码很简单
功能是打印输出 x 的值
*/
x <- 5
print(x)
```

在上述代码中，加粗斜体部分就是多行注释。

3. roxygen2 文档注释

roxygen2 是一个 R 语言包，它提供了一种编写内联文档的方式。roxygen2 注释以"#"开始，用于解释和描述函数、变量等内容的功能和注意事项，也可以生成文档。例如下面的代码，演示了在 R 程序中使用多行注释的过程：

```
#' 这是一条 roxygen2 注释, 用来描述函数的作用
#' @param x 输入参数
#' @return 返回值
myfunction <- function(x) {
 x + 1
}
```

在上述代码中, 加粗斜体部分就是 roxygen2 文档注释。

> **注意**: 为程序编写注释是一个非常好的习惯, 注释不但可以描述代码的功能和目的, 而且还可以帮助其他人更好地理解代码。

2.2　标识符和关键字

在 R 语言中, 标识符和关键字都是非常重要的概念。它们用于命名变量、函数和其他对象, 并对 R 语言解释器有特殊的意义。本节将详细讲解 R 语言关键字和标识符的知识。

扫码看视频

2.2.1　标识符

在 R 语言中, 标识符是用于表示变量、函数或其他对象名称的字符串。标识符可以包含字母、数字和下划线, 并以字母或下划线开头。

1. 标识符的命名规则

R 语言标识符的命名规则如下。

- ❑　标识符必须以字母或下划线开头, 不能以数字开头。
- ❑　标识符区分大小写。
- ❑　标识符长度没有限制, 但应避免过长或过于复杂的命名。
- ❑　不建议使用特殊字符(如$、@等)和空格作为标识符名称。

例如, 下面的代码中列出了几个标识符, 其中有正确的, 也有错误的。

```
my_var <- 5       # 正确: my_var 是一个合法的标识符
My_Var <- 10      # 正确: My_Var 和 my_var 是不同的标识符
123abc <- 20      # 错误: 标识符不能以数字开头
```

除了以上规则之外, R 语言还有一些推荐的命名规则, 这些规则可以帮助开发者提高代码的可读性和可维护性。推荐的命名规则如下。

- ❑　使用有意义的名字: 根据标识符的作用, 使用具有描述性的名称。

- □ 遵循命名约定：使用驼峰命名法(CamelCase)或蛇形命名法(snake_case)来命名函数和变量。

- □ 避免缩写：尽可能不要使用缩写，如果必须使用，应保证大家都能理解这些缩写的含义。

- □ 使用一致的命名风格：在整个项目中应保持一致的命名风格，以便于对代码的阅读和理解。

- □ 避免与 R 语言中已有的函数或变量同名：为了避免与 R 语言中的预定义函数或变量名称相冲突，应避免使用这些名称。

在命名标识符时，应遵循上述规则和最佳实践，以编写出更加清晰、易读和可维护的代码。

2. 预定义的标识符

在 R 语言中，还有一些预定义的标识符(常量、函数和变量等)被称为"内置对象"，表 2-1 所示是 R 语言中一些常见的内置常量标识符。

表 2-1　内置常量标识符

常　量	描　述
pi	圆周率
Inf	无穷大
NaN	非数值(Not a Number)
NA	缺失值(Not Available)
TRUE	真值
FALSE	假值

另外，在 R 语言中提供了很多个内置函数，这些函数可以直接使用，不需要进行额外的安装和导入。例如，内置函数 sum 用于计算向量或矩阵的总和，等等。总之，在 R 语言中，预定义标识符已经被内置在 R 环境中，我们可以直接使用它们，而不需要进行额外的导入或定义。了解这些内置对象，可以帮助我们更高效、快捷地编写代码。

2.2.2　关键字

关键字是指被 R 语言赋予了特殊含义的单词，也称为保留字。到目前为止，R 语言保留的关键字如表 2-2 所示。这些关键字被赋予了特定的意义，不能用它们来定义变量或函数名称。

表 2-2　R 语言关键字

关　键　字	描　　述
if	如果语句
else	否则语句
for	for 循环语句
while	while 循环语句
repeat	repeat 循环语句
break	中断 for、while 或 repeat 循环
function	函数声明
return	从函数中返回一个值
next	跳过当前循环体的后续代码
TRUE/FALSE	布尔类型的真/假值
NULL	空对象，表示缺少值

注意：和其他编程语言相比，R 语言中的关键字比较少。之所以刻意地将 R 语言中的关键字保留得这么少，是为了在编译过程中简化代码解析。另外还需要注意，R 语言中的关键字是区分大小写的，因此必须准确地使用这些关键字。如果在编写代码时不小心将关键字用作变量名称，则会导致错误，并且可能会使代码难以理解。

2.3　常量和变量

在 R 语言中，可以将基本的数据类型分为两种：常量和变量。在程序执行过程中，其值不发生变化的数据类型被称为常量，其值可以变化的被称为变量。

扫码看视频

2.3.1　常量

在 R 语言中，常量和变量的区别如下。

❑　常量：一旦定义一个值，就永远不会变。

❑　变量：在程序运行过程中，其值可能会发生变化。

和其他编程语言相比，在 R 语言中无须声明常量和变量，因为 R 语言是一种动态类型语言，可以根据上下文自动推断出常量或变量的类型。下面列出了 R 语言中常见的常量类型。

1. 数字常量

数字常量是表示数字的常量，它们可以是整数或实数。在 R 语言中，整数类型常量默认为标量整数类型。而实数类型常量默认为双精度浮点型。以下是 R 语言中一些数字常量的示例：

```
42                    # 整数常量
3.1415926             # 实数常量
1e6                   # 科学记数法表示的实数常量(1 × 10^6)
```

2. 字符串常量

字符串常量是由一系列字符组成的常量。在 R 语言中，字符串常量必须用引号(单引号或双引号)括起来。以下是 R 语言中一些字符串常量的示例：

```
"Hello, world!"       # 双引号括起来的字符串常量
'This is a test.'     # 单引号括起来的字符串常量
```

3. 逻辑常量

逻辑常量是布尔类型的常量，只能取两个值中的一个：TRUE 或 FALSE。逻辑常量通常用于条件测试和控制流程。以下是 R 语言中逻辑常量的示例：

```
TRUE                  # 逻辑真
FALSE                 # 逻辑假
```

4. 空值常量

空值常量表示缺少值，通常用于初始化变量或函数返回值。在 R 语言中，空值常量被表示为 NULL。以下是 R 语言中的空值常量示例：

```
x <- NULL             # 将变量 x 初始化为空值
return(NULL)          # 函数返回一个空值
```

总之，在 R 语言中，常量是一种不能被重新赋值的标识符，并且可以在程序执行期间保持不变。了解常量的基本类型和使用方法可以帮助我们更好地编写代码。

实例 2-1： 计算纽约和旧金山之间的距离(源码路径：R-codes\2\juli.R)

实例文件 juli.R 的具体实现代码如下：

```
package main
# 地球平均半径(单位：公里)
earth_radius <- 6371.01
```

```
# 美国纽约市和旧金山市的经纬度(单位：度)
nyc_latitude <- 40.71
nyc_longitude <- -74.00
sf_latitude <- 37.77
sf_longitude <- -122.41
# 将经纬度转换为弧度
nyc_lat_rad <- nyc_latitude * pi/180
nyc_long_rad <- nyc_longitude * pi/180
sf_lat_rad <- sf_latitude * pi/180
sf_long_rad <- sf_longitude * pi/180

# 计算两点之间的距离(单位：公里)
distance <- earth_radius * acos(sin(nyc_lat_rad) * sin(sf_lat_rad) +
    cos(nyc_lat_rad) * cos(sf_lat_rad) * cos(nyc_long_rad - sf_long_rad))

# 输出结果
cat("纽约和旧金山之间的距离是：", round(distance), "公里")
```

在上述代码中，首先使用数字类型常量分别表示地球半径、纽约市坐标、旧金山市坐标，然后计算出两地的距离。程序执行后会输出：

```
纽约和旧金山之间的距离是： 4129 公里
```

2.3.2　变量

在 R 语言中，变量是用于存储数据的标识符，其值可以改变。一个变量应该有一个名字，并在内存中占据一定的存储单元。要定义一个变量，只需为其分配一个值即可。以下是 R 语言中定义变量的一些示例：

```
x <- 42                 # 将整数 42 赋值给变量 x
y <- "hello"            # 将字符串"hello"赋值给变量 y
z <- TRUE               # 将逻辑真值赋值给变量 z
```

在 R 语言中，可以使用<-或=符号将值赋给变量。下面是一些常见的赋值格式，例如：

```
# 将数值 42 赋值给变量 x
x <- 42
x = 42
# 将字符串"hello"赋值给变量 y
y <- "hello"
y = "hello"
# 将逻辑真值赋值给变量 z
z <- TRUE
z = TRUE
```

在 R 语言中，<-操作符是最常用的赋值操作符，并且可读性很强。另外，也可以使用等号=代替<-符号进行赋值操作。

因为 R 语言是一种动态类型语言，所以不需要进行显式声明变量的类型，R 语言可以根据上下文自动推断变量的类型。例如，当向一个整数变量添加浮点数时，R 会自动将整数转换为浮点数类型：

```
x <- 42                    # 整数类型
y <- 3.14                  # 实数类型
z <- x + y                 # 自动类型转换：x 被转换成实数类型
```

在 R 语言中，可以使用函数 rm()删除变量。函数 rm()可以接收一个或多个变量名作为参数，将这些变量从内存中删除。下面是一个使用函数 rm()的例子：

```
x <- 42                    # 定义一个变量
rm(x)                      # 删除变量 x
```

总之，在 R 语言中，变量是用于存储数据的标识符。变量的类型可以自动推断，并且可以使用赋值操作符来为变量分配数值。如果想删除变量，也可以使用函数 rm()实现。

实例 2-2：计算购物车商品的金额(源码路径：R-codes\2\cart.R)

实例文件 cart.R 的具体实现代码如下：

```
# 商品价格(单位：元)
price_apple <- 3.5
price_banana <- 2.8
price_orange <- 4.0

# 购物车商品数量
num_apple <- 5
num_banana <- 3
num_orange <- 2

# 计算每种水果的金额
total_apple <- price_apple * num_apple
total_banana <- price_banana * num_banana
total_orange <- price_orange * num_orange

# 计算购物总金额
total_price <- total_apple + total_banana + total_orange

# 输出结果
cat("You have", num_apple, "apples,", num_banana, "bananas and", num_orange,
```

```
          "oranges in your shopping cart.\n")
cat("The total amount of your purchase is", total_price, "yuan.")
```

在上述代码中，首先使用 R 语言中的变量来表示购物车中的商品价格和数量，然后使用这些变量来计算购物总金额。程序执行后会输出：

```
You have 5 apples, 3 bananas and 2 oranges in your shopping cart.
The total amount of your purchase is 35.9 yuan.
```

2.4　数据类型

在 R 语言中，数据类型是指变量可以存储的值的种类和格式。从编程角度来讲，之所以将数据分为不同的数据类型，是为了把数据分成所需内存大小不同的数据。这样在编程的时候就可以充分利用内存，将大的数据保存到大类型的内存，将小的数据保存到小类型的内存。

扫码看视频

2.4.1　数据的分类

在 R 语言中，数据可以按照其结构和存储方式进行分类。常见的 R 语言数据类型有以下几种。

1. 原子向量型

原子向量(Atomic Vectors)是 R 语言中最基本的数据类型，可以被看作是单一类型元素的有序集合。原子向量可以分为以下几种。

- ❑　逻辑型(logical vector)：只包含两个值，即 TRUE 和 FALSE。
- ❑　整数型(integer vector)：整数值的有序集合。
- ❑　实数型(numeric vector)：实数值的有序集合。
- ❑　复数型(complex vector)：由实部和虚部组成的复数值的有序集合。
- ❑　字符串型(character vector)：字符串值的有序集合。
- ❑　因子型(factor vector)：离散的有限值的有序集合。

2. 列表型

列表(List)是一种更通用、更灵活的数据类型，可以包含任何类型的元素。列表是由多个元素组成的有序集合。

3. 矩阵型

矩阵(Matrix)是一个二维数组，其中每个元素都具有相同的数据类型，通常是数值型数据类型。矩阵是由行和列组成的二维数据结构。

4. 数组型

与矩阵类似，数组(Array)也是多维的数据结构。与矩阵不同的是，数组可以具有任意数量的维度。

5. 数据框型

数据框(Data frame)是一种表格型数据类型，可以存储多个变量和观测值，每列可以包含不同的数据类型。

6. 其他类型

其他类型的数据有日期型、时间型、向量型、环境型等，在特定情况下使用。

R 语言中各种类型数据的结构说明如图 2-1 所示。

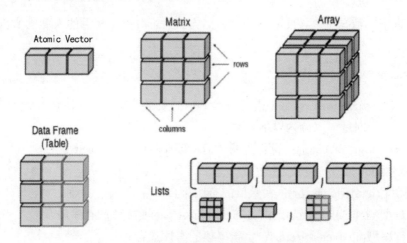

图 2-1　R 语言中各种类型数据的结构说明

总之，R 语言中的数据可以被划分为多个类别，每个类别都具有特定的结构和存储方式。本章将详细介绍原子向量型数据类型的知识。对于列表型、矩阵型、数组型、数据框型和其他类型数据，将在本书后续章节中进行讲解。

2.4.2 整型

在 R 语言中，整型是一种特殊的向量类型，用于存储整数值。整型数据可以被认为是"标量整数"或"向量整数"，具体则取决于它们是否被存储在向量中。R 语言整型的特点如下。

- 整型只能包含整数值。
- 整型需要更少的内存空间，以换取更高的运行速度。
- 整型的默认值为 0L(即将 0 视为长整数)。

在 R 语言中，整型可以分为常规整数和长整数，具体说明如下。

- 常规整数：通常被视为标量整数类型，在存储时使用 4 个字节(32 位)，最大值为 2147483647，最小值为-2147483648。
- 长整数：是一种特殊的整数类型，通常被视为向量整数类型，在存储时使用 8 个字节(64 位)，因此可以支持更大的整数值。在创建长整数型变量时，需要在整数值后面添加 L 后缀。

在 R 语言中，可以使用内置函数 as.integer()将数值转换为整型，也可以使用 L 后缀来表示长整数。例如：

```
# 使用as.integer()函数创建整型变量
a <- as.integer(42)
b <- as.integer(3.14)

# 使用L后缀创建整型变量
c <- 1234567890123456789L
```

2.4.3 实数型

在 R 语言中，实数型数据是一种基本的数据类型，可以表示任意大小的数字，包括整数和小数。实数型数据默认使用双精度(double precision)存储，并具有高精度的计算能力。实数型数据可以分为以下两种类型。

- 有理数：有理数是可以表示为整数之比的数字，例如 2/3 或 1/4 等。在 R 语言中，所有整数都是有理数。
- 无理数：无理数是不能表示为整数之比的数字，例如π或$\sqrt{2}$等。在 R 语言中，无法直接表示无理数，但可以使用近似值来进行计算处理。

R 语言实数型数据的取值范围如下。

- 双精度浮点数的最小正数为 2.225074e-308。

- □ 双精度浮点数的最大正数为 1.797693e+308。
- □ 如果使用单精度浮点数，则其取值范围为 1.175494e-38～3.402823e+38。

注意：在 R 语言中进行实数型计算时可能会出现精度问题，导致计算误差。因此，在编写程序时应特别注意这一点。

2.4.4 逻辑型

在 R 语言中，逻辑型数据即为 logical 类型，用于表示逻辑值。逻辑型数据只有两个取值：TRUE 和 FALSE，分别表示逻辑真和假。在 R 语言中，可以使用 TRUE 和 FALSE 关键字来创建逻辑型变量。例如，在下面的代码中创建了逻辑型变量：

```
x <- TRUE          # 创建一个逻辑型变量 x，赋值为 TRUE
y <- FALSE         # 创建一个逻辑型变量 y，赋值为 FALSE
```

逻辑型数据常用于条件判断和逻辑运算等方面的处理，例如 if...else 语句、while 循环、逻辑运算(如 AND、OR、NOT)等，这些都需要将表达式转换成逻辑型数据进行处理。

2.4.5 复数型

在 R 语言中，复数型数据即为 complex 类型，用于表示具有实部和虚部的复数。例如在下面的代码中创建了简单的复数型数据：

```
x <- 2 + 3i        # 创建一个复数型变量 x，赋值为 2+3i
y <- i             # 创建一个复数型变量 y，赋值为 i
```

需要注意的是，在 R 语言中，可以使用函数 Re() 和函数 Im() 来分别获取复数的实部和虚部，例如下面的演示代码：

```
# 定义一个复数型变量
z <- 1 + 2i
# 获取复数的实部和虚部
Re(z)  # 输出：1
Im(z)  # 输出：2
```

此外，还可以使用一些基本的算术运算符(如加、减、乘、除)或实数型数据的函数(如 abs()、exp()等)对复数型数据进行处理。

注意：在 R 语言中，复数型数据不能直接参与条件判断和逻辑运算，因为它们不属于逻辑型数据或实数型数据。

2.4.6　字符串型

在 R 语言中，字符串型数据即 character 类型，用于表示文本内容。可以使用双引号或单引号来创建字符串型变量，例如下面的演示代码：

```
x <- "Hello, world!"          # 创建一个字符串型变量 x，赋值为"Hello, world!"
y <- 'This is a string.'      # 创建一个字符串型变量 y，赋值为"This is a string."
```

需要注意的是，在 R 语言中，字符串型数据被视为一种向量类型，每个元素表示一个字符。因此，可以对字符串型变量进行向量操作，如索引、切片等。例如，可以使用以下方式访问和操作字符串型变量：

```
# 访问字符串的第一个字符
x[1]  # 输出：H

# 访问字符串的前四个字符
x[1:4]  # 输出：Hell

# 将两个字符串拼接在一起
a <- "Hello, "
b <- "world!"
c <- paste(a, b)  # 拼接 a 和 b
c  # 输出："Hello, world!"
```

字符串还支持各种函数和操作符用于处理和操作字符串，例如函数 nchar()用于获取字符串的字符数目，函数 substr()用于提取子字符串，等等。

在很多应用系统中，需要生成随机密码以保护用户账户的安全。在下面的实例中，通过使用 R 语言的字符串型数据生成一个强密码。

实例 2-3：密码生成器(源码路径：R-codes\2\pass.R)

实例文件 pass.R 的具体实现代码如下：

```
# 定义包含所有可能字符的字符串
chars <- c(letters, LETTERS, 0:9, "!@#$%^&*()_+")

# 随机选择一些字符并组成字符串
password <- paste(sample(chars, 8, replace = TRUE), collapse = "")

# 输出随机密码
cat("你的密码是：", password, "\n")
```

在上述代码中，首先定义了一个包含所有可能字符(小写字母、大写字母、数字和一些特殊字符)的字符串。然后使用 sample()函数从该字符串中随机选择 8 个字符，并将它们拼接在一起以生成一个随机密码。最后，输出密码。因为生成的密码是随机的，所以每次执行结果都不一样，例如以下输出：

```
你的密码是：JjvP949d
```

2.4.7 因子型

在 R 语言中，因子型数据用于表示分类变量的数据类型。通常用于将文本数据编码为数值，以便进行统计和建模等分析工作。例如，在调查问卷中，性别、教育水平、职业等信息可以使用因子型数据来表示。

在创建因子型数据时，首先需要定义一个向量(通常为字符向量)，然后将该向量转换为因子类型。例如在下面的实例中，演示了创建并使用因子型数据的过程。

实例 2-4：打印输出 5 个考试成绩的等级(源码路径：R-codes\2\yin.R)

实例文件 yin.R 的具体实现代码如下：

```
# 定义一个字符向量
grades <- c("A", "B", "C", "D", "F", "B", "C", "A", "A")

# 将字符向量转换为因子型数据
factor_grades <- factor(grades)

# 输出因子型数据
factor_grades
```

在上述代码中，首先定义了一个字符向量 grades，包括 A、B、C、D 和 F 等 5 个成绩等级。接着，使用 factor()函数将 grades 向量转换为因子型数据 factor_grades。由于 grades 向量中只包含 5 种不同的取值，因此 factor_grades 因子变量只包含 5 个"水平"(即因子类型的每个可能值)，并且每个水平对应于一个整数编码(默认情况下从 1 开始)。最后，打印输出因子型数据的内容。程序执行后会输出：

```
[1] A B C D F B C A A
Levels: A B C D F
```

注意： 在 R 语言中，因子型数据通常用于统计分析和建模等场景。在使用因子型数据时，我们需要将其作为分类变量来处理，而不是作为数值变量进行运算和计算。此外，还需要注意因子水平的顺序和标签名称，以确保正确地表示和分析数据。

2.5　向量

在 R 语言中，向量是最基本的数据类型之一，用于存储一组相同类型的元素。本节将详细讲解 R 语言向量的知识。

扫码看视频

2.5.1　创建向量

在 R 语言中，使用函数 c()或运算符 "："来创建向量。函数 c()的语法格式如下：

```
c(..., recursive = FALSE)
```

以上语法格式中各参数的含义和用途如下。

❑　　...：表示待合并的数值、文本或其他向量。

❑　　recursive：逻辑值，用于控制是否以递归的方式展开嵌套向量。

函数 c()的功能是，将多个数据对象(如数字、字符、向量等)连接成一个向量。函数 c()可以接受任意多个参数，并返回一个新的向量对象。如果传入的参数是向量，则这些向量将被拼接在一起。如果需要使用一个嵌套向量作为一个整体添加到向量中，可以将参数 recursive 设置为 TRUE。在这种情况下，函数 c()将递归地展开嵌套向量并提取其中的元素，然后将其添加到结果向量中。

> 注意：在使用函数 c()时，应确保所有参数的数据类型相同，否则可能会进行隐式类型转换或抛出错误。如果向量中包含 NA 值，则可以使用参数 na.rm 来指定是否删除这些值。

例如下面的实例，演示了使用函数 c()和运算符 "："创建向量的过程。

实例 2-5：创建向量(源码路径：R-codes\2\xiang.R)

实例文件 xiang.R 的具体实现代码如下：

```
# 创建一个数字向量
x <- c(1, 2, 3, 4, 5)
x # 输出：1 2 3 4 5

# 创建一个字符向量
y <- c("apple", "banana", "orange")
y # 输出："apple" "banana" "orange"

# 使用 "：" 运算符创建连续整数向量
```

```
z <- 1:10
z  # 输出: 1 2 3 4 5 6 7 8 9 10

# 创建一个逻辑型向量
w <- c(TRUE, FALSE, TRUE)
w  # 输出: TRUE FALSE TRUE
```

需要注意的是，在使用运算符 ":" 创建连续整数向量时，左边和右边的数字是向量中的最小值和最大值。在使用函数 seq() 创建整数向量时，可以指定步长以及其他参数。另外，在创建向量时，需要确保向量中的所有元素具有相同的数据类型，否则系统会进行隐式类型转换或抛出错误。例如下面的代码，演示了使用函数 seq() 来创建非连续整数向量的过程。

```
# 创建一个从 1 到 10 的非连续整数向量
x <- seq(from = 1, to = 10, by = 2)
x  # 输出: 1 3 5 7 9

# 创建一个从 0 到 1 的连续数字向量，步长为 0.1
y <- seq(from = 0, to = 1, by = 0.1)
y  # 输出: 0 0.1 0.2 0.3 0.4 0.5 0.6 0.7 0.8 0.9 1.0

# 创建一个从 10 到 1 的递减整数向量，步长为-1
z <- seq(from = 10, to = 1, by = -1)
z  # 输出: 10 9 8 7 6 5 4 3 2 1
```

函数 seq() 有三个主要参数：from、to 和 by，分别指定序列的起始值、结束值和步长。我们可以根据需要设置这些参数来生成所需的序列。在默认情况下，函数 seq() 将生成连续的整数序列，但也可以使用浮点型数据或字符型数据。

2.5.2 访问向量中的元素

在 R 语言中，可以使用[]运算符或函数 subset() 访问向量中的元素。函数 subset() 的语法格式如下：

```
subset(x, subset, select, drop = FALSE, ...)
```

其中，各参数的含义和用途如下。

- ❑   x：表示数据集或向量。
- ❑   subset：逻辑表达式，用于筛选数据。只有返回值为 TRUE 的行才会被保留。
- ❑   select：表示要选择的变量名称或列号码，在默认情况下选择所有变量/列。
- ❑   drop：逻辑值，用于控制返回结果的维度。如果值为 FALSE(默认值)，则返回一个数据框；如果值为 TRUE，则返回一个向量或矩阵。

❑　...：其他参数，用于传递给函数 data.frame()。

函数 subset() 的主要功能是从数据集中选择特定的行和列，这类似于 SQL 语句中的 SELECT 和 WHERE 子句。

> **注意**：在使用函数 subset() 时，应确保数据集或向量的列名和变量名是正确的，并且在参数 subset 和参数 select 中使用正确的变量名称或列号码。此外，还应注意数据类型和逻辑表达式的正确性，以确保正确地筛选和选择所需的数据。

例如下面的代码，演示了使用 [] 运算符和函数 subset() 访问向量中元素的过程。

```
# 创建一个数字向量
x <- c(1, 2, 3, 4, 5)

# 访问向量中的第三个元素
x[3]  # 输出：3

# 访问向量中的前三个元素
x[1:3]  # 输出：1 2 3

# 访问向量中的偶数元素
x[c(FALSE, TRUE, FALSE, TRUE, FALSE)]  # 输出：2 4

# 使用 subset() 函数访问向量中的前两个元素
subset(x, 1:2)  # 输出：1 2
```

在上述代码中，首先定义了一个数字向量 x，包含 5 个整数元素。然后，通过 "[]" 运算符和函数 subset() 访问了向量中的特定元素。可以使用单个整数、整数向量或逻辑型向量来指定所需的元素。需要注意的是，在使用 "[]" 运算符时，返回的结果仍然是一种向量类型，可能也是逻辑型向量、字符型向量等。

2.5.3　修改向量中的元素

在 R 语言中，可以使用赋值运算符 <- 或 = 来修改向量中的元素。下面是一段修改向量中元素的演示代码，例如：

```
# 创建一个数字向量
x <- c(1, 2, 3, 4, 5)

# 修改向量中的第三个元素
x[3] <- 10
x  # 输出：1 2 10 4 5
```

在上述代码中，首先定义了一个数字向量 x，包含 5 个整数元素。然后，通过运算符 "[]" 和赋值运算符 "<-" 修改了向量中的特定元素。

> 注意：在修改向量中的元素时，应确保修改操作的合法性，即修改的索引位置不应超出向量的长度范围，并且新元素的数据类型应与原始向量中元素的数据类型相同。如果违反这些条件，则可能会导致意外的结果或错误。

2.5.4 向向量中添加新元素

在 R 语言中，可以使用函数 c() 或函数 append() 向向量中添加新元素。使用函数 append() 的语法格式如下：

```
append(x, values, after = length(x))
```

其中，各参数的含义和用途如下。

❑ x：表示原始向量。

❑ values：表示要添加到向量中的值或向量。

❑ after：一个整数值，用于指定插入新值后的位置。默认情况下，在末尾添加新值。

函数 append() 与函数 c() 的功能类似，但前者允许在向量的任意位置插入新值。在使用函数 append() 时，需要指定要操作的原始向量 x 和要添加的新值或向量 values，以及要插入新值的位置 after。如果未指定参数 after，则默认将新值添加到向量的末尾。

下面是一段向向量中添加新元素的演示代码：

```
# 创建一个数字向量
x <- c(1, 2, 3, 4, 5)

# 使用 c() 函数向向量中添加新元素
x <- c(x, 6)
x # 输出: 1 2 3 4 5 6

# 使用 append() 函数向向量中添加新元素
x <- append(x, 7)
x # 输出: 1 2 3 4 5 6 7
```

在上述代码中，首先定义了一个数字向量 x，包含 5 个整数元素。然后，通过函数 c() 和赋值运算符 "<-" 向向量中添加了一个新元素。

注意：在向向量中添加新元素时，应确保新元素的数据类型与原始向量中元素的数据类型相同，并且使用正确的语法格式来调用函数 c() 或函数 append()。如果违反这些条件，则可能会导致意外的结果或错误。

2.5.5　向量运算

在 R 语言中，可以对向量进行运算和计算：例如，加、减、乘、除等算术运算。下面是一段演示代码：

```
# 创建两个数字向量
x <- c(1, 2, 3)
y <- c(4, 5, 6)

# 标量运算：向量与单个数值相加/相乘
x + 10          # 输出: 11 12 13
y * 2           # 输出: 8 10 12

# 向量运算：向量之间的运算
x + y           # 输出: 5 7 9
x * y           # 输出: 4 10 18

# 逻辑运算：向量之间的逻辑比较
x > 2           # 输出: FALSE FALSE TRUE
y <= 5          # 输出: TRUE TRUE FALSE
```

在上述代码中，首先定义了两个数字向量 x 和 y。然后使用标量运算符"+"和"*"，将向量与单个数值相加或相乘。接下来，使用向量运算符"+"和"*"，将两个向量进行加法和乘法运算。最后，使用逻辑运算符">"和"<="，将向量元素与数字进行比较并返回逻辑向量。

注意：在向量之间进行运算时，应确保向量的长度相同，并且数据类型兼容，否则系统可能会进行隐式类型转换或报错。此外，在逻辑比较时，可以使用"&"和"|"运算符进行逻辑与和逻辑或运算。

2.5.6　向量统计

在 R 语言中，可以使用各种函数对向量进行统计分析，主要包括以下几个方面。

1. 描述性统计

在 R 语言中，可以使用 mean()、median()、sd()、var() 等内置函数计算向量的平均值、中位数、标准差和方差等统计量。例如：

```
# 创建一个数字向量
x <- c(1, 2, 3, 4, 5)

# 计算向量的平均值、中位数、标准差和方差
mean(x)         # 输出：3
median(x)       # 输出：3
sd(x)           # 输出：1.581139
var(x)          # 输出：2.5
```

2. 排序和排名

在 R 语言中，可以使用 sort()、rank()、order() 等内置函数对向量进行排序和排名操作。例如：

```
# 对向量进行排序和排名
sort(x)             # 输出：1 2 3 4 5
rank(x)             # 输出：1 2 3 4 5
order(-x)           # 输出：5 4 3 2 1
```

3. 汇总和分组

在 R 语言中，可以使用 sum()、min()、max()、table()、by() 等内置函数对向量进行汇总和分组操作。例如：

```
# 对向量进行汇总和分组
sum(x)              # 输出：15
min(x)              # 输出：1
max(x)              # 输出：5
table(x > 2)        # 输出：FALSE TRUE
by(x, x > 2, mean)  # 输出：下文有输出解释
```

在上述代码中，使用函数 table()对向量进行汇总，并计算向量中大于 2 的元素数量。同时，使用函数 by()按照逻辑变量 $x > 2$ 进行分组，并计算每个分组内向量的平均值。其输出结果如下：

```
x > 2: FALSE
[1] 1.5
-------------------------------------------------------------
x > 2: TRUE
[1] 4
```

注意：在使用上述函数时，应注意向量中元素的数据类型和顺序，以确保正确地表示和分析数据。此外，在分组操作时，应确保使用适当的分组变量，并使用合适的汇总函数进行计算。

2.5.7　类型转换

在编写程序的过程中，有时需要将一个类型的值转换成另一个类型的值，这在 R 语言中是允许的。在 R 语言中，可以通过类型转换函数将一个数据类型转换为另一个数据类型。常用的类型转换函数包括 as.numeric()、as.integer()、as.character()、as.logical()等。

1. 函数 as.numeric()

在 R 语言中，函数 as.numeric() 用于将一个变量或向量转换为数值类型，其功能是将输入参数的数据类型转换为 numeric 类型。如果输入参数无法转换为数值类型，则返回 NA 值。使用函数 as.numeric()的语法格式如下：

```
as.numeric(x)
```

其中，参数 x 表示要转换为数值类型的变量或向量。如果 x 是一个向量，则该函数会返回一个新的数值类型向量。如果参数 x 是一个其他类型的对象，则该函数会尝试将其转换为数值类型，如果无法转换，则返回 NA 值。例如下面的代码(源码路径: R-codes\2\num.R)演示了使用函数 as.numeric()的过程：

```
# 将字符型变量转换为数值型
x <- "123"
y <- as.numeric(x)
# y 的值为 123，它已被转换为数值型

# 将逻辑型变量转换为数值型
z <- TRUE
w <- as.numeric(z)
# w 的值为 1，TRUE 被转换为数值型 1
w
# 将浮点型向量转换为数值型向量
v <- c(1.2, 3.4, 5.6)
u <- as.numeric(v)
# u 的值为 1.2 3.4 5.6，它已被转换为数值型向量
u
```

程序执行后会输出：

```
[1] 1
```

```
[1] 1.2 3.4 5.6
```

需要注意的是，在进行类型转换时，应确保转换是安全和有意义的。例如，将一个非数字字符串转换为数字可能会导致错误，因为字符串无法表示数字，如果转换失败，将返回 NA 值。在使用 as.numeric()函数之前，应先确保输入参数是可以转换为数值类型的对象。

2. 函数 as.integer()

在 R 语言中，函数 as.integer()用于将一个变量或向量转换为整数类型，其功能是将输入参数的数据类型转换为 integer 类型。如果输入参数无法转换为整型，则返回 NA 值。使用函数 as.integer()的语法格式如下：

```
as.integer(x)
```

其中，参数 x 表示要转换为整数类型的变量或向量。如果参数 x 是一个向量，则该函数会返回一个新的整数类型向量。如果参数 x 是一个其他类型的对象，则该函数会尝试将其转换为整数类型；如果无法转换，则返回 NA 值。例如下面的代码(源码路径：R-codes\2\int.R)演示了使用 as.integer()函数的过程：

```
# 将字符型变量转换为整型
x <- "123"
y <- as.integer(x)
# y 的值为 123，它已被转换为整型
y
# 将逻辑型变量转换为整型
z <- TRUE
w <- as.integer(z)
# w 的值为 1，TRUE 被转换为整型 1
w
# 将浮点型向量转换为整型向量
v <- c(1.2, 3.4, 5.6)
u <- as.integer(v)
# u 的值为 1 3 5，它已被转换为整型向量(注意：小数部分会被省略)
u
```

程序执行后会输出：

```
[1] 123
[1] 1
[1] 1 3 5
```

> **注意**：在进行类型转换时，应确保转换是安全和有意义的。例如，将一个超出整型范围的浮点数转换为整型可能会导致错误，因为结果可能不准确或溢出为负数。在使用 as.integer()函数之前，应先确保输入参数是可以转换为整数类型的对象。

3. 函数 as.character()

在 R 语言中，函数 as.character()用于将一个变量或向量转换为字符类型，其功能是将输入参数的数据类型转换为 character 类型。使用函数 as.character()的语法格式如下：

```
as.character(x)
```

其中，参数 x 表示要转换为字符类型的变量或向量。如果参数 x 是一个向量，则该函数会返回一个新的字符类型向量。如果参数 x 是一个其他类型的对象，则该函数会尝试将其转换为字符类型；如果无法转换，则返回 NA 值。例如下面的代码(源码路径：R-codes\2\char.R)演示了使用函数 as.character()的过程。

```
# 将数值型变量转换为字符型
x <- 123
y <- as.character(x)
# y 的值为 "123"，它已被转换为字符型

# 将逻辑型变量转换为字符型
z <- TRUE
w <- as.character(z)
# w 的值为 "TRUE"，TRUE 被转换为字符型 "TRUE"

# 将浮点型向量转换为字符型向量
v <- c(1.2, 3.4, 5.6)
u <- as.character(v)
# u 的值为 "1.2" "3.4" "5.6"，它已被转换为字符型向量
```

程序执行后会输出：

```
[1] "123"
[1] "TRUE"
[1] "1.2" "3.4" "5.6"
```

需要注意的是，在使用函数 as.character()之前，应先确保输入参数是可以转换为字符类型的对象。

4. 函数 as.logical()

在 R 语言中，函数 as.logical()用于将一个变量或向量转换为逻辑类型，其功能是将输入参数的数据类型转换为 logical 类型。如果输入参数无法转换为逻辑类型，则返回 NA 值。使用函数 as.logical()的语法格式如下：

```
as.logical(x)
```

其中，参数 x 表示要转换为逻辑类型的变量或向量。如果参数 x 是一个向量，则该函数会返回一个新的逻辑类型向量。如果参数 x 是一个其他类型的对象，则该函数会尝试将其转换为逻辑类型；如果无法转换，则返回 NA 值。例如下面的代码(源码路径：R-codes\2\log.R)演示了使用函数 as.logical()的过程：

```
# 将数值型变量转换为逻辑型
x <- 123
y <- as.logical(x)
# y 的值为 TRUE，非零数值被转换为逻辑型 TRUE

# 将字符型变量转换为逻辑型
z <- "abc"
w <- as.logical(z)
# w 的值为 NA，字符串无法转换为逻辑型

# 将整型向量转换为逻辑型向量
v <- c(0, 1, 2, -1)
u <- as.logical(v)
# u 的值为 FALSE TRUE TRUE TRUE，0 被转换为逻辑型 FALSE，非零整数被转换为逻辑型 TRUE
```

程序执行后会输出：

```
[1] TRUE
[1] NA
[1] FALSE TRUE  TRUE  TRUE
```

需要注意的是，在使用函数 as.logical()之前，应该先确保输入参数是可以转换为逻辑类型的对象。

2.6 运算符和表达式

运算符是程序设计中重要的构成元素之一，和我们的生活息息相关，如进行数据计算、大小比较、关系判断等，都离不开运算符。运算符可以细分为算

扫码看视频

术运算符、关系运算符、逻辑运算符、赋值运算符和其他运算符。由运算符和变量组成的式子，被称为表达式。

2.6.1 算术运算符

算术运算符就是用来处理数学运算的符号，这是最简单、最常用的符号。例如，35÷5=7中，除符号就是运算符，整个式子就是一个表达式。在数字的处理中，几乎都会用到算术运算符，算术运算符可以分为基本运算符和取模运算等。具体说明如表 2-3 所示。

表 2-3　算术运算符

算数运算符	描　述	举　例
+	加法运算符，用于两个数相加	2 + 3 = 5
−	减法运算符，用于两个数相减	5 − 2 = 3
*	乘法运算符，用于两个数相乘	2 * 3 = 6
/	除法运算符，用于两个数相除	6 / 3 = 2
^ 或 **	幂运算符，用于求一个数的次方	2 ^ 3 = 8
%/%	整除运算符，用于求两个数相除的整数商	7 %/% 3 = 2
%%	取模运算符，用于求两个数相除的余数	7 %% 3 = 1

在 R 语言中，没有自增(++)和自减(−−)运算符。相反，可以使用"+"和"−"运算符以及赋值运算符来实现类似的操作。例如要将一个变量自增 1，可以通过以下代码实现：

```
x <- 5
x <- x + 1   # 将 x 加 1 后再赋值给 x
```

同样，要将一个变量自减 1，可以通过以下代码实现：

```
x <- 5
x <- x - 1   # 将 x 减 1 后再赋值给 x
```

需要注意的是，在 R 语言中，变量名必须首先被定义，并且只能包含字母、数字和下划线。因此，无法像其他编程语言(如 C++或 Java)那样使用自增和自减运算符。

实例 2-6：工资计算器(源码路径：R-codes\2\money.R)

本实例演示了使用基本四则运算符计算小蔡过去一个月在麦当劳兼职的工资收入。麦当劳兼职工资待遇和小蔡上月的出勤情况如下。

❑　工作 20 天，每天 3 个小时，一个小时 15 元。

❑   请假 4 天，每天扣除 30 元。

❑   交通补助每天 5 元，每月按照实际出勤天数计算。

在实例文件 money.R 中定义了 7 个整型变量来计算工资收入，代码如下：

```
m=3                    #表示每天 3 小时
b=15                   #表示 1 小时 15 元
a=20                   #表示工作 20 天
l=4                    #表示请假 4 天
c= 30                  #表示每天扣工资 30 元
jiao= 5 * 20           #计算 20 天的交通补助
zong= m * b * a        #计算上月的工资总数
f = zong + jiao-l*c;   #计算扣除请假后的最终到手收入

cat("上月工资收入：", zong, "元")
cat("上月交通补助收入：",jiao, "元")
cat("扣除请假后的最终到手收入：",f, "元")
```

程序执行后会输出：

```
上月工资收入：900 元
上月交通补助收入：100 元
扣除请假后的最终到手收入：880 元
```

2.6.2 关系运算符

在招聘会上，经常会看到对年龄的要求，例如要求年龄 18 岁以上，35 岁以下，这句话怎么在计算机中用代码表示呢？假设年龄用变量 age 表示。

```
18<age<35
```

这是数学式子。在计算机的世界中，这个功能需要使用关系运算符和逻辑运算符实现。在 R 程序设计中，关系运算符是指值与值之间的相互关系，逻辑运算关系是指可以用真值和假值连接在一起的方法。

在数学运算中有大于或者小于、等于、不等于的关系，在 R 语言中，可以使用关系运算符来表示上述关系。表 2-4 中列出了使用关系运算符的功能和例子。

注意：关系运算符通常用于比较数值和布尔值等简单的数据类型，但也可以用于其他类型的对象，例如字符向量和时间序列等。在使用这些运算符时，应注意数据类型和运算顺序，以确保正确地执行比较操作。

表 2-4   关系运算符

运算符	描　述	举　例
==	判断两个值是否相等，返回逻辑值 TRUE 或 FALSE	2 == 3 返回 FALSE，2 == 2 返回 TRUE
!=	判断两个值是否不等，返回逻辑值 TRUE 或 FALSE	2 != 3 返回 TRUE，2 != 2 返回 FALSE
<	判断左侧值是否小于右侧值，返回逻辑值 TRUE 或 FALSE	2 < 3 返回 TRUE，2 < 2 返回 FALSE
>	判断左侧值是否大于右侧值，返回逻辑值 TRUE 或 FALSE	2 > 3 返回 FALSE，3 > 2 返回 TRUE
<=	判断左侧值是否小于等于右侧值，返回逻辑值 TRUE 或 FALSE	2 <= 3 返回 TRUE，2 <= 2 返回 TRUE，3 <= 2 返回 FALSE
>=	判断左侧值是否大于等于右侧值，返回逻辑值 TRUE 或 FALSE	2 >= 3 返回 FALSE，2 >= 2 返回 TRUE，3 >= 2 返回 TRUE

例如下面的演示代码：

```
v <- c(2,4,6,9)
t <- c(1,4,7,9)
print(v>t)
print(v < t)
print(v == t)
print(v!=t)
print(v>=t)
print(v<=t)
```

程序执行后会输出：

```
TRUE FALSE FALSE FALSE
FALSE FALSE  TRUE FALSE
FALSE  TRUE FALSE  TRUE
TRUE FALSE  TRUE FALSE
TRUE  TRUE FALSE  TRUE
FALSE  TRUE  TRUE  TRUE
```

2.6.3　逻辑运算符

逻辑运算符与关系运算符的结果一样，都是布尔类型的值。布尔逻辑运算符是最常见的逻辑运算符，用于对布尔型操作数进行布尔逻辑运算。R 语言中的逻辑运算符用于对布尔

值进行操作，包括逻辑与(&)、逻辑或(｜)、逻辑非(!)、短路逻辑与(&&)和短路逻辑或(||)。表 2-5 列出了 R 语言中各个逻辑运算符的具体说明。

表 2-5　逻辑运算符

运算符	描　述	举　例
&	逻辑与运算符，返回两个值的交集	TRUE ＆ FALSE，返回 FALSE
｜	逻辑或运算符，将第一个向量的每个元素与第二个向量的相对应元素进行组合，如果两个元素中有一个为 TRUE，则结果为 TRUE，如果都为 FALSE，则返回 FALSE	TRUE｜FALSE，返回 TRUE
!	逻辑非运算符，返回相反的值	!TRUE，返回 FALSE
&&	短路逻辑与运算符，只有两个值都为真时才返回真。如果第一个值为假，则不计算第二个值	TRUE ＆＆ FALSE，返回 FALSE
||	短路逻辑或运算符，只对两个向量的第一个元素进行判断，如果两个元素中有一个为 TRUE，则结果为 TRUE；如果都为 FALSE，则返回 FALSE	TRUE||FALSE，返回 TRUE

2.6.4　赋值运算符

R 语言中的赋值运算与其他计算机语言中的赋值运算一样，起到了一个赋值的作用。在表 2-6 中列出了 R 语言支持的赋值运算符。

表 2-6　赋值运算符

运算符	描　述	举　例
<-	赋值运算符，将运算符左侧的变量设置为右侧表达式的结果	x <- 5，将 5 赋值给变量 x
=	赋值运算符，与 "<-" 相同，将运算符左侧的变量设置为右侧表达式的结果	y = x + 2，将 x+2 的结果赋值给变量 y
<<-	全局赋值运算符，将运算符左侧变量的值设置为右侧表达式的结果，并且递归向上查找到全局环境来进行设置	z <<- 10，将全局变量 z 的值设置为 10
->	向右赋值运算符，将运算符左侧的变量赋值为右侧的表达式结果	3 + 1 -> z，将数字 4 赋值给变量 z
->>	向右赋值运算符，将运算符右侧的变量的值设置为左侧表达式的结果，并且递归向上查找到全局环境来进行设置	3 + 1 ->> z，将数字 4 赋值给全局变量 z

例如下面的代码(源码路径：R-codes\2\fu.R)，演示了使用上述赋值运算的过程。

```
# 向左赋值
v1 <- c(3,1,TRUE," toppr")
v2 <<- c(3,1,TRUE," toppr")
v3 = c(3,1,TRUE," toppr")
print(v1)
print(v2)
print(v3)


# 向右赋值
c(3,1,TRUE," toppr") -> v1
c(3,1,TRUE," toppr") ->> v2
print(v1)
print(v2)
```

程序执行后会输出：

```
[1] "3"      "1"       "TRUE"    "toppr"
[1] "3"      "1"       "TRUE"    "toppr"
[1] "3"      "1"       "TRUE"    "toppr"
[1] "3"      "1"       "TRUE"    "toppr"
[1] "3"      "1"       "TRUE"    "toppr"
```

2.6.5　其他运算符

除了上面介绍的运算符外，在 R 语言中还有以下两种运算符。

1. 冒号运算符

在 R 语言中，冒号运算符 “:” 用于创建一个等差数列的序列。这个序列由两个整数值构成，左侧的整数值通常为序列的起始值，右侧的整数值通常为序列的结束值，两个整数之间用逗号隔开。下面是一些使用冒号运算符的例子：

```
1:5      # 序列 1,2,3,4,5
6:2      # 序列 6,5,4,3,2
-5:5     # 序列 -5,-4,-3,-2,-1,0,1,2,3,4,5
```

需要注意的是，在使用冒号运算符时，应确保左侧的整数值小于或等于右侧的整数值。如果反过来，在一些旧版本的编译器中会得到一个空序列(即不包含任何元素)。此外，也可以通过 seq()函数来创建更加复杂的序列，例如指定步长和长度等参数。

2. %in%运算符

在 R 语言中，%in% 运算符常用于测试一个向量的元素是否包含在另一个向量或列表中。它返回一个逻辑值，其中每个值都表示原始向量的对应元素是否包含在另一个向量或列表中。下面是使用 %in% 运算符的例子：

```
x <- c(1, 3, 5, 7, 9)
y <- c(2, 4, 6, 8, 10)

# 测试数值 3 是否包含在向量 x 中
3 %in% x    # 返回 TRUE

# 测试向量 y 中的元素是否包含在向量 x 中
y %in% x    # 返回 FALSE FALSE FALSE FALSE FALSE

# 测试字符向量是否包含在另一个字符向量中
fruit <- c("apple", "banana", "orange")
"pear" %in% fruit  # 返回 FALSE
"apple" %in% fruit  # 返回 TRUE
```

需要注意的是，运算符%in%可以用于任何类型的向量或列表，包括数字、字符、因子等。此外，它还可以与其他逻辑运算符一起使用，例如 &(逻辑与)和 |(逻辑或)，以执行更复杂的条件测试。

实例 2-7：检查考试成绩是否超过了给定的阈值(源码路径：R-codes\2\jian.R)

实例文件 jian.R 的具体实现代码如下：

```
scores <- c(78, 92, 85, 73, 88)
passing_threshold <- 80

# 检查每个成绩是否超过给定的阈值
result <- sapply(scores, function(s) s >= passing_threshold)

# 输出检查结果
if (any(result)) {
  cat("Congratulations! You passed the exam.")
} else {
  cat("Sorry, you did not pass the exam. Please try again.")
}
```

在上述代码中，首先定义了一组考试成绩和一个通过阈值(80)。然后我们使用 %in% 运算符对每个成绩应用条件测试，以检查它是否超过给定的阈值。最后，使用条件语句来输出成功或失败的信息。如果成绩中有任何一个成绩超过了给定的阈值 80，则程序将输出

"Congratulations! You passed the exam."的信息。否则，程序将输出 "Sorry, you did not pass the exam. Please try again."的信息。程序执行后会输出：

```
Congratulations! You passed the exam.
```

2.6.6　运算符的优先级

运算符的优先级就是指运算符在表达式运算中的运算顺序，也就是先计算谁的问题，例如在四则运算中，先计算乘、除，后计算加、减，乘除的运算符优先级高于加减运算符的优先级。在表 2-7 中列出了 R 语言中所有运算符的优先级顺序，优先级顺序按照从高到低进行排列。

表 2-7　R 语言运算符优先级顺序

运　算　符	描　　述
()、[]、$	圆括号和方括号(用于函数调用、下标访问和对象属性访问)
-、+、!、~	负号、正号、逻辑非、按位取反
:	冒号(用于创建等差数列)
*、/、%/%、%%	乘法、除法、整除、求余
+、-	加法、减法
<、>、<=、>=、!=、==	关系运算符
&	逻辑与
|	逻辑或
=、<-、<<-、->、->>	赋值运算符

需要注意的是，在复杂的表达式中，应使用圆括号明确指定优先级和运算顺序，以避免出现意外结果。

实例 2-8：使用运算符优先级来正确计算表达式的值(源码路径：R-codes\2\you.R)

实例文件 you.R 的具体实现代码如下：

```
x <- 2
y <- 3

# 错误示例：未使用圆括号导致计算错误
z1 <- x + y * 2
# z1 的值为 8(期望值应该是 8)

# 正确示例：使用圆括号明确指定运算次序
```

```
z2 <- (x + y) * 2
# z2 的值为 10, 因为圆括号将加法运算放在乘法运算之前执行了

# 输出计算结果
cat("Incorrect value: ", z1, "\n")
cat("Correct value: ", z2, "\n")
```

在上述代码中，首先定义了两个变量 x 和 y，然后用它们来计算表达式(x+y)*2 的值。但是，假设我们不小心忽略了圆括号，并将表达式写成了 x+y*2。这种情况下，R 语言会按照运算符优先级的规则，先计算乘法运算，然后再加上 x 的值。由于乘法运算的优先级高于加法运算，所以 y*2 的结果为 6，再加上 x 的值 2，最终结果为 8。但是，由于我们原来的意图是将 x 和 y 的和乘以 2，因此这个计算结果是错误的。

为了避免这种类型的错误，可以使用圆括号明确指定加法运算应该在乘法运算之前执行。通过使用(x+y)将加法运算放在圆括号内，我们可以确保它将首先被执行，然后再将结果乘以 2，从而得到正确的结果 10。

程序执行后会输出：

```
Incorrect value: 8
Correct value: 10
```

第 3 章

流程控制语句

　　在大多数情况下，R 程序按照代码的编写顺序自上向下顺序执行。但是有的时候，需要让代码不按部就班地顺序执行。通过流程控制语句可以改变程序的执行顺序，也可以让指定的程序反复执行多次。可以将流程控制语句分为两大类：条件语句和循环语句。本章将详细讲解 R 语言流程控制语句的知识。

3.1 条件语句

在 R 语言中会经常用到条件语句，条件语句在很多教材中也被称为选择结构。通过使用条件语句，可以判断不同条件的执行结果，并根据执行结果选择要执行的程序代码。

扫码看视频

3.1.1 条件语句介绍

在 R 语言中，条件语句是一种选择结构。因为是通过 if 关键字实现的，所以也被称为 if 语句。关键字 if 的中文意思是"如果"，在 R 程序中，能够根据关键字 if 后面的布尔表达式的结果值来选择将要执行的代码语句。R 语言中的 if 语句有两种，分别是 if 语句和 if...else 语句。

if 语句由保留字符 if、条件语句和位于后面的语句组成，条件语句通常是一个布尔表达式，结果为 true 或 false。如果条件为 true，则执行语句并继续处理其后的下一条语句；如果条件为 false，则跳过该语句并继续处理整个 if 语句的下一条语句；当条件 condition 为 true 时，执行 statement1(程序语句 1)；当条件 condition 为 false 时，则执行 statement2(程序语句 2)，其具体执行流程如图 3-1 所示。

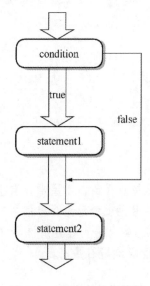

图 3-1　if 语句的执行流程

3.1.2　if 语句

在 R 语言中，if 语句是最简单的一种条件语句，具体语法格式如下：

```
if(boolean_expression) {    #判断条件是否成立
    执行语句…              #布尔表达式为真将执行的语句
}
```

在上述语法格式中，当 boolean_expression 的运算结果为 ture 时，执行后面大括号中的"执行语句"，"执行语句"的内容可以有多行代码。当 boolean_expression 的运算结果为 false 时，则跳过后面大括号中的"执行语句"。

> **实例 3-1：判断是否为整数(源码路径：R-codes\3\zheng.R)**

实例文件 zheng.R 的具体实现代码如下：

```
x <- 88L                     #整型变量 x
if(is.integer(x)) {
  print("x 是一个整数")
}
```

在上述代码中，首先创建了整型变量 x 并赋值为 88，然后使用 if 语句判断变量 x 是否为一个整数。其中 is.integer()是 R 语言中的一个内置函数，它能够判断参数 x 是否为整数类型。如果是则返回 true，否则返回 false。程序执行后会输出：

```
[1] "x 是一个整数"
```

3.1.3　if...else 语句

在 if 语句中，并不能处理条件不符合的情形，因此 R 语言引进了另外一种条件语句——if...else，基本语法格式如下：

```
if(condition) {             #判断条件是否成立
  statement1                #如果布尔表达式为真将执行的语句
} else {
  Statement2                #如果布尔表达式为假将执行的语句
}
```

在上述语法格式中，如果条件表达式 condition 的值为 true，则执行 statement1(程序语句 1)；如果值为 false，则执行 statement2(程序语句 2)。if...else 语句的执行流程如图 3-2 所示。

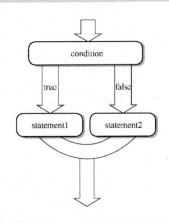

图 3-2 if…else 语句的执行流程

实例 3-2：比较两名同学的考试成绩(源码路径：R-codes\3\score.R)

期中考试结束，小蔡的两位同学成绩骄人，其中同学 A 的总分是 320，同学 B 的总分是 310。请编写 R 程序比较 A 和 B 的成绩。实例文件 score.R 的具体实现代码如下：

```
A <- 320L                                  #表示同学 A 的成绩
B <- 310L                                  #表示同学 B 的成绩
if(A>B) {
   print("同学 A 的成绩比同学 B 的成绩高。")   #如果 A 的值大于 B
}else {                                    #如果 A 的值不大于 B
   print("同学 B 的成绩比同学 A 的成绩高。")
}
```

在上述代码中，定义了两个整型变量 A 和 B，分别表示同学 A 和同学 B 的总分，然后比较 A 和 B 的大小。在上述实例代码中，满足 if 语句中的条件 A>B，所以程序执行后会输出：

```
[1] "同学 A 的成绩比同学 B 的成绩高。"
```

3.1.4 if…else if…else 语句

if…else 语句仅仅能处理两种情况，如果要处理多种不同的情况，则需要使用 if…else if…else 语句。在 R 语言中，if…else if…else 语句的语法格式如下：

```
if(条件表达式1){
   代码块 1
}
else if(条件表达式2){
   代码块 2
}
```

```
...
else if(条件表达式n){
    代码块n
}
else{
    代码块n+1
}
```

在上述语法格式中，首先判断第一个条件表达式 1 的值，当值为 true 时执行代码块 1，当值为 false 时跳过代码块 1，判断条件表达式 2 的值；当条件表达式 2 的值为 true 时执行代码块 2，当条件表达式 2 的值为 false 时，跳过代码块 2，判断条件表达式 3 的值……当条件表达式 n 的值为 true 时执行代码块 n 的值，当条件表达式 n 的值为 false 时，跳过代码块 n，执行代码块 n+1。

if...else if...else 语句的执行流程如图 3-3 所示。

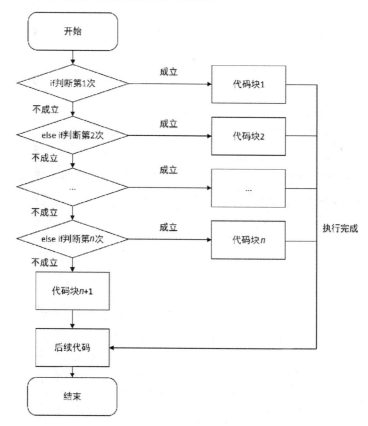

图 3-3　if...else if...else 语句的执行流程

某中学推出了一款成绩评测系统，用不同的字母表示不同的 marks(成绩)等级，不同成绩对应的等级说明如下。

❑   marks<50：fail

❑   50<=marks<60：D

❑   60<=marks<70：C

❑   70<=marks<80：B

❑   80<=marks<90：A

❑   90<=marks<=100：A+

假设某同学的成绩为 65 分，请使用 if…else if…else 语句判断这名同学的成绩等级。

实例文件 duo.R 的具体实现代码如下：

```
marks <- 65L                              #表示同学的成绩
if (marks < 50) {                         #如果成绩小于 50
    print("fail")
} else if (marks >= 50 && marks < 60) {   #50<=marks<60
    print("D grade")
} else if (marks >= 60 && marks < 70) {   #60<=marks<70
    print("C grade")
} else if (marks >= 70 && marks < 80) {   #70<=marks<80
    print("B grade")
} else if (marks >= 80 && marks < 90) {   #80<=marks<90
    print("A grade")
} else if (marks >= 90 && marks <= 100) { #90<=marks<=100
    print("A+ grade")
} else {
    print("Invalid!")
}
```

程序执行后会输出：

```
[1] "C grade"
```

3.1.5   switch 语句

虽然使用 if…else if…else 语句可以对多种情况进行判断，但是，该类语句在判断某些问题时，必须按顺序编写每个 else if 语句，书写起来比较麻烦。为此，R 语言提供了另外一个语句来更好地实现多分支语句的判断——switch 语句。和嵌套 if 或多个 else if 语句相比，switch 语句更加直观，并且更加容易理解。

在 R 语言中，switch 语句能够对某个条件进行多次判断，具体语法格式如下：

```
switch(expression, case1, case2, case3...)
```

对上述语法格式的具体说明如下。

❑ expression 是一个常量表达式，可以是整数或字符串，如果是整数，则返回对应的 case 位置的值，如果整数不在位置的范围内，则返回 NULL。例如在下面的代码中，expression 的值是整数 3，所以程序执行后会返回 case 中的第 3 个值"天猫"。

```
x <- switch(
    3,
    "京东",
    "百度",
    "天猫",
    "腾讯"
)
print(x)
```

程序执行后会输出：

```
[1] "天猫"
```

❑ 可以有任意数量的 case 语句，每个 case 语句后跟要比较的值和冒号。
❑ 如果匹配到多个值则返回第一个。
❑ expression 如果是字符串，则对应的是 case 中的变量名对应的值，没有匹配则没有返回值。
❑ switch 没有默认参数可用。
❑ 在所有 case 不匹配的情况下，如果有一个未命名的元素，则返回其值。如果有多个此类参数，则返回错误。

实例 3-4：宿舍值日轮流表(源码路径：R-codes\3\switch.R)

| 周一：舍友 A | 周二：舍友 B | 周三：舍友 C | 周四：舍友 D |
| 周五：舍友 E | 周六：舍友 F | 周日：舍友 G | |

实例文件 switch.R 的具体实现代码如下：

```
duty<-"周三"
switch(duty, 周一="今天舍友 A 值日", 周二= "今天舍友 B 值日",
周三= "今天舍友 C 值日", 周四= "今天舍友 D 值日", 周五= "今天舍友 E 值日",
周六= "今天舍友 F 值日", 周日= "今天舍友 G 值日")
```

程序执行后会输出：

```
[1] "今天舍友C值日"
```

3.2 循环语句

有的时候，我们可能需要多次执行同一块程序代码。在 R 语言中，通过使用循环语句可以多次执行指定的程序。本节将详细讲解 R 语言中循环语句的知识。

扫码看视频

3.2.1 repeat 语句

在 R 语言中，repeat 语句的功能是循环执行相同的代码，直到不满足条件后停止循环，在退出循环时要用到 break 语句。使用 repeat 语句的语法格式如下：

```
repeat {
    语句块
    if(布尔表达式)
        break
}
```

在上述语法格式中，会循环执行"语句块"中的内容，如果"布尔表达式"的值为 true，则使用 break 语句退出循环。repeat 循环语句的执行流程如图 3-4 所示。

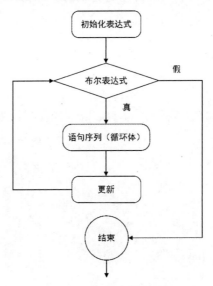

图 3-4　repeat 循环语句的执行流程

实例 3-5：计算 1～100 之间所有整数的和(源码路径：R-codes\3\sum.R)

实例文件 sum.R 的具体实现代码如下：

```
i <- 1                    #变量 i 的值为 1
sum <- 0                  #变量 sum 的值为 0
repeat
{
  sum = sum + i           //等价于 sum =sum + i
  if( i >= 100)           #如果循环已加到了 100，则使用 break 语句跳出 repeat 循环
    break
  i <- i + 1
}
cat("1 到 100 的整数和是",sum)
```

在上述代码中，使用 cat()函数打印输出变量 sum 的值，即 1～100 之间所有整数的和：

```
1 到 100 的整数和是 5050
```

3.2.2 while 语句

在 R 语言中，while 语句的功能是一遍又一遍地执行相同的代码，直到不满足条件后停止循环。使用 while 语句的语法格式如下：

```
while(condition){
  statement(s);
}
```

上述语法格式说明如下。

❑ condition：可以是任意的表达式，当为任意非零值时都为 true。当 condition 的值为 true 时，执行后面的循环体；当 condition 的值为 false 时，退出循环，程序将继续执行紧接着循环体后面的代码。

❑ statement(s)：可以是一个单独的语句，也可以是几个语句组成的代码块。

注意：while 循环的一个关键问题是循环可能不会运行。当条件被测试并且结果为假时，循环体将被跳过，并且 while 循环之后的第一个语句将被执行。这是因为 while 循环首先测试条件是否满足，条件满足了才执行循环体中的语句。

实例 3-6：计算 1～100 之间所有奇数的和(源码路径：R-codes\3\ji.R)

实例文件 ji.R 的具体实现代码如下：

```
sum = 0                   #变量 sum 赋初始值为 0
i = 100                   #变量 i 赋初始值为 100
```

```
while (i > 0) {            #如果变量 i 的值大于 0，则执行后面的循环体
  if (i %% 2 != 0)         #找出偶数
  {
    sum = sum + i          #累加求和
  }
  i = i - 1                #每循环一次，i 的值减 1
}
print(sum)
```

在上述代码中，变量 i 赋初始值为 100，每当循环一次，i 的值减 1，直到 i 的值不大于 0 时停止循环。程序执行后会输出：

```
[1] 2500
```

3.2.3 for 语句

在 R 语言中，for 循环语句是一种重复控制结构，可以让开发者有效地编写一个需要执行特定次数的循环。使用 for 语句的语法格式如下：

```
while(condition){
    statement(s);
}
```

R 语言中的 for 循环特别灵活，不仅可以循环整数变量，还可以对字符向量、逻辑向量、列表等数据类型进行迭代。例如下面的代码，能够遍历输出 26 个英文字母中的前 8 个字母。

```
v <- LETTERS[1:8]
for ( i in v) {
  print(i)
}
```

程序执行后会输出：

```
[1] "A"
[1] "B"
[1] "C"
[1] "D"
[1] "E"
[1] "F"
[1] "G"
[1] "H"
```

实例 3-7：打印输出斐波那契数列的前 10 项(源码路径：R-codes\3\die.R)

斐波那契数列指的是这样一个数列：1, 1, 2, 3, 5, 8, 13, 21, 34, 55, 89...这个数列从第 3 项

开始，每一项都等于前两项之和。实例文件 die.R 的具体实现代码如下：

```
N<-10                              #求前 10 项
vec<-NA                            #定义一个空向量
vec[1] = vec[2] = 1                #前两项赋值为1
for(n in 3:N)                      #从第 3 项开始循环
  vec[n] = vec[n-2] + vec[n-1]     #每项是前两项之和
  print(vec)                       #打印结果
```

程序执行后会输出：

```
[1]  1  1  2  3  5  8 13 21 34 55
```

3.3　循环控制语句

为了使程序能够更轻松、更有弹性地达到预期目标，R 语言提供了循环控制语句，用于更改程序的正常执行顺序，当执行离开范围时，在该范围内创建的所有自动对象都将被销毁。R 语言提供了两种循环控制语句：break 和 next。本节将详细讲解这两种语句的用法。

扫码看视频

3.3.1　break 语句

在 R 语言中，break 语句有以下两种用法。

(1)　当在循环中遇到 break 语句时，循环将立即终止，在循环之后的下一个语句中恢复。如果在循环嵌套中使用 break 语句，将停止最内层循环的执行，并开始执行外层的循环语句。

(2)　可以在 switch 语句中终止一个 case(分支情况)。

实例 3-8：模拟田径比赛(源码路径：R-codes\3\stop.R)

实例文件 stop.R 的具体实现代码如下：

```
i <- 1                             #变量 i 的值为1
while (i < 25) {                   #使用 while 循环，i 的值小于25，循环就执行下去
  cat("正在跑第",i,"圈","\n")       #如果 i 的值等于 5，则执行后面的 break 语句
  i= i + 1
  if(i == 5) {
    break
  }
}
print("身体不适，我决定退出比赛！")
```

在上述代码中，首先设置只要变量 i 小于 25 就执行 while 循环，并且设置如果 i 等于 5，则使用 break 语句停止循环。程序执行后会输出：

```
正在跑第 1 圈
正在跑第 2 圈
正在跑第 3 圈
正在跑第 4 圈
[1] "身体不适，我决定退出比赛！"
```

3.3.2　next 语句

在 R 语言中，next 语句的功能是跳过循环体中当前这次循环，然后执行下一次循环。也就是说，next 的作用只是结束本次循环，即跳过循环体中当前执行的这次循环，然后接着进行下一次是否执行循环的判定。next 语句的执行流程如图 3-5 所示。

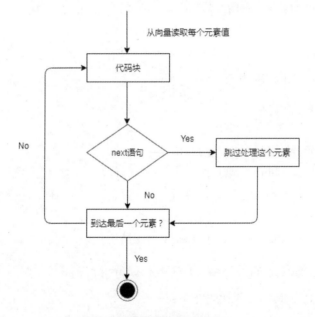

图 3-5　next 语句的执行流程

注意：next 语句与 break 语句的区别在于：next 并不是中断循环语句，而是中止当前迭代的循环，进入下一次的迭代。简单来讲，next 语句只是忽略循环语句中的当次循环。

实例 3-9：跳过指定的某次循环(源码路径：R-codes\3\next.R)

实例文件 next.R 的具体实现代码如下：

```
x <- 1                  #x 的初始值是 1
while(x < 8)            #如果 x 小于 8，则执行后面的循环
{
   x <- x + 1;          #每循环一次，x 的值加 1
   if (x == 3)          #当 x 的值等于 3 时跳出这次循环
      next;
   print(x);
}
```

程序执行后会输出：

```
[1] 2
[1] 4
[1] 5
[1] 6
[1] 7
[1] 8
```

第 4 章

函数

函数是 R 语言最重要的构成部分之一，通过编写函数和调用函数可以实现软件项目需要的功能。在 R 语言软件项目中，绝大多数功能是通过函数实现的。本章将详细讲解 R 语言中函数的知识，并通过具体实例演示各个知识点的用法。

4.1 函数基础

在编程语言中，函数(function)是一种封装了特定功能的代码块，可以重复调用并返回一个结果。函数通常接受输入参数，对这些参数进行计算或处理后，会产生一个输出结果，并将其返回给调用者。

扫码看视频

4.1.1 函数的特征和好处

在不同的编程语言中，定义函数的语法和使用方式可能会有所不同，但它们都具有以下基本特征。

- □ 函数名称：每个函数都有自己的名称来标识唯一的身份，方便在程序中调用。
- □ 形参(formal parameter)：函数可以接受一个或多个输入参数，用于提供需要处理的数据或信息。形参也被称为函数的"参数列表"。
- □ 函数体：函数体是实现特定功能代码的主要部分，通常由多行语句组成。
- □ 返回值：函数执行完毕后会产生一个输出结果，我们称之为函数的"返回值"。
- □ 调用：在程序中，我们可以通过函数名和参数列表来调用函数，触发函数的执行，并获取返回值。

使用函数的好处有很多，概括来说，在程序中使用函数的好处如下。

- □ 代码复用性：函数通常是可重复利用的代码块，能够将程序的某个功能封装起来，使得可以在不同的情况下多次调用，提高代码的复用性和灵活性。
- □ 提高程序的可读性：通过函数的调用，可以减少代码量并降低代码的复杂度，使得程序更易于阅读、理解和维护。
- □ 简化程序设计：通过将程序的不同部分封装成函数，可以将整个程序拆分成若干个模块，从而简化程序的设计和实现。
- □ 方便测试和调试：函数通常只实现单一的功能，这样可以更方便地对程序进行测试和调试，出现问题时也更容易定位问题所在。
- □ 提高开发效率：函数可以避免重复代码和烦琐的逻辑，从而提高编写代码的效率。此外，在程序团队中，不同的成员也可以同时开发各自的函数，加快项目的进展。

总之，使用函数可以提高程序的可读性、复用性、可维护性和开发效率，同时也能减少代码错误和提高代码质量，它是编程中非常重要的一个概念。

4.1.2　R 语言函数和其他编程语言函数的区别

R 语言中的函数和其他编程语言中的函数有以下几点区别。

- R 语言中的函数是一级对象：在 R 语言中，函数被视为"第一类对象"(first-class object)，就像整数、字符串或向量等其他类型的数据一样。这意味着我们可以将一个函数存储到变量中，将其作为参数传递给另一个函数，甚至可以将一个函数作为返回值。
- 隐式返回值：在 R 语言中，函数通常会自动返回最后一个执行的语句或表达式的结果。因此，在定义函数时不需要显式地指定返回值。
- 函数参数的默认值：在 R 语言中，函数参数可以指定默认值。如果在调用函数时没有为该参数提供值，则使用默认值。这使得函数更加灵活，并且可以避免使用大量的 if...else 语句。
- 变量作用域：R 语言中的变量作用域规则与其他编程语言略有不同，函数内部定义的变量默认情况下是局部变量，而不是全局变量。如果需要在函数外部访问变量，则需要使用特殊的关键字 assign 或 <<-。
- 管道操作符：R 语言中的管道操作符 %>%，可以方便地将数据流从一个函数传递给另一个函数，简化了代码的书写和理解。

总之，R 语言中的函数具有一些独特的特性，使得在数据分析和统计建模方面非常实用。与其他编程语言相比，R 语言的函数更加灵活，易于使用，并且可以方便地进行数据处理和可视化。

4.2　定义函数

在 R 语言中，函数是为了实现某个功能而编写的。要实现不同的功能，可以提前编写对应的函数。例如在本书前面实例中多次用到的 print()函数，它是 R 语言官方提供的内置函数。在 R 语言中需要先定义函数，然后才可以使用这个函数，当然内置函数除外，因为内置函数已经被 R 语言官方定义好了。

扫码看视频

4.2.1　定义函数的语法格式

定义函数是指通过编写一段特定的代码块，来封装一个或多个操作，以实现特定的功能，并可以在程序的其他部分多次调用该功能。在 R 语言中，定义函数的语法格式如下：

```
function_name <- function(arg1, arg2, ...) {
  # 函数体内部的代码块
  # 包括变量定义、计算和控制流语句等
  # 可以使用传递进来的参数进行操作
  # 最后可以使用函数 return() 返回结果
}
```

对上述参数的具体说明如下。

❑   function_name：自定义的函数名称，用于标识该函数。

❑   arg1, arg2, ...：函数的参数列表，用于接收传递给函数的输入数据。

❑   { }：大括号内是函数体，包含了实现特定功能的代码块。

❑   函数 return()：表示函数的返回值，如果没有明确指定返回值，默认将最后一个计算出的表达式作为返回值。

实例 4-1：使用求和函数(源码路径：R-codes\4\sum.R)

实例文件 sum.R 的具体实现代码如下：

```
# 定义名为 add 的函数，用于对两个数求和
add <- function(x, y) {
  result <- x + y   # 计算两数之和
  return(result)    # 返回结果
}

# 调用 add()函数，并传入参数 3 和 4
add(3, 4)
```

在上述代码中，定义了一个名为 add 的函数，该函数接受两个参数 x 和 y，并返回它们的和。在函数体内，使用 x + y 计算这两个参数的和，并将结果赋值给变量 result。最后，使用函数 return(result) 将计算结果返回给调用者。在最后一行代码中，通过代码 add(3, 4)调用函数 add()计算 3 和 4 的和。程序执行后会输出：

```
[1] 7
```

4.2.2 函数的参数

在 R 语言中，函数的参数(也称为函数的输入)是指用于传递数据给函数的变量或值。参数允许用户在函数内部执行特定的操作或计算。下面是关于 R 语言函数参数的详细说明。

1. 位置参数(Positional Arguments)

在 R 语言中，位置参数按照定义的顺序传递给函数。在函数的定义中列出的第一个参数对应于传递的第一个参数，第二个参数对应于传递的第二个参数，以此类推。例如在下面的代码中，函数 add_numbers()拥有两个位置参数：

```
add_numbers <- function(x, y) {
  result <- x + y
  return(result)
}
```

在上述代码的函数 add_numbers()中，x 和 y 是位置参数。我们可以调用上述函数 add_numbers()并传递两个参数，例如下面的调用代码，执行后将返回 8：

```
add_numbers(3, 5)
```

2. 默认参数(Default Arguments)

在 R 语言中定义函数时，可以为参数提供默认值。如果在调用函数时没有传递该参数，将使用默认值。在函数定义过程中，使用等号(=)来指定默认参数。例如在下面的代码中，函数 greet_user()分别使用了一个位置参数 name 和一个默认参数 greeting。

```
greet_user <- function(name, greeting = "Hello") {
  message <- paste(greeting, name)
  print(message)
}
```

在上述代码的函数 greet_user()中，参数 greeting 有一个默认值"Hello"。在调用函数 greet_user()时可以只传递一个参数，例如下面的调用代码，执行后将打印出"Hello John"。

```
greet_user("John")
```

当然也可以为参数 greeting 传递一个新的值，用于覆盖默认值。例如下面的代码将打印输出"Hi John"。

```
greet_user("John", "Hi")
```

3. 关键字参数(Keyword Arguments)

在 R 语言中，可以使用参数的名称来传递参数值，而不需要按照顺序传递，这被称为关键字参数。在函数调用时使用等号(=)来指定关键字参数。例如在下面的代码中，函数 divide_numbers()接受两个位置参数 x 和 y：

```
divide_numbers <- function(x, y) {
```

```
  result <- x / y
  return(result)
}
```

接下来可以使用关键字参数来传递参数值，例如下面的调用代码将返回 3，这是因为 x 被赋值为 12，y 被赋值为 4。

```
divide_numbers(y = 4, x = 12)
```

使用关键字参数的一个主要好处是，可以只为一部分参数提供值，而其他参数使用默认值。例如，假设函数 power()接受两个参数 base 和 exponent，其中 exponent 有一个默认值为 2：

```
power <- function(base, exponent = 2) {
  result <- base ^ exponent
  return(result)
}
```

在调用上述函数 power()时，可以只为参数 base 提供值，而参数 exponent 将使用默认值，例如下面的调用代码：

```
power(base = 3)
```

4.2.3 函数的返回值

在 R 语言中，函数的返回值是指函数执行完毕后返回给调用者的结果。函数返回值可以是任何 R 对象，例如标量(如数字、字符)或更复杂的数据结构(如向量、矩阵、列表等)。在下面的内容中，将详细讲解 R 语言函数返回值的知识。

1. 使用 return()函数指定返回值

在 R 语言函数中，可以使用函数 return()来设置要返回的值。当函数遇到 return()语句时会停止执行，并返回指定的值。

实例 4-2：计算两个数的乘积(源码路径：R-codes\4\cheng.R)

实例文件 cheng.R 的具体实现代码如下：

```
# 定义函数
multiply_numbers <- function(x, y) {
  result <- x * y
  return(result)
}

# 调用函数并存储返回值
```

```
product <- multiply_numbers(4, 6)
print(product)
```

在上述代码中，函数 multiply_numbers() 的功能是计算两个数的乘积，并使用 return() 返回计算结果。在调用函数 multiply_numbers() 时，返回值被存储在变量 product 中，并打印出来。程序执行后会输出：

```
[1] 24
```

2. 隐式返回值

如果函数没有明确使用 return() 指定返回值，将默认返回函数体中最后一个执行语句的结果。例如在下面的代码中，函数 add_numbers() 的功能是计算两个数的和，但没有使用 return()。在函数体中的最后一个执行语句是 result <- x + y，因此该结果将作为隐式返回值：

```
# 定义函数
add_numbers <- function(x, y) {
  result <- x + y
}

# 调用函数并存储返回值
sum <- add_numbers(3, 5)
print(sum)
```

在调用上述函数 add_numbers() 时，返回值被存储在变量 sum 中，并打印出来。程序执行后会输出：

```
[1] 8
```

3. 多个返回值

在 R 语言的函数中可以返回多个值，通常使用列表(list)或其他数据结构来组合多个返回值。

实例 4-3：计算给定数据的平均值、中位数和最大值(源码路径：R-codes\4\duo.R)

实例文件 duo.R 的具体实现代码如下：

```
# 定义函数
calculate_stats <- function(data) {
 mean_val <- mean(data)
 median_val <- median(data)
 max_val <- max(data)
 result <- list(mean = mean_val, median = median_val, max = max_val)
 return(result)
}
```

```
# 调用函数并存储返回值
data <- c(2, 4, 6, 8, 10)
stats <- calculate_stats(data)
print(stats$mean)
print(stats$median)
print(stats$max)
```

在上述代码中，函数 calculate_stats()的功能是分别计算给定数据的平均值、中位数和最大值，并使用列表将这些结果组合在一起作为返回值。在调用函数 calculate_stats()后，返回的列表存储在变量 stats 中，并可以通过列表的命名元素(mean、median、max)访问每个返回值。程序执行后会输出：

```
[1] 6
[1] 6
[1] 10
```

4.3 函数调用

要在 R 程序中调用一个函数，需要使用函数的名称并提供相应的参数值(如果有的话)来实现。前面的内容中已经多次用到了函数调用的知识，本节将详细讲解函数调用。

扫码看视频

4.3.1 使用位置参数

在 R 语言中，使用位置参数调用函数意味着按照函数定义中参数的顺序，依次传递参数值。大家需要注意，位置参数的顺序很重要，因为函数根据参数定义的顺序来解析传递的参数值，确保按照正确的顺序传递参数，以获得正确的结果。

假设在某购物网站上买了几件商品，可以使用 R 语言编写一个函数来计算订单的总价格。

实例 4-4：计算订单的总价格(源码路径：R-codes\4\cart.R)

实例文件 cart.R 的具体实现代码如下：

```
calculate_total_price <- function(item1_price, item2_price, item3_price) {
  total_price <- item1_price + item2_price + item3_price
  return(total_price)
}

# 调用函数，并传递商品价格作为位置参数
total_price <- calculate_total_price(20.99, 12.49, 9.99)
```

```
print(paste("Total price:", total_price))
```

在上述代码中，首先定义了函数 calculate_total_price()，它有 3 个位置参数 item1_price、item2_price 和 item3_price，分别表示三件商品的价格。函数 calculate_total_price()能够计算这些价格的总和，并返回总价格。然后，通过调用函数 calculate_total_price()，传递三个商品价格作为位置参数来计算总价格。最后，使用函数 print()打印出总价格。程序执行后会输出：

```
[1] "Total price: 43.47"
```

注意：本实例是一个非常实用的场景，可以根据购物车中商品的价格动态计算订单的总价格。读者可以根据实际需求扩展该函数，添加更多的位置参数以计算更复杂的总价格。

4.3.2 使用关键字参数

在 R 语言中，使用关键字参数调用函数意味着可以使用参数的名称和相应的值来传递参数，而无须按照参数的顺序进行传递。这在函数具有多个可选参数或者只想为特定参数提供值时非常有用。记住，参数名称应与函数定义中的参数名称匹配，以确保正确传递参数值。

实例 4-5：打印输出电影票信息(源码路径：R-codes\4\film.R)

假设需要编写一个函数来生成电影票，并且希望能够使用关键字参数来指定不同的选项。实例文件 film.R 的具体实现代码如下：

```
generate_movie_ticket <- function(movie_title, theater = "ABC Theater", date, time,
   seat_number) {
 ticket <- paste("Movie Ticket:", movie_title)
 ticket <- paste(ticket, "\n")
 ticket <- paste(ticket, "Theater:", theater)
 ticket <- paste(ticket, "\n")
 ticket <- paste(ticket, "Date:", date)
 ticket <- paste(ticket, "\n")
 ticket <- paste(ticket, "Time:", time)
 ticket <- paste(ticket, "\n")
 ticket <- paste(ticket, "Seat Number:", seat_number)

 return(ticket)
}

# 调用函数，并使用关键字参数传递参数值
```

```
ticket <- generate_movie_ticket(movie_title = "Avengers: Endgame", date =
    "2023-05-15", time = "19:30", seat_number = "A15")
cat(ticket)
```

对上述代码的具体说明如下。

(1) 定义了函数 generate_movie_ticket()，它接受多个参数，其中 movie_title、date、time 和 seat_number 是必需的参数，而 theater 是可选的参数(具有默认值"ABC Theater")。函数 generate_movie_ticket()的功能是根据提供的参数生成电影票信息，并将其作为字符串返回。

(2) 在调用函数 generate_movie_ticket()时通过使用关键字参数，可以更清晰地指定参数的值。在这个例子中，通过使用参数名称和相应的值来调用函数，并指定了电影标题、日期、时间和座位号。由于参数 theater 具有默认值，我们没有为它提供新的值，因此将使用默认值"ABC Theater"。

(3) 打印出生成的电影票信息。

程序执行后会输出：

```
Movie Ticket: Avengers: Endgame
Theater: ABC Theater
Date: 2023-05-15
Time: 19:30
Seat Number: A15
```

注意：在本实例中以文本形式打印输出电影票信息时，必须使用 cat()函数代替 print() 函数，否则换行符"\n"将不起作用。函数 cat()用于将字符串输出到控制台，并可以正确解释换行字符"\n"。通过使用函数 cat()，我们可以得到正确的换行效果。

4.3.3 使用默认参数

在 R 语言中，可以使用默认参数来定义函数，并在调用函数时选择是否提供自定义参数值。当没有为函数的参数提供具体值时，将使用默认参数值。使用默认参数可以使函数更灵活，因为用户可以选择是否提供自定义值。如果没有提供值，将使用预定义的默认值。这在具有常用参数设置的函数中非常有用。

实例 4-6：设置邮件信息的默认参数(源码路径：R-codes\4\email.R)

编写一个函数用来发送电子邮件，并且希望将一些参数设置为默认值，以便在调用函数时可以选择性地提供自定义值。实例文件 email.R 的具体实现代码如下：

```
send_email <- function(recipient, subject, body, cc = NULL, attachment = NULL) {
  message <- paste("To:", recipient)
```

```
message <- paste(message, "\nSubject:", subject)
message <- paste(message, "\nBody:", body)

if (!is.null(cc)) {
  message <- paste(message, "\nCC:", cc)
}

if (!is.null(attachment)) {
  message <- paste(message, "\nAttachment:", attachment)
}

print(message)
}

# 调用函数，只提供必需参数
send_email("john@example.com", "Important Notice", "Please read the attached
    document.")

# 调用函数，提供部分默认参数值
send_email("mary@example.com", "Meeting Reminder", "Don't forget to bring your
    presentation.", cc = "alex@example.com")

# 调用函数，提供所有参数值
send_email("alice@example.com", "Weekly Report", "Please find attached the weekly
    sales report.", cc = "bob@example.com", attachment = "report.pdf")
```

对上述代码的具体说明如下。

(1) 定义函数 send_email()，它接受多个参数，包括 recipient(收件人)、subject(主题)、body(正文)、cc(抄送)和 attachment(附件)。参数 cc 和参数 attachment 都具有默认值 NULL，即可选择性地提供。

(2) 在函数 send_email()内，将参数的值拼接到一个消息字符串中，并使用函数 print()打印出来。如果参数 cc 和参数 attachment 不为 NULL，则将它们添加到消息字符串中。

(3) 三次调用函数 send_email()，选择性地提供自定义参数值。第一个调用只提供了必需的参数，而其他参数将使用默认值。第二个调用提供了一个 cc 参数的自定义值，而第三个调用提供了所有参数的自定义值。

程序执行后会输出：

```
[1] "To: john@example.com \nSubject: Important Notice \nBody: Please read the
    attached document."
[1] "To: mary@example.com \nSubject: Meeting Reminder \nBody: Don't forget to bring
    your presentation. \nCC: alex@example.com"
[1] "To: alice@example.com \nSubject: Weekly Report \nBody: Please find attached
    the weekly sales report. \nCC: bob@example.com \nAttachment: report.pdf"
```

4.3.4　存储函数返回值

在 R 语言中，可以将函数的返回值存储在变量中，并在后续需要的时候调用该函数。通过将函数的返回值存储在变量中，用户可以在需要的时候重复使用该值，包括将其作为参数传递给其他函数。这使用户能够更灵活地处理函数的结果，并进行进一步的操作。

实例 4-7：购物结算(源码路径：R-codes\4\order.R)

编写一个程序用来模拟购物结算，并且存储每个商品的总价，在结算时计算并打印出总金额。实例文件 order.R 的具体实现代码如下：

```r
# 定义一个函数来计算每个商品的总价
calculate_total_price <- function(price, quantity) {
  total <- price * quantity
  return(total)
}

# 定义一个函数来计算购物车中所有商品的总金额
calculate_total_amount <- function(prices, quantities) {
  total_amount <- sum(prices * quantities)
  return(total_amount)
}

# 商品信息
item_prices <- c(10, 20, 30)  # 商品价格
item_quantities <- c(3, 2, 4)  # 商品数量

# 存储每个商品的总价
item_total_prices <- sapply(item_prices, calculate_total_price, quantity =
    item_quantities)

# 打印每个商品的总价
cat("Item Total Prices:\n")
for (i in 1:length(item_total_prices)) {
  cat("Item", i, ": $", item_total_prices[i], "\n")
}

# 调用函数计算购物车的总金额
total_amount <- calculate_total_amount(item_prices, item_quantities)

# 打印购物车的总金额
cat("Total Amount: $", total_amount, "\n")
```

对上述代码的具体说明如下。

(1) 定义函数 calculate_total_price()，接受商品价格和数量作为参数，其功能是计算并返回每个商品的总价。

(2) 定义函数 calculate_total_amount()，接受商品价格和数量的向量作为参数，其功能是计算并返回购物车中所有商品的总金额。

(3) 定义商品的价格和数量，并使用函数 sapply() 以向量化的方式调用函数 calculate_total_price()，将商品价格和数量向量传递给它。这样，每个商品的总价被计算出来并存储在向量 item_total_prices 中。

(4) 使用循环打印出每个商品的总价。

(5) 调用函数 calculate_total_amount()，将商品的价格和数量向量作为参数传递给它，计算购物车的总金额，并将结果存储在变量 total_amount 中。

(6) 打印输出购物车中所有商品的总金额。

程序执行后会输出：

```
Item Total Prices:
Item 1 : $ 30
Item 2 : $ 20
Item 3 : $ 40
Item 4 : $ 60
Item 5 : $ 40
Item 6 : $ 80
Item 7 : $ 90
Item 8 : $ 60
Item 9 : $ 120
Total Amount: $ 190
```

4.4 内置函数

在 R 语言中，内置函数指的是在 R 语言的核心中提供的函数，无须进行额外的安装或导入即可直接使用。这些内置函数是 R 语言的一部分，提供了各种常见任务的功能。R 语言中的内置函数可以执行各种操作，包括数学运算、字符处理、向量和数据结构操作、数据框和矩阵操作、文件和输入输出操作、图形和可视化等。这些函数提供了丰富的功能，使得 R 语言成为数据分析和统计建模的强大工具。

扫码看视频

注意：R 语言的内置函数是由 R 语言的开发团队开发和维护的，并随着 R 语言的发展不断更新和改进。

4.4.1 数学和统计函数

在 R 语言中有许多内置的数学和统计函数，可用于执行各种数学运算和统计分析。下面列出了一些常用的内置数学和统计函数。

❑ sum(x)：对向量 x 中的元素求和。

❑ mean(x)：计算向量 x 的平均值。

❑ median(x)：计算向量 x 的中位数。

❑ max(x)：找到向量 x 中的最大值。

❑ min(x)：找到向量 x 中的最小值。

❑ var(x)：计算向量 x 的方差。

❑ sd(x)：计算向量 x 的标准差。

❑ quantile(x, probs)：计算向量 x 的分位数，probs 是一个介于 0～1 之间的数字向量。

❑ cor(x, y)：计算向量 x 和 y 之间的相关系数。

❑ cov(x, y)：计算向量 x 和 y 之间的协方差。

上述函数可以用于数值型向量、矩阵和数据框，以及其他支持数学运算和统计分析的数据结构。它们提供了执行常见的数学和统计计算的便利性，并且可以与其他 R 函数和操作符结合使用，以进行更复杂的数据处理和分析。

> 注意：上面只是列出了一小部分 R 语言中可用的数学和统计函数，在 R 语言中还有许多其他内置函数和包，用于更高级的数学运算、统计模型拟合、假设检验等任务。读者可以查阅 R 语言的文档和帮助文件，了解更多有关数学和统计函数的详细信息和用法。

实例 4-8：判断是否为整数(源码路径：R-codes\4\weight.R)

假设某个舍友在一年中的每个月份内每天都记录了自己的体重，并想要计算每个月的体重变化幅度和年度的体重变化情况。我们可以编写程序，使用 R 语言内置的数学和统计函数来进行计算和分析体重信息。实例文件 weight.R 的具体实现代码如下：

```
# 生成随机的体重数据
set.seed(123)  # 设置随机种子，以确保结果可复现
weight <- runif(365, min = 60, max = 80)  # 生成 365 个介于 60~80 之间的随机数，
                                           # 模拟体重数据

# 计算每个月的体重变化幅度
monthly_changes <- diff(weight, lag = 30)  # 计算每 30 天的体重变化幅度，lag 参数表示
                                           # 间隔的天数
```

```
# 计算年度的体重变化情况
annual_change <- weight[365] - weight[1]    # 计算最后一天的体重与第一天的体重之间的变化

# 打印每个月的体重变化幅度
cat("Monthly Weight Changes:\n")
for (i in 1:11) {
  cat("Month", i, "to", i+1, ": ", monthly_changes[i], "\n")
}

# 打印年度的体重变化情况
cat("Annual Weight Change: ", annual_change, "\n")
```

对上述代码的具体说明如下。

(1) 使用函数 runif()生成 365 个介于 60～80 之间的随机数，模拟了一年中每天的体重数据。

(2) 使用函数 diff()计算每 30 天的体重变化幅度，得到每个月的体重变化情况。

(3) 计算最后一天的体重与第一天的体重之间的变化，得到年度的体重变化情况。

程序执行后会输出：

```
Monthly Weight Changes:
Month 1 to 2 : 13.50893
Month 2 to 3 : 2.279878
Month 3 to 4 : 5.634567
Month 4 to 5 : -1.751
Month 5 to 6 : -18.31707
Month 6 to 7 : 8.644789
Month 7 to 8 : 4.607081
Month 8 to 9 : -13.52022
Month 9 to 10 : -4.66508
Month 10 to 11 : -4.499779
Month 11 to 12 : -16.28067
Annual Weight Change: 1.51446
```

由此可见，通过使用 R 语言内置的数学和统计函数，能够方便地计算和分析体重数据的变化情况，从而更好地了解个人的体重变化趋势。

4.4.2　字符和字符串处理函数

在 R 语言中，有许多内置的字符和字符串处理函数可用于对字符向量和字符串进行各种操作和转换。下面列出了一些常用的内置字符和字符串处理函数。

❑ paste(..., sep = " ")：将多个字符或字符串合并为一个字符串，并可指定分隔符。

❑ tolower(x)：将字符向量或字符串中的字符转换为小写。

❑ toupper(x)：将字符向量或字符串中的字符转换为大写。

❑ substr(x, start, stop)：提取字符向量或字符串中指定位置的子串。

❑ strsplit(x, split)：根据指定的分隔符将字符向量或字符串拆分为子串。

❑ nchar(x)：计算字符向量或字符串的字符个数。

❑ grep(pattern, x)：在字符向量或字符串中搜索与指定模式匹配的子串，并返回匹配的位置。

❑ gsub(pattern, replacement, x)：在字符向量或字符串中替换与指定模式匹配的子串为指定的替换字符串。

❑ substr_replace(x, start, stop, replacement)：替换字符向量或字符串中指定位置的子串为指定的替换字符串。

❑ strsplit(x, split)：根据指定的分隔符将字符向量或字符串拆分为子串，并返回一个列表。

上述函数可用于处理和操作字符向量和字符串，包括合并字符串、大小写转换、提取子串、拆分字符串、计算字符长度、搜索和替换子串等。它们提供了丰富的功能，使得用户在 R 语言中进行字符和字符串处理变得更加方便和灵活。

注意：上面列出的只是 R 语言中一小部分可用的字符和字符串处理函数。R 语言还提供了许多其他函数和包，用于更高级的字符匹配、正则表达式、字符串分析等任务。读者可以查阅 R 语言的文档和帮助文件，了解更多关于字符和字符串处理的详细信息和用法。

实例 4-9：字母的大小写转换(源码路径：R-codes\4\zhuan.R)

实例文件 zhuan.R 的具体实现代码如下：

```
# 定义文本字符串
text <- "Hello, World! This is an Example."

# 将大写字母转换为小写字母
lower_text <- tolower(text)

# 将小写字母转换为大写字母
upper_text <- toupper(text)
```

```
# 打印转换结果
cat("Original Text:", text, "\n")
cat("Lowercase Text:", lower_text, "\n")
cat("Uppercase Text:", upper_text, "\n")
```

对上述代码的具体说明如下。

(1)　定义一个文本字符串 text。

(2)　使用函数 tolower()将其中的大写字母转换为小写字母，得到 lower_text。

(3)　使用函数 toupper()将其中的小写字母转换为大写字母，得到 upper_text。

(4)　使用函数 cat()打印原始文本、转换为小写字母的文本和转换为大写字母的文本。

程序执行后会输出：

```
Original Text: Hello, World! This is an Example.
Lowercase Text: hello, world! this is an example.
Uppercase Text: HELLO, WORLD! THIS IS AN EXAMPLE.
```

实例 4-10：分类留学生的资料(源码路径：R-codes\4\liu.R)

假设在一个字符串向量中包含一些某高校留学生的信息，例如学生的人名和他们所属的国家/地区。我们想要从这个字符串向量中提取人名和国家/地区，然后按照国家/地区对人名进行分组。这里我们可以使用 R 语言内置的字符和字符串处理函数来实现。实例文件 liu.R 的具体实现代码如下：

```
# 创建包含人名和国家/地区的字符串向量
names <- c("John (USA)", "Emily (Canada)", "Mike (USA)", "Sophie (France)", "Jack
    (Canada)")

# 提取人名和国家/地区
person_names <- gsub("\\s*\\((.*\\)", "", names)   # 去除括号及其内容，提取人名
countries <- gsub(".*\\((.*)\\)", "\\1", names)   # 提取括号内的国家/地区

# 按照国家/地区对人名进行分组
grouped_names <- split(person_names, countries)

# 打印每个国家/地区的人名
for (country in unique(countries)) {
  cat("People from", country, ":", paste(grouped_names[[country]], collapse = ","),
      "\n")
}
```

对上述代码的具体说明如下。

(1)　创建一个包含人名和国家/地区的字符串向量。

(2) 使用函数 gsub() 和正则表达式来提取人名和国家/地区。gsub("\\s*\\(.*\\)", "", names) 去除了括号及其内容，提取了人名；gsub(".*\\((.*)\\)", "\\1", names) 提取了括号内的国家/地区。

(3) 使用函数 split() 将人名按照国家/地区进行分组，并将结果存储在 grouped_names 中。

(4) 使用循环打印每个国家/地区的人名。

程序执行后会输出：

```
People from USA : John, Mike
People from Canada : Emily, Jack
People from France : Sophie
```

4.4.3 文件操作函数

在 R 语言中有一些内置的文件操作函数，可用于处理文件、读取数据、写入数据以及管理文件和文件夹。下面列出了一些常用的文件操作函数。

- ❏ filc.exists(path)：检查指定路径的文件或文件夹是否存在。
- ❏ file.create(path)：创建一个空文件。
- ❏ file.remove(path)：删除指定的文件。
- ❏ dir.create(path)：创建一个新的文件夹。
- ❏ file.rename(from, to)：将文件或文件夹从一个名称更改为另一个名称。
- ❏ file.copy(from, to)：将文件从一个位置复制到另一个位置。
- ❏ list.files(path)：列出指定路径下的所有文件。
- ❏ list.dirs(path)：列出指定路径下的所有文件夹。
- ❏ read.csv(file)：读取 CSV 格式的文件并返回一个数据框。
- ❏ read.table(file)：读取文本文件并返回一个数据框。
- ❏ write.csv(data, file)：将数据框写入 CSV 格式的文件。
- ❏ write.table(data, file)：将数据框写入文本文件。

通过使用上述函数，可以在 R 语言中进行文件和文件夹的创建、删除、重命名、复制等操作，以及读取和写入文件数据。它们提供了处理文件和文件系统的基本功能，并为数据的读取和写入提供了方便的接口。

注意：上述列出的只是 R 语言中一小部分常用的文件操作函数，在 R 语言中还有许多其他内置函数和包，用于更高级的文件处理、目录操作、文件格式解析等任务。读者可以查阅 R 语言的文档和帮助文件，了解更多关于文件操作的详细信息和用法。

实例 4-11：写入并读取文件的内容(源码路径：R-codes\4\file.R)

实例文件 file.R 的具体实现代码如下：

```r
# 写入文字到文件
text <- "Hello, World!\n This is an example text."

file_path <- "example.txt"

# 打开文件进行写入
file_conn <- file(file_path, "w")

# 将文本写入文件
writeLines(text, file_conn)

# 关闭文件连接
close(file_conn)

cat("Text has been written to '", file_path, "'.\n")

# 读取文件内容
file_conn <- file(file_path, "r")

# 逐行读取文件内容
file_content <- readLines(file_conn)

# 关闭文件连接
close(file_conn)

cat("File content:\n")
cat(file_content, sep = "\n")
```

对上述代码的具体说明如下。

(1) 定义要写入文件的文字内容。

(2) 使用函数 file()创建一个文件连接对象，指定要写入的文件路径和写入模式为"w"。

(3) 使用函数 writeLines()将文字内容写入文件。

(4) 关闭文件连接。

(5) 再次打开文件连接，指定读取模式为"r"。使用函数 readLines()逐行读取文件内容，并将结果存储在 file_content 中。

(6) 关闭文件连接，并使用函数 cat()打印读取到的文件内容。

程序执行后会输出下面的内容，并将文字写入到文件 example.txt 中，如图 4-1 所示。

```
Text has been written to 'example.txt'.
File content:
Hello, World!
This is an example text.
```

图 4-1　文件 example.txt 的内容

在上述实例中，文件 example.txt 的路径是相对路径，它位于运行 R 代码的当前工作目录下。当前工作目录是指 R 程序会在其中查找文件和文件夹的目录。可以使用函数 getwd() 来获取当前工作目录的路径。如果没有显式地设置当前工作目录，那么 R 程序会将当前工作目录设置为 R 脚本文件所在的目录，或者在交互式会话中，通常设置为启动 R 会话的用户的主目录。

要查看当前工作目录的路径，可以使用以下代码实现：

```
cat("Current working directory:", getwd(), "\n")
```

执行上述代码后，会在控制台输出当前工作目录的路径。

注意：如果想指定文件的绝对路径而不是相对路径，可以在变量 file_path 中提供文件的完整路径。

实例 4-12：文件夹操作(源码路径：R-codes\4\fold.R)

实例文件 fold.R 的具体实现代码如下：

```
# 创建一个新的文件夹
dir.create("my_folder")

# 检查文件夹是否存在
if (file.exists("my_folder")) {
  cat("Folder 'my_folder' has been created.\n")
}

# 在文件夹中创建几个空文件
file.create("my_folder/file1.txt")
file.create("my_folder/file2.txt")
file.create("my_folder/file3.txt")

# 列出文件夹中的文件
files <- list.files("my_folder")

cat("Files in 'my_folder':\n")
for (file in files) {
```

```
  cat("- ", file, "\n")
}

# 删除文件夹及其中的文件
file.remove("my_folder")

# 检查文件夹是否存在
if (!file.exists("my_folder")) {
  cat("Folder 'my_folder' has been deleted.\n")
}
```

对上述代码的具体说明如下。

(1) 使用函数 dir.create()创建一个名为 my_folder 的新文件夹。

(2) 使用函数 file.exists()检查文件夹是否存在，并根据结果打印相应的消息。

(3) 使用函数 file.create()在文件夹中创建了几个空文件，例如 file1.txt、file2.txt 和 file3.txt。

(4) 使用函数 list.files()列出文件夹中的文件，并使用循环打印文件列表。

(5) 使用函数 file.remove()删除文件夹及其中的文件。

(6) 再次使用函数 file.exists()检查文件夹是否存在，并根据结果打印相应的消息。

通过这个例子，可以学习如何使用 R 语言内置的文件夹操作函数来创建文件夹、删除文件夹及其中的文件，并列出文件夹中的文件。这些操作对于文件和文件夹的管理非常有用，可在实际项目中发挥作用。

> **实例 4-13：计算学生的总成绩和平均成绩(源码路径：R-codes\4\csv.R)**

假设有一个名为 data.csv 的 CSV 文件，其中包含了学生的姓名、年龄和成绩数据。实例文件 csv.R 的具体实现代码如下：

```
# 读取 CSV 文件并返回一个数据框
data <- read.csv("data.csv")

# 打印数据框的前几行
head(data)

# 计算学生总成绩
total_score <- sum(data$成绩)

# 计算学生平均成绩
average_score <- mean(data$成绩)

cat("学生总成绩:", total_score, "\n")
cat("学生平均成绩:", average_score, "\n")
```

对上述代码的具体说明如下。

(1) 使用函数 read.csv()读取名为 data.csv 的 CSV 文件。将文件内容解析为一个数据框，并将其存储在变量 data 中。

(2) 使用函数 head()打印数据框的前几行，默认情况下显示前 6 行。这样可以查看读取的数据是否正确。

(3) 使用函数 sum()计算学生的总成绩，通过"data$成绩"可以访问数据框中的"成绩"列数据。

(4) 使用函数 mean()计算学生的平均成绩，同样通过"data$成绩"访问数据框中的"成绩"列数据。

(5) 使用函数 cat()打印学生的总成绩和平均成绩。

程序执行后会输出：

```
   姓名     年龄    成绩
1  John     25     85
2  Amy      23     92
3  Michael  28     78
4  Emma     21     88
学生总成绩: 343
学生平均成绩: 85.75
```

通过这个例子，演示了如何使用函数 read.csv()读取 CSV 文件，并对文件中的数据进行计算和统计的方法。这可以帮助我们从外部数据源中获取数据并进行进一步的分析和计算工作。

4.4.4　概率分布函数

在 R 语言中，有许多内置的概率分布函数可用于生成和分析不同的概率分布。这些函数提供了计算概率密度、累积分布、分位数等功能，以及从给定分布中生成随机变量的功能。下面列出了一些常见的概率分布函数。

1. 正态分布函数

正态分布函数(Normal Distribution)是统计学中最常见的连续概率分布之一，用于描述许多自然现象。在 R 语言中的正态分布函数有以下几种。

❑　dnorm()：计算概率密度函数。

❑　pnorm()：计算累积分布函数。

❑　qnorm()：计算分位数。

❑ rnorm()：生成随机变量。

2. 二项分布函数

二项分布函数(Binomial Distribution)是一种离散概率分布，描述了在一系列独立的是/非实验中成功的次数。在 R 语言中的二项分布函数有以下几种。

❑ dbinom()：计算概率密度函数。

❑ pbinom()：计算累积分布函数。

❑ qbinom()：计算分位数。

❑ rbinom()：生成随机变量。

3. 泊松分布函数

泊松分布函数(Poisson Distribution)是一种离散概率分布，用于描述在固定时间段内某事件发生的次数。在 R 语言中的泊松分布函数有以下几种。

❑ dpois()：计算概率密度函数。

❑ ppois()：计算累积分布函数。

❑ qpois()：计算分位数。

❑ rpois()：生成随机变量。

4. 均匀分布函数

均匀分布函数(Uniform Distribution)是一种连续概率分布，用于描述在给定区间内所有值都是等可能的情况。在 R 语言中的均匀分布函数有以下几种。

❑ dunif()：计算概率密度函数。

❑ punif()：计算累积分布函数。

❑ qunif()：计算分位数。

❑ runif()：生成随机变量。

5. 指数分布函数

指数分布函数(Exponential Distribution)是一种连续概率分布，常用于模拟时间间隔或寿命数据。在 R 语言中的指数分布函数有以下几种。

❑ dexp()：计算概率密度函数。

❑ pexp()：计算累积分布函数。

❑ qexp()：计算分位数。

❑ rexp()：生成随机变量。

另外，在 R 语言中还有其他概率分布函数可用于不同的应用，例如伽马分布函数、贝塔分布函数、威布尔分布函数等。读者可以查阅 R 语言官方文档或相关资料了解这些函数的详细信息和用法。

实例 4-14：掷硬币游戏(源码路径：R-codes\4\ying.R)

本实例演示了使用 R 语言内置的概率分布函数模拟掷硬币的过程，实例文件 ying.R 的具体实现代码如下：

```
# 模拟掷硬币实验
num_trials <- 1000  # 实验次数

# 通过二项分布模拟掷硬币，其中prob=0.5表示正面概率为0.5
coin_flips <- rbinom(num_trials, size = 1, prob = 0.5)

# 统计正面和反面出现的次数
num_heads <- sum(coin_flips)
num_tails <- num_trials - num_heads

cat("掷硬币实验结果:\n")
cat("正面出现次数:", num_heads, "\n")
cat("反面出现次数:", num_tails, "\n")
```

对上述代码的具体说明如下。

(1) 使用函数 rbinom()通过二项分布模拟了 1000 次掷硬币的实验。函数 rbinom()的参数 size 表示实验次数，prob 表示正面出现的概率。

(2) 使用函数 sum()统计实验中正面出现的次数，并通过总实验次数减去正面次数计算反面出现的次数。

(3) 使用函数 cat()打印掷硬币实验的结果，包括正面和反面出现的次数。

因为是随机的，所以每次执行的结果不同，执行后会输出：

```
掷硬币实验结果:
正面出现次数: 512
反面出现次数: 488
```

通过这个例子，可以看到如何使用 R 语言的概率分布函数(这里是二项分布函数)来模拟实验，并进行简单的统计分析。这对于模拟和分析概率事件在实际生活和科学研究具有很大的作用。

4.4.5 日期和时间函数

在 R 语言中，提供了许多内置的日期和时间函数，用于处理日期、时间和时间序列数据。下面列出了一些常用的日期和时间函数。

(1) Sys.Date()：返回当前日期，例如：

```
current_date <- Sys.Date()
print(current_date)
```

(2) Sys.time()：返回当前日期和时间，例如：

```
current_datetime <- Sys.time()
print(current_datetime)
```

(3) format()：将日期或时间对象格式化为特定的字符串格式，例如：

```
current_date <- Sys.Date()
formatted_date <- format(current_date, "%Y-%m-%d")
print(formatted_date)
```

(4) as.Date()：将字符向量或其他日期对象转换为日期格式，例如：

```
date_string <- "2023-05-15"
date <- as.Date(date_string)
print(date)
```

(5) weekdays()：返回日期的星期几，例如：

```
current_date <- Sys.Date()
weekday <- weekdays(current_date)
print(weekday)
```

(6) months()：返回日期的月份，例如：

```
current_date <- Sys.Date()
month <- months(current_date)
print(month)
```

(7) difftime()：计算两个日期或时间之间的差值，例如：

```
start_time <- Sys.time()
# Do some operations...
end_time <- Sys.time()
time_diff <- difftime(end_time, start_time)
print(time_diff)
```

(8) POSIXlt 和 POSIXct：用于存储和操作日期和时间的数据类型。

(9) Sys.timezone()：设置时区，在使用日期和时间函数时，要确保正确设置时区信息，以便与你所处的时区保持一致。可以使用函数 Sys.timezone()获取当前时区，并使用 Sys.setenv(TZ = "your_timezone")来设置时区。

> **注意**：上述函数只是 R 语言中内置日期和时间函数的一小部分，另外还有许多其他内置日期、时间函数和包，可用于更高级的日期和时间操作，如日期运算、时间序列分析等。

实例 4-15：计算某人的年龄(源码路径：R-codes\4\age.R)

假设某同学的生日是 1990-06-15，编写实例文件 age.R 计算这名同学的年龄，具体实现代码如下：

```
# 获取当前日期
current_date <- Sys.Date()

# 设置出生日期
birthday <- as.Date("1990-06-15")

# 计算年龄
age <- as.numeric(difftime(current_date, birthday, units = "years"))

cat("当前日期:", format(current_date, "%Y-%m-%d"), "\n")
cat("出生日期:", format(birthday, "%Y-%m-%d"), "\n")
cat("年龄:", age, "岁\n")
```

对上述代码的具体说明如下。

(1) 使用 Sys.Date()函数获取当前日期。

(2) 将字符串日期"1990-06-15"转换为日期对象，并将其设置为出生日期。

(3) 使用函数 difftime()计算当前日期与出生日期之间的差值，将单位设置为"years"以得到年龄。

(4) 使用函数 cat()打印当前日期、出生日期和计算得到的年龄。通过使用函数 format()对日期进行格式化，我们将日期以"年-月-日"的格式输出。

程序执行后会输出：

```
当前日期: 2023-05-15
出生日期: 1990-06-15
年龄: 32 岁
```

> **注意**：在实例中计算年龄时使用了 as.numeric()函数，这是因为函数 difftime()返回的是一个时间间隔对象，我们需要将其转换为数值型。

实例 4-16：编写万年历程序(源码路径：R-codes\4\wan.R)

实例文件 wan.R 的具体实现代码如下：

```r
# 获取当前年份
current_year <- as.integer(format(Sys.Date(), "%Y"))

# 打印日历
cat("========= ", current_year, " 年万年历 =========\n")

# 遍历每个月份
for (month in 1:12) {
  # 获取每个月的第一天
  first_day <- as.Date(paste(current_year, month, "01", sep = "-"))


if (month == 12) {
  next_month_first_day <- as.Date(paste(current_year+1, "01", "01", sep = "-"))
  # 获取每个月的第一天
} else {
  next_month_first_day <- as.Date(paste(current_year, month+1, "01", sep = "-"))
  # 获取下个月的第一天
}
num_days <- as.integer(difftime(next_month_first_day, first_day, units = "days"))
  # 打印月份标题
  cat("\n", format(first_day, "%B"), "\n")

  # 打印星期几的标题
  cat("日 一 二 三 四 五 六\n")

  # 计算每个月第一天是星期几
  weekday <- as.integer(format(first_day, "%w"))

  # 打印每个月的日期
  cat(paste(rep("  ", weekday), collapse = ""), sep = "", end = "")
  for (day in 1:num_days) {
    cat(formatC(day, width = 2), sep = " ", end = " ")
    if ((weekday + day) %% 7 == 0) {
      cat("\n")
    }
  }
  cat("\n")
}
# 获取当前日期和时间
current_datetime <- Sys.time()
```

```
# 提取日期和时间信息
current_date <- format(current_datetime, "%Y-%m-%d")
current_time <- format(current_datetime, "%H:%M:%S")

# 打印日历
print("===== 万年历 =====")
cat("当前日期:", current_date, "\n")
cat("当前时间:", current_time, "\n")
```

对上述代码的具体说明如下。

(1) 获取当前年份，并将其存储在 current_year 变量中。

(2) 使用循环遍历每个月份。对于每个月份，获取该月份的第一天，并计算该月份的天数。

(3) 打印月份标题和星期几的标题。

(4) 计算每个月第一天是星期几，并在日历中对齐日期。

(5) 打印每个月的日期，确保每周七天换行显示。

(6) 使用函数 Sys.time()获取当前日期和时间。

(7) 使用函数 format()将日期和时间格式化为指定的字符串格式。在这里，将日期格式化为"年-月-日"的形式，时间格式化为"时:分:秒"的形式。

(8) 使用函数 cat()打印日历的标题和当前的日期和时间。

程序执行后会输出：

```
=========  2023  年万年历 =========
  一月
  日   一   二   三   四   五   六
  1    2    3    4    5    6    7
  8    9   10   11   12   13   14
 15   16   17   18   19   20   21
 22   23   24   25   26   27   28
 29   30   31

  二月
  日   一   二   三   四   五   六
                 1    2    3    4
  5    6    7    8    9   10   11
 12   13   14   15   16   17   18
 19   20   21   22   23   24   25
 26   27   28

  三月
  日   一   二   三   四   五   六
                 1    2    3    4
```

5	6	7	8	9	10	11
12	13	14	15	16	17	18
19	20	21	22	23	24	25
26	27	28	29	30	31	

四月

日	一	二	三	四	五	六
						1
2	3	4	5	6	7	8
9	10	11	12	13	14	15
16	17	18	19	20	21	22
23	24	25	26	27	28	29
30						

五月

日	一	二	三	四	五	六
	1	2	3	4	5	6
7	8	9	10	11	12	13
14	15	16	17	18	19	20
21	22	23	24	25	26	27
28	29	30	31			

六月

日	一	二	三	四	五	六
				1	2	3
4	5	6	7	8	9	10
11	12	13	14	15	16	17
18	19	20	21	22	23	24
25	26	27	28	29	30	

七月

日	一	二	三	四	五	六
						1
2	3	4	5	6	7	8
9	10	11	12	13	14	15
16	17	18	19	20	21	22
23	24	25	26	27	28	29
30	31					

八月

日	一	二	三	四	五	六
		1	2	3	4	5
6	7	8	9	10	11	12
13	14	15	16	17	18	19
20	21	22	23	24	25	26
27	28	29	30	31		

九月

日	一	二	三	四	五	六
					1	2
3	4	5	6	7	8	9
10	11	12	13	14	15	16
17	18	19	20	21	22	23
24	25	26	27	28	29	30

十月

日	一	二	三	四	五	六
1	2	3	4	5	6	7
8	9	10	11	12	13	14
15	16	17	18	19	20	21
22	23	24	25	26	27	28
29	30	31				

十一月

日	一	二	三	四	五	六
			1	2	3	4
5	6	7	8	9	10	11
12	13	14	15	16	17	18
19	20	21	22	23	24	25
26	27	28	29	30		

十二月

日	一	二	三	四	五	六
					1	2
3	4	5	6	7	8	9
10	11	12	13	14	15	16
17	18	19	20	21	22	23
24	25	26	27	28	29	30
31						

```
[1] "===== 万年历 ====="
当前日期：2023-05-15
当前时间：14:31:59
```

第 5 章

数据结构

　　数据结构是计算机科学中用于组织和存储数据的一种方式。它涉及定义数据对象之间的关系、操作和存储方式。数据结构的设计和选择对于有效地处理和操作数据至关重要。我们可以将数据结构看作是数据的容器，用于在计算机程序中组织和管理数据。不同的数据结构适用于不同类型的数据和特定的操作。本章将详细讲解 R 语言数据结构的知识。

5.1 矩阵

在 R 语言中，矩阵是一个二维的数据结构，由行和列组成，其中每个元素都具有相同的数据类型。矩阵可以包含数值、字符、逻辑值等不同类型的数据。矩阵具有固定的行数和列数，可以通过行号和列号索引其中的元素。

扫码看视频

5.1.1 创建和访问矩阵

1. 创建矩阵

在 R 语言中，使用函数 matrix() 来创建矩阵，具体语法格式如下：

```
matrix(data, nrow, ncol, byrow)
```

对上述语法格式的具体说明如下。

- ❑ data：用于填充矩阵的数据，可以是向量或列表。
- ❑ nrow：矩阵的行数。
- ❑ ncol：矩阵的列数。
- ❑ byrow(可选)：指定数据是否按行填充，默认值为 FALSE，表示按列填充。

例如，通过下面的代码，创建一个 3 行 2 列的矩阵。

```
my_matrix <- matrix(c(1, 2, 3, 4, 5, 6), nrow = 3, ncol = 2)
print(my_matrix)
```

2. 访问矩阵

在 R 语言中，要想访问矩阵中的元素，可以通过以下 3 种方法实现。

(1) 使用方括号[]访问单个元素。

在 R 语言中，可以使用方括号来指定行和列的索引，以访问矩阵中的单个元素。例如：

```
# 创建一个矩阵
my_matrix <- matrix(1:9, nrow = 3)

# 访问矩阵中的元素
element <- my_matrix[1, 2]   # 访问第 1 行第 2 列的元素
print(element)
```

程序执行后会输出：

```
[1] 4
```

(2)　使用双下标[,]访问多个元素。

在 R 语言中，可以使用双下标来指定行和列的索引范围，以访问矩阵中的多个元素。例如：

```
# 创建一个矩阵
my_matrix <- matrix(1:9, nrow = 3)

# 访问矩阵中的多个元素
sub_matrix <- my_matrix[1:2, 2:3]  # 访问第 1 到 2 行和第 2 到 3 列的元素
print(sub_matrix)
```

程序执行后会输出：

```
     [,1] [,2]
[1,]   4    7
[2,]   5    8
```

(3)　使用逻辑表达式访问元素。

在 R 语言中，可以使用逻辑表达式来筛选矩阵中符合条件的元素。例如：

```
# 创建一个矩阵
my_matrix <- matrix(1:9, nrow = 3)

# 使用逻辑表达式访问元素
subset <- my_matrix[my_matrix > 5]  # 访问大于 5 的元素
print(subset)
```

程序执行后会输出：

```
[1] 6 7 8 9
```

上述方法可以用于访问矩阵中的单个元素、行、列或子矩阵。根据具体的需求，可以选择适当的方法来访问和操作矩阵中的数据。

实例 5-1：计算某场比赛 3 名球员的平均得分(源码路径：R-codes\5\ju.R)

实例文件 ju.R 的具体实现代码如下：

```
# 创建一个 3×3 的矩阵保存球员评分
scores <- matrix(c(8.5, 9.0, 7.5,
                   7.0, 8.5, 9.5,
                   9.0, 8.0, 8.5), nrow = 3, byrow = TRUE)

# 访问矩阵的元素
element <- scores[2, 3]  # 访问第 2 行第 3 列的元素
print(paste("Element at (2, 3):", element))
```

```
# 计算每个球员的平均得分
averageScores <- rowMeans(scores)

# 打印每个球员的平均得分
print("Average scores:")
for (i in 1:length(averageScores)) {
  print(paste("Player", i, ":", averageScores[i]))
}
```

对上述代码的具体说明如下。

(1) 使用函数 matrix()创建一个 3×3 的矩阵，用于保存球员的评分。

(2) 使用索引操作符[]访问矩阵的特定元素，并将其存储在变量 element 中。

(3) 使用函数 rowMeans()计算每个球员的平均得分，并将结果存储在 averageScores 向量中。

(4) 使用循环打印输出每个球员的平均得分。

程序执行后会输出：

```
[1] "Average scores:"
[1] "Player 1 : 8.33333333333333"
[1] "Player 2 : 8.33333333333333"
[1] "Player 3 : 8.5"
```

5.1.2　转置操作

在 R 语言中，可以使用函数 t()对矩阵实现转置操作，即将行变为列，列变为行。

实例 5-2： 对矩阵实现转置操作(源码路径：R-codes\5\zhuan.R)

实例文件 zhuan.R 的具体实现代码如下：

```
# 创建一个矩阵
matrix <- matrix(c(1, 2, 3, 4, 5, 6), nrow = 2)
print(matrix)

# 转置矩阵
transposed_matrix <- t(matrix)
print(transposed_matrix)
```

对上述代码的具体说明如下。

(1) 使用函数 matrix()创建一个 2 行 3 列的矩阵，并使用 print()函数打印出来。

(2) 使用函数 t()对矩阵进行转置，得到一个 3 行 2 列的转置矩阵，并再次使用函数 print()

打印出来。

程序执行后会输出：

```
     [,1] [,2] [,3]
[1,]   1    3    5
[2,]   2    4    6

     [,1] [,2]
[1,]   1    2
[2,]   3    4
[3,]   5    6
```

可以看到，原始矩阵的行变成了转置矩阵的列，原始矩阵的列变成了转置矩阵的行。

5.1.3　求和、平均值和总和

在 R 语言中，可以使用 sum()、mean()和 rowSums()等函数对矩阵元素进行求和、求平均值和求总和等运算。假设我们有一个矩阵，在里面存储了一些球员的得分数据，我们可以使用 R 语言内置函数对矩阵的元素进行求和、平均值和总和计算。

实例 5-3：对矩阵的元素进行求和、平均值和总和计算(源码路径：R-codes\5\zong.R)

实例文件 zong.R 的具体实现代码如下：

```
# 创建一个矩阵
scores_matrix <- matrix(c(80, 90, 75, 85, 95, 70), nrow = 2, byrow = TRUE)
print(scores_matrix)

# 求和
total_sum <- sum(scores_matrix)
print(total_sum)

# 平均值
mean_score <- mean(scores_matrix)
print(mean_score)

# 总和
row_sums <- rowSums(scores_matrix)
col_sums <- colSums(scores_matrix)
print(row_sums)
print(col_sums)
```

对上述代码的具体说明如下。

(1)　创建一个 2 行 2 列的矩阵，其中存储了 4 个球员的得分数据。

(2) 使用函数 sum() 对矩阵的所有元素进行求和，并使用 mean() 函数计算平均值。

(3) 使用函数 rowSums() 和函数 colSums() 分别计算矩阵的行和列的总和。

程序执行后会输出：

```
     [,1] [,2] [,3]
[1,]   80   90   75
[2,]   85   95   70

[1] 495
[1] 82.5
[1] 165 185 145
```

5.1.4 行和列操作

在 R 语言中，可以使用 rowSums()、colSums()、rowMeans()、colMeans() 等函数对矩阵的行和列进行汇总统计操作。例如在下面的实例中，假设我们有一个矩阵，表示了某个班级学生在不同科目上的成绩，我们可以使用 R 语言内置函数对矩阵的行和列进行汇总统计操作。

实例 5-4：汇总学生的成绩(源码路径：R-codes\5\hui.R)

实例文件 hui.R 的具体实现代码如下：

```
# 创建一个矩阵
grades_matrix <- matrix(c(85, 90, 92, 78, 95, 88, 82, 91, 87), nrow = 3, byrow =
    TRUE, dimnames = list(c("Alice", "Bob", "Carol"), c("Math", "English", "Science")))
print(grades_matrix)

# 计算每个学生的总分和平均分
total_scores <- rowSums(grades_matrix)
mean_scores <- rowMeans(grades_matrix)
print(total_scores)
print(mean_scores)

# 计算每门科目的总分和平均分
total_subject_scores <- colSums(grades_matrix)
mean_subject_scores <- colMeans(grades_matrix)
print(total_subject_scores)
print(mean_subject_scores)
```

对上述代码的具体说明如下。

(1) 创建一个 3 行 3 列的矩阵，表示了班级中三个学生在数学、英语和科学三门科目上的成绩。

(2) 使用函数 rowSums()计算每个学生的总分,使用函数 rowMeans()计算每个学生的平均分,并分别打印出结果。

(3) 使用函数 colSums()计算每门科目的总分,使用函数 colMeans()计算每门科目的平均分,并分别打印出结果。

程序执行后会输出:

```
       Math English Science
Alice   85     90      92
Bob     78     95      88
Carol   82     91      87

Alice   Bob Carol
 267    261   260

   Alice       Bob      Carol
89.00000  87.00000  86.66667

   Math English Science
   245     276     267

   Math  English  Science
81.66667 92.00000 89.00000
```

5.1.5 矩阵运算

在 R 语言中,可以对两个矩阵进行加法、减法、乘法、除法等运算。假设有两个矩阵 A 和 B,分别表示两个班级学生在数学考试中的成绩和英语考试中的成绩。在下面的演示代码(源码路径:R-codes\5\yun.R)中,使用 R 语言的运算符对这两个矩阵进行加法、减法、乘法和除法等运算。

```
# 创建矩阵 A 和 B
A <- matrix(c(85, 90, 92, 78, 95, 88), nrow = 2, byrow = TRUE)
B <- matrix(c(79, 83, 87, 92, 85, 91), nrow = 2, byrow = TRUE)

# 打印矩阵 A 和 B
print("Matrix A:")
print(A)
print("Matrix B:")
print(B)

# 矩阵加法
```

```
addition <- A + B
print("Matrix Addition:")
print(addition)

# 矩阵减法
subtraction <- A - B
print("Matrix Subtraction:")
print(subtraction)

# 矩阵乘法
multiplication <- A %*% B
print("Matrix Multiplication:")
print(multiplication)

# 矩阵除法
division <- A / B
print("Matrix Division:")
print(division)
```

在上述代码中，创建了两个 2×3 的矩阵 A 和 B，表示两个班级学生在数学和英语考试中的成绩。然后，使用 "+" 运算符对两个矩阵进行加法运算；使用 "-" 运算符进行减法运算；使用 "%*%" 运算符进行矩阵乘法运算；使用 "/" 运算符进行矩阵除法运算。最后，打印输出每种运算的结果。

程序执行后会输出：

```
[1] "Matrix A:"
     [,1]   [,2]   [,3]
[1,]  85     90     92
[2,]  78     95     88
[2] "Matrix B:"
     [,1]   [,2]   [,3]
[1,]  79     83     87
[2,]  92     85     91
[1] "Matrix Addition:"
     [,1]   [,2]   [,3]
[1,] 164    173    179
[2,] 170    180    179
[1] "Matrix Subtraction:"
     [,1]   [,2]   [,3]
[1,]  6      7      5
[2,] -14    10     -3
[1] "Matrix Multiplication:"
       [,1]     [,2]     [,3]
[1,] 22817    21655    22597
[2,] 22894    21835    22703
[1] "Matrix Division:"
```

```
         [,1]      [,2]      [,3]
[1,]  1.075949  1.084337  1.057471
[2,]  0.847826  1.117647  0.967033
```

5.1.6 索引和切片

在 R 语言中，可以使用方括号[]来索引和切片矩阵的特定元素、行或列。假设有一个 4×4 的矩阵，表示一个棋盘上的方格，我们可以使用 R 语言的索引和切片操作来访问矩阵中的特定元素或子集，例如下面的实例演示了这一用法。

实例 5-5：矩阵的索引和切片(源码路径：R-codes\5\qie.R)

实例文件 qie.R 的具体实现代码如下：

```
# 创建一个 4×4 的棋盘矩阵
chessboard <- matrix(c("W", "B", "W", "B",
                       "B", "W", "B", "W",
                       "W", "B", "W", "B",
                       "B", "W", "B", "W"), nrow = 4, byrow = TRUE)

# 打印棋盘矩阵
print("Chessboard:")
print(chessboard)

# 访问特定位置的元素
print("Element at (2, 3):")
print(chessboard[2, 3])

# 切片操作，获取第一行
print("First row:")
print(chessboard[1, ])

# 切片操作，获取第二列
print("Second column:")
print(chessboard[, 2])

# 切片操作，获取左上角的 2×2 子矩阵
print("Top-left 2×2 submatrix:")
print(chessboard[1:2, 1:2])
```

对上述代码的具体说明如下。

(1) 创建一个 4×4 的棋盘矩阵，并使用字符串表示黑色方块"B"和白色方块"W"。

(2) 使用索引操作[i, j]访问特定位置的元素，例如 chessboard[2, 3]表示访问第 2 行第 3 列的元素。

(3) 使用切片操作[i,]和[, j]来获取行或列的子集，例如 chessboard[1,]表示获取第一行，chessboard[, 2]表示获取第二列。

(4) 使用切片操作[i:j, k:l]来获取子矩阵，例如 chessboard[1:2, 1:2]表示获取左上角的 2×2 子矩阵。

程序执行后会输出：

```
[1] "Chessboard:"
     [,1] [,2] [,3] [,4]
[1,] "W"  "B"  "W"  "B"
[2,] "B"  "W"  "B"  "W"
[3,] "W"  "B"  "W"  "B"
[4,] "B"  "W"  "B"  "W"
[1] "Element at (2, 3):"
[1] "B"
[1] "First row:"
[1] "W" "B" "W" "B"
[1] "Second column:"
[1] "B" "W" "B" "W"
[1] "Top-left 2×2 submatrix:"
     [,1] [,2]
[1,] "W"  "B"
[2,] "B"  "W"
```

5.2 列表

扫码看视频

在 R 语言中，列表(List)是一种数据结构，用于存储和组织不同类型的数据对象。列表可以包含向量、矩阵、数据框、其他列表以及其他数据类型，其非常灵活和强大。

5.2.1 创建和访问列表

1. 创建列表

在 R 语言中，使用内置函数 list()创建列表，可以通过此函数的参数设置列表中的元素。下面是创建列表的语法格式：

```
my_list <- list(element1, element2, ...)
```

对上述语法格式的具体说明如下。

❑ my_list：列表的名称。

❑ element1, element2, ...：列表中的元素，可以是任意类型的数据对象，例如向量、矩阵、数据框等。我们可以在函数 list()的参数中按照需要设置多个元素，在每个元素之间使用逗号分隔。

2. 访问列表

在 R 语言中，有多种可以访问列表中元素的方式。

(1) 使用$符号：可以使用$符号按名称访问列表中的元素，例如：

```
# 创建一个包含向量和矩阵的列表
my_list <- list(vec = c(1, 2, 3), mat = matrix(1:9, nrow = 3))

# 使用$符号按名称访问列表元素
my_list$vec
my_list$mat
```

程序执行后会输出：

```
[1] 1 2 3
     [,1] [,2] [,3]
[1,]    1    4    7
[2,]    2    5    8
[3,]    3    6    9
```

(2) 使用[[ ]]操作符：可以使用[[ ]]操作符按索引访问列表中的元素，例如：

```
# 创建一个包含向量和矩阵的列表
my_list <- list(c(1, 2, 3), matrix(1:9, nrow = 3))

# 使用[[ ]]操作符按索引访问列表元素
my_list[[1]]
my_list[[2]]
```

程序执行后会输出：

```
[1] 1 2 3
     [,1] [,2] [,3]
[1,]    1    4    7
[2,]    2    5    8
[3,]    3    6    9
```

(3) 使用[ ]操作符：可以使用[ ]操作符按索引或逻辑向量访问列表的子集，例如：

```
# 创建一个包含向量和矩阵的列表
my_list <- list(c(1, 2, 3), matrix(1:9, nrow = 3))

# 使用[ ]操作符按索引访问列表元素
my_list[1]
my_list[c(1, 2)]
```

```
# 使用[ ]操作符按逻辑向量访问列表元素
my_list[[1]][my_list[[1]] > 1]
```

程序执行后会输出：

```
[[1]]
[1] 1 2 3

 [[1]]
[1] 1 2 3

[[2]]
     [,1] [,2] [,3]
[1,]   1    4    7
[2,]   2    5    8
[3,]   3    6    9

 [1] 2 3
```

(4) 使用函数 get()：可以使用函数 get()按名称访问列表中的元素，这种方式特别适用于动态生成元素名称的情况。例如：

```
# 创建一个包含向量和矩阵的列表
my_list <- list(vec = c(1, 2, 3), mat = matrix(1:9, nrow = 3))

# 使用get()函数按名称访问列表元素
get("vec", my_list)
get("mat", my_list)
```

程序执行后会输出：

```
[1] 1 2 3

     [,1] [,2] [,3]
[1,]   1    4    7
[2,]   2    5    8
[3,]   3    6    9
```

实例 5-6：创建并访问列表元素(源码路径：R-codes\5\list.R)

实例文件 list.R 的具体实现代码如下：

```
# 创建一个包含不同类型元素的列表
my_list <- list(
  name = "Alice",
  age = 25,
  favorite_fruits = c("apple", "banana", "orange"),
```

```
  is_student = TRUE
)

# 访问列表中的元素
name <- my_list$name
age <- my_list$age
favorite_fruits <- my_list$favorite_fruits
is_student <- my_list$is_student

# 打印访问的结果
cat("Name:", name, "\n")
cat("Age:", age, "\n")
cat("Favorite Fruits:", paste(favorite_fruits, collapse = ", "), "\n")
cat("Is Student:", is_student, "\n")
```

对上述代码的具体说明如下。

(1) 创建一个列表 my_list，其中包含了姓名(name)、年龄(age)、喜爱的水果(favorite_fruits)和学生身份(is_student)四个元素。

(2) 使用操作符$按名称访问列表中的元素，并打印输出结果。

程序执行后会输出：

```
Name: Alice
Age: 25
Favorite Fruits: apple, banana, orange
Is Student: TRUE
```

5.2.2   更新列表元素

在 R 语言中，可以使用赋值操作符(<- 或 =)来更新列表中的元素。下面是几种更新列表元素的常用方法。

(1) 使用$符号更新元素：可以使用$符号按名称更新列表中的元素，例如：

```
# 创建一个包含向量和矩阵的列表
my_list <- list(vec = c(1, 2, 3), mat = matrix(1:9, nrow = 3))

# 使用$符号更新列表元素
my_list$vec <- c(4, 5, 6)
my_list$mat <- matrix(10:18, nrow = 3)

# 打印更新后的列表
print(my_list)
```

在上述代码中，首先创建了一个包含向量和矩阵的列表 my_list。然后使用$符号按名称更新列表中的元素。将向量 vec 更新为 c(4, 5, 6)，将矩阵 mat 更新为 matrix(10:18, nrow = 3)。最后，打印更新后的列表，可以看到 vec 和 mat 的值已经被更改为新的值。

程序执行后会输出：

```
$vec
[1] 4 5 6

$mat
     [,1] [,2] [,3]
[1,]   10   13   16
[2,]   11   14   17
[3,]   12   15   18
```

(2) 使用[[ ]]操作符更新元素：可以使用[[ ]]操作符按索引更新列表中的元素，例如：

```
# 创建一个包含向量和矩阵的列表
my_list <- list(c(1, 2, 3), matrix(1:9, nrow = 3))

# 使用[[ ]]操作符更新列表元素
my_list[[1]] <- c(4, 5, 6)
my_list[[2]] <- matrix(10:18, nrow = 3)

# 打印更新后的列表
print(my_list)
```

在上述代码中，首先创建了一个包含向量和矩阵的列表 my_list。然后，使用[[ ]]操作符按索引更新列表中的元素。我们将索引为 1 的元素(即向量)更新为 c(4, 5, 6)，将索引为 2 的元素(即矩阵)更新为 matrix(10:18, nrow = 3)。最后，打印更新后的列表，可以看到第一个元素和第二个元素的值已经被更改为新的值。

程序执行后会输出：

```
[[1]]
[1] 4 5 6

[[2]]
     [,1] [,2] [,3]
[1,]   10   13   16
[2,]   11   14   17
[3,]   12   15   18
```

(3) 使用[ ]操作符更新元素：可以使用[ ]操作符按索引或逻辑向量更新列表的子集，例如：

```
# 创建一个包含向量和矩阵的列表
my_list <- list(c(1, 2, 3), matrix(1:9, nrow = 3))
```

```
# 使用[ ]操作符更新列表元素
my_list[1] <- list(c(4, 5, 6))
my_list[c(1, 2)] <- list(c(7, 8, 9), matrix(10:18, nrow = 3))

# 打印更新后的列表
print(my_list)
```

在上述代码中，首先创建一个包含向量和矩阵的列表 my_list。然后，使用[ ]操作符按索引或逻辑向量更新列表的子集。我们将索引为 1 的元素(即向量)更新为 list(c(4, 5, 6))，将索引为 1 和 2 的元素(即向量和矩阵)更新为 list(c(7, 8, 9), matrix(10:18, nrow = 3))。最后，打印更新后的列表，可以看到第一个元素和第二个元素的值已经被更改为新的值。

程序执行后会输出：

```
[[1]]
[1] 7 8 9

[[2]]
     [,1] [,2] [,3]
[1,]   10   13   16
[2,]   11   14   17
[3,]   12   15   18
```

5.2.3 遍历列表

在 R 语言中，可以使用循环结构或者函数来遍历列表，在遍历时需要使用函数 length()获取列表的长度，即列表中元素的个数。下面介绍两种常用的遍历列表的方式。

(1) 使用循环结构(如 for 循环)遍历列表，例如：

```
my_list <- list("apple", "banana", "orange")

# 使用 for 循环遍历列表元素
for (i in 1:length(my_list)) {
  print(my_list[[i]])
}
```

在上述代码中，通过 for 循环从 1 开始遍历列表的长度，逐个访问列表中的元素，并使用函数 print()将列表元素输出到控制台。

程序执行后会输出：

```
[1] "apple"
[1] "banana"
[1] "orange"
```

(2) 使用函数 lapply()、sapply()、vapply()等遍历列表，例如：

```
my_list <- list("apple", "banana", "orange")

# 使用 lapply()函数遍历列表元素
result <- lapply(my_list, function(x) {
  # 对每个元素执行操作
  return(paste("I like", x))
})

# 输出结果
print(result)
```

在上述代码中，使用函数 lapply()遍历列表 my_list 中的元素。函数 lapply()会将每个元素作为参数传递给自定义的匿名函数，我们在这个函数中对每个元素执行操作(这里是将字符串拼接为"I like xxx")。最后，函数 lapply()会返回一个包含每个操作结果的列表。

程序执行后会输出：

```
[[1]]
[1] "I like apple"

[[2]]
[1] "I like banana"

[[3]]
[1] "I like orange"
```

假设有一个简易在线考试系统，可以使用列表来存储问题和答案，并通过更新列表的方式记录学生的得分。

实例 5-7：简易在线考试系统(源码路径：R-codes\5\up.R)

实例文件 up.R 的具体实现代码如下：

```
# 创建问题和答案列表
questions <- list("What is the capital of France?",
                  "Who painted the Mona Lisa?",
                  "What is the square root of 25?")
answers <- list("Paris", "Leonardo da Vinci", 5)

# 初始化得分
score <- 0

# 遍历问题列表并进行答题
for (i in 1:length(questions)) {
  # 输出问题
```

```
cat("Question", i, ":", questions[[i]], "\n")

# 获取用户输入的答案
user_answer <- readline(prompt = "Your answer: ")

# 检查答案是否正确
if (user_answer == answers[[i]]) {
  cat("Correct answer!\n")
  score <- score + 1
} else {
  cat("Wrong answer!\n")
}
}

# 输出最终得分
cat("Your score:", score, "/", length(questions), "\n")
```

对上述代码的具体说明如下。

(1) 创建一个包含问题的列表 questions 和一个包含答案的列表 answers。

(2) 使用循环遍历问题列表，并逐个输出问题，接收用户输入的答案，并检查答案是否正确。如果答案正确，则增加得分。

(3) 输出用户的最终得分。

执行上述代码后，假设用户的输入分别为"Paris"、"Leonardo da Vinci"和"6"，则结果可能如下所示，这表示用户在前两个问题上答对了，但在第三个问题上答错了。最终得分为 2 分(正确答对的问题数)/ 3 分(问题的总数)。

```
Question 1: What is the capital of France?
Your answer: Paris
Correct answer!
Question 2: Who painted the Mona Lisa?
Your answer: Leonardo da Vinci
Correct answer!
Question 3: What is the square root of 25?
Your answer: 6
Wrong answer!
Your score: 2 / 3
```

5.3 数组

在 R 语言中，数组是一种多维数据结构，可以存储具有相同数据类型的元素。与矩阵类似，数组可以包含多行和多列，但是数组可以有任意维度，而不

扫码看视频

仅限于二维。向量、矩阵和数组三者的对比如图 5-1 所示。

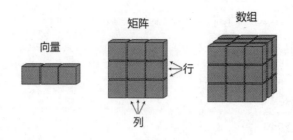

图 5-1 向量、矩阵和数组三者的对比

5.3.1 创建数组

在 R 语言中，使用函数 array() 可以创建数组。函数 array() 的基本语法格式如下：

```
array(data, dim = c(dim1, dim2, ...))
```

对上述语法格式的具体说明如下。

❑ 参数 data：用于指定要存储在数组中的数据，可以是向量或矩阵。

❑ 参数 dim：是一个整数向量，指定数组的维度。

例如，在下面的代码中，分别创建了一个二维数组和一个三维数组。

```
# 创建一个二维数组
arr <- array(data = c(1, 2, 3, 4), dim = c(2, 2))
print(arr)

# 创建一个三维数组
arr <- array(data = 1:8, dim = c(2, 2, 2))
print(arr)
```

在上述代码中，通过指定不同的维度来创建不同维度的数组。程序执行后会输出：

```
     [,1]  [,2]
[1,]  1     3
[2,]  2     4

, , 1

     [,1]  [,2]
[1,]  1     3
[2,]  2     4

, , 2
```

```
        [,1]   [,2]
[1,]    5      7
[2,]    6      8
```

在上述执行结果中，每个维度都用",,"表示，如",,1"表示第一个维度，",,2"表示第二个维度，以此类推。

> 注意：在 R 语言中，数组是按照列主序存储的，这意味着数据在内存中是按列排列的。因此，在创建数组时，需要根据具体需求适当调整数据的顺序，以保证数据的正确排列。

5.3.2　访问数组

在 R 语言中，可以使用方括号[]来访问数组中的元素，访问数组元素的具体方式取决于数组的维度。

1. 访问一维数组

对于一维数组，可以直接使用索引访问元素。索引从 1 开始，逐个增加。例如：

```
arr <- c(1, 2, 3, 4, 5)
print(arr[1])  # 访问第一个元素
print(arr[3])  # 访问第三个元素
```

程序执行后会输出：

```
[1] 1
[1] 3
```

2. 访问多维数组

对于多维数组，需要使用逗号","分隔索引，以访问指定位置的元素。例如：

```
arr <- array(data = 1:12, dim = c(3, 4))
print(arr[1, 2])  # 访问第一行第二列的元素
print(arr[2, 3])  # 访问第二行第三列的元素
```

程序执行后会输出：

```
[1] 5
[1] 6
```

如果要访问整个行或列，可以使用":"操作符实现。例如：

```
arr <- array(data = 1:12, dim = c(3, 4))
```

```
print(arr[2, ])  # 访问第二行的所有元素
print(arr[, 3])  # 访问第三列的所有元素
```

程序执行后会输出：

```
[1] 3 4 5 6
[1] 5 6 7
```

3. 使用逻辑向量来访问数组元素

在 R 语言中，除了使用单个索引或逗号分隔的索引，还可以使用逻辑向量来访问数组元素。逻辑向量的长度必须与要访问的维度长度相同。例如：

```
arr <- array(data = 1:12, dim = c(3, 4))
logical_vector <- c(FALSE, TRUE, FALSE)
print(arr[logical_vector, ])  # 访问满足逻辑条件的行
```

程序执行后会输出：

```
      [,1]  [,2]  [,3]  [,4]
[1,]   5     8     11    2
```

实例 5-8：查询某个学生的特定科目的两次考试成绩(源码路径：R-codes\5\arry.R)

假设有一个数组 grades 存储了学生的成绩，数组维度为 (3, 4, 2)，表示三个班级，每个班级有四个学科的成绩，每个学科有两次考试的成绩。通过本实例，可以访问某个学生的特定科目的两次考试成绩。实例文件 arry.R 的具体实现代码如下：

```
# 创建一个包含成绩的数组
grades <- array(data = 1:24, dim = c(3, 4, 2))

# 访问第二个班级第三科目的两次考试成绩
student <- 2
subject <- 3
exams <- c(1, 2)  # 考试编号

# 使用索引访问成绩
grade_1 <- grades[student, subject, exams[1]]
grade_2 <- grades[student, subject, exams[2]]

# 打印成绩
cat("学生", student, "在第", subject, "科目的第", exams[1], "次考试成绩为:", grade_1, "\n")
cat("学生", student, "在第", subject, "科目的第", exams[2], "次考试成绩为:", grade_2, "\n")
```

在上述代码中，通过指定学生、科目和考试编号的索引，成功访问了相应的考试成绩。这个例子展示了如何使用索引来访问数组中特定元素的方法，实用且有趣。

程序执行后会输出：

```
学生 2 在第 3 科目的第 1 次考试成绩为：9
学生 2 在第 3 科目的第 2 次考试成绩为：21
```

5.3.3　修改数组元素

在 R 语言中，可以使用索引和赋值操作符"="或"<-"修改数组中特定元素的值。假设有一个存储着学生考试成绩的数组，我们想要将不及格的成绩(小于 60 分)修改为 60 分。下面的实例演示了修改数组元素的过程。

实例 5-9：将不及格的成绩修改为 60 分(源码路径：R-codes\5\xiuzu.R)

实例文件 xiuzu.R 的具体实现代码如下：

```r
# 创建一个包含学生考试成绩的数组
scores <- c(85, 70, 45, 92, 60, 78)

# 显示原始的成绩数组
print(scores)

# 使用循环遍历数组并修改不及格成绩
for (i in 1:length(scores)) {
  if (scores[i] < 60) {
    scores[i] <- 60
  }
}

# 显示修改后的成绩数组
print(scores)
```

对上述代码的具体说明如下。

(1)　创建一个包含学生考试成绩的数组 scores。

(2)　使用循环遍历数组中的每个元素，如果成绩小于 60 分，则将其修改为 60 分。

(3)　打印输出修改后的成绩数组。

程序执行后会输出：

```
[1] 85 70 45 92 60 78
[1] 85 70 60 92 60 78
```

5.3.4　数组运算

在 R 语言中，可以对数组执行各种数学运算，例如加法、减法、乘法、除法等。并且

R 语言还支持逐元素运算、矩阵运算。假设有两个数组，在里面分别存储着某宿舍每个人的身高(单位：厘米)和体重(单位：千克)。通过下面的实例，可以计算出每个舍友的 BMI 指数(身高体重比)。

实例 5-10：计算舍友的 BMI 指数(源码路径：R-codes\5\bmi.R)

实例文件 bmi.R 的具体实现代码如下：

```
# 创建存储身高和体重的数组
height <- c(170, 165, 180, 155, 190)    # 身高(单位：厘米)
weight <- c(65, 55, 75, 50, 85)         # 体重(单位：千克)

# 计算 BMI 指数
bmi <- weight / ((height / 100) ^ 2)    # 公式：体重(千克) / 身高(米)的平方

# 显示每个人的 BMI 指数
print(bmi)
```

对上述代码的具体说明如下。

(1) 创建两个数组 height 和 weight，分别存储了每个人的身高和体重。

(2) 使用数组运算进行计算，通过将体重除以身高的平方，得到每个人的 BMI 指数。

(3) 打印输出每个舍友的 BMI 指数。

程序执行后会输出：

```
2.49135 20.20202 23.14815 20.81165 23.54571
```

5.3.5 数组转置

在 R 语言中，可以使用函数 t()对二维数组进行转置操作，将行和列互换。假设我们有一个数组，表示一个二维的迷宫地图，其中数字 1 表示墙壁，数字 0 表示通道。我们想要将这个数组进行转置，以便将行和列互换位置，得到迷宫地图的镜像。下面的实例演示了这一过程。

实例 5-11：迷宫地图的镜像(源码路径：R-codes\5\mi.R)

实例文件 mi.R 的具体实现代码如下：

```
# 创建迷宫地图数组
maze <- array(c(1, 0, 0, 0, 1, 0, 1, 1, 0), dim = c(3, 3))

# 显示原始的迷宫地图
print("原始迷宫地图：")
print(maze)
```

```
# 转置迷宫地图数组
transposed_maze <- t(maze)

# 显示转置后的迷宫地图
print("转置后的迷宫地图：")
print(transposed_maze)
```

对上述代码的具体说明如下。

(1) 创建一个 3×3 的迷宫地图数组 maze，其中包含了一些墙壁(1)和通道(0)。

(2) 使用函数 t()进行数组转置，得到迷宫地图的镜像。

(3) 打印输出原始迷宫地图和转置后的迷宫地图。

程序执行后会输出：

```
[1]  "原始迷宫地图："
      [,1]    ,2]   [,3]
[1,]   1     0     1
[2,]   0     1     1
[3,]   0     0     0

[1]  "转置后的迷宫地图："
      [,1]   [,2]   [,3]
[1,]   1     0     0
[2,]   0     1     0
[3,]   1     1     0
```

> **注意**：数组转置操作在许多情况下很有用，例如数据处理、图像处理等领域。通过将行和列互换位置，我们可以方便地处理和分析数据。

5.3.6 数组重塑

在 R 语言中，可以使用函数 reshape()改变数组的维度，例如将一个二维数组转换为一维数组，将一个三维数组转换为二维数组，等等。假设我们有一个数组，表示某个班级学生的成绩，数组的维度为(5, 3)，其中 5 表示学生的数量，3 表示科目的数量。如果想要将这个数组重塑为一个新的数组，维度为(3, 5)，其中 3 表示科目的数量，5 表示学生的数量。下面的实例演示了对上述数组进行重塑的过程。

实例 5-12：对班级学生成绩数组进行重塑(源码路径：R-codes\5\su.R)

实例文件 su.R 的具体实现代码如下：

```
# 创建学生成绩数组
```

```
grades <- array(c(80, 90, 75, 65, 85, 95, 70, 75, 80, 85, 90, 95, 85, 80, 75),
    dim = c(5, 3))

# 显示原始的学生成绩数组
print("原始学生成绩数组: ")
print(grades)

# 重塑学生成绩数组
reshaped_grades <- array(grades, dim = c(3, 5))

# 显示重塑后的学生成绩数组
print("重塑后的学生成绩数组: ")
print(reshaped_grades)
```

对上述代码的具体说明如下。

(1) 创建一个 5×3 的学生成绩数组 grades，其中包含了五个学生的三门科目的成绩。

(2) 使用函数 array()将该数组重塑为一个新的 3×5 的数组 reshaped_grades。

(3) 打印输出原始学生成绩数组和重塑后的学生成绩数组。

程序执行后会输出：

```
[1] "原始学生成绩数组: "
     [,1]   [,2]   [,3]
[1,]  80     95     90
[2,]  90     70     95
[3,]  75     75     85
[4,]  65     80     80
[5,]  85     85     75

[1] "重塑后的学生成绩数组: "
     [,1]   [,2]   [,3]   [,4]   [,5]
[1,]  80     65     70     85     85
[2,]  90     85     75     90     80
[3,]  75     95     80     95     75
```

5.3.7 数组合并

在 R 语言中，可以使用函数 cbind()和 rbind()将多个数组按列或按行进行合并操作。假设我们有两个数组，分别表示两个班级学生的成绩，数组的维度都是(5, 3)，其中 5 表示学生的数量，3 表示科目的数量。通过下面的实例，将这两个数组按行合并，形成一个新的数组，维度为(10, 3)，其中 10 表示两个班级学生的总数量。

实例 5-13：合并学生的成绩(源码路径：R-codes\5\he.R)

实例文件 he.R 的具体实现代码如下：

```
# 创建班级 A 学生成绩数组
grades_A <- array(c(80, 90, 75, 65, 85, 95, 70, 75, 80, 85), dim = c(5, 3))

# 创建班级 B 学生成绩数组
grades_B <- array(c(90, 85, 80, 75, 95, 80, 65, 70, 75, 85), dim = c(5, 3))

# 显示班级 A 和班级 B 的学生成绩数组
print("班级 A 的学生成绩数组：")
print(grades_A)

print("班级 B 的学生成绩数组：")
print(grades_B)

# 合并班级 A 和班级 B 的学生成绩数组
merged_grades <- rbind(grades_A, grades_B)

# 显示合并后的学生成绩数组
print("合并后的学生成绩数组：")
print(merged_grades)
```

对上述代码的具体说明如下。

(1) 创建两个 5×3 的学生成绩数组 grades_A 和 grades_B，分别表示班级 A 和班级 B 学生的成绩。

(2) 使用函数 rbind()将这两个数组按行合并，形成一个新的 10×3 的数组 merged_grades。

(3) 打印输出班级 A、班级 B 的学生成绩数组，以及合并后的学生成绩数组。

程序执行后会输出：

```
[1] "班级 A 的学生成绩数组："
     [,1]  [,2]  [,3]
[1,]  80    85    70
[2,]  90    95    75
[3,]  75    70    80
[4,]  65    75    85
[5,]  85    80    90

[1] "班级 B 的学生成绩数组："
     [,1]  [,2]  [,3]
[1,]  90    80    65
```

```
[2,]   85      75      70
[3,]   80      95      75
[4,]   75      80      85
[5,]   95      85      85

[1] "合并后的学生成绩数组："
      [,1]   [,2]   [,3]
 [1,]  80     85     70
 [2,]  90     95     75
 [3,]  75     70     80
 [4,]  65     75     85
 [5,]  85     80     90
 [6,]  90     80     65
 [7,]  85     75     70
 [8,]  80     95     75
 [9,]  75     80     85
[10,]  95     85     85
```

5.3.8 数组排序

在 R 语言中，可以使用函数 sort()对数组实现排序操作，可以按行或按列进行排序，也可以指定升序或降序。下面是一个有趣而实用的例子，其功能是对一个存储了不同球队得分的数组进行排序处理。

实例 5-14：排序数组元素(源码路径：R-codes\5\pai.R)

实例文件 pai.R 的具体实现代码如下：

```
# 创建一个存储不同球队得分的数组
scores <- c(105, 98, 112, 87, 99)

# 打印原始数组
cat("原始得分数组:", scores, "\n")

# 对数组进行升序排序
sorted_scores <- sort(scores)

# 打印排序后的数组
cat("排序后的得分数组:", sorted_scores, "\n")
```

程序执行后会输出：

```
原始得分数组: 105 98 112 87 99
排序后的得分数组: 87 98 99 105 112
```

从执行结果可以看到，排序后的得分数组中的数字按照升序排列，从小到大依次排列出来，这样可以很方便地对数组进行排序操作。

5.3.9 数组切片

在 R 语言中，可以使用切片操作来选择数组中的子集。使用方括号"[]"和冒号":"来指定切片范围，可以选择特定行或列的子集，也可以选择特定区域的子集。当我们需要从数组中选择特定的元素子集时，可以使用 R 语言内置的索引和切片操作。

实例 5-15：对数组内的球员信息进行切片操作(源码路径：R-codes\5\qie.R)

实例文件 qie.R 的具体实现代码如下：

```
# 创建一个存储球队中所有球员的数组
players <- c("LeBron James", "Stephen Curry", "Kevin Durant", "Kawhi Leonard",
    "James Harden", "Giannis Antetokounmpo")

# 打印原始数组
cat("原始球员数组:", players, "\n")

# 选择前三名核心球员
core_players <- players[1:3]

# 打印核心球员数组
cat("核心球员数组:", core_players, "\n")
```

在上述代码中，通过使用数组切片操作，我们从原始球员数组中选择了前三名核心球员，即"LeBron James"、"Stephen Curry"和"Kevin Durant"，这样可以很方便地选择数组中的特定元素子集。程序执行后会输出：

```
原始球员数组: LeBron James Stephen Curry Kevin Durant Kawhi Leonard James Harden
Giannis Antetokounmpo
核心球员数组: LeBron James Stephen Curry Kevin Durant
```

5.4 数据框

数据框(Data Frame)是一种类似于表格的数据结构，它由多个具有相同长度的列组成。每一列可以是不同类型的数据，例如数值、字符、因子等。数据框类似于关系型数据库中的表，可以方便地进行数据的检索、筛选和分析。数据框的结构如图 5-2 所示。

扫码看视频

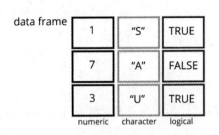

图 5-2　数据框的结构

5.4.1　创建数据框

在 R 语言中，使用函数 data.frame()创建数据框，具体语法格式如下：

```
data.frame(…, row.names = NULL, check.rows = FALSE,
        check.names = TRUE, fix.empty.names = TRUE,
        stringsAsFactors = default.stringsAsFactors())
```

对上述语法格式的具体说明如下。

- ❑　…：列向量，可以是任何类型(字符型、数值型、逻辑型)，一般以 tag = value 的形式表示，也可以是 value。
- ❑　row.names：行名，默认为 NULL，可以设置为单个数字、字符串或字符串和数字的向量。
- ❑　check.rows：检查行的名称和长度是否一致。
- ❑　check.names：检查数据框的变量名是否合法。
- ❑　fix.empty.names：设置未命名的参数是否自动设置名称。
- ❑　stringsAsFactors：布尔值，字符是否转换为因子，factory-fresh 的默认值是 TRUE，可以通过设置选项(stringsAsFactors=FALSE)来修改。

例如，在下面的代码中创建了一个简单的数据框，包含两名员工的姓名、工号和月薪信息。

```
table = data.frame(
    姓名 = c("张三", "李四"),
    工号 = c("001","002"),
    月薪 = c(1000, 2000)

)
print(table) # 查看 table 数据
```

执行上述代码后会打印输出数据框中的信息：

```
   姓名  工号  月薪
1  张三  001 1000
2  李四  002 2000
```

5.4.2　访问数据框

R 语言提供了多种访问数据框中数据的方式，包括列的访问、行的访问以及子集的访问。

1. 访问列

在 R 语言中，可以通过以下两种方式访问数据框中的列。

❑　使用$符号：可以使用符号$后跟列名的方式来访问数据框中的特定列。例如下面的代码可以访问名为 column_name 的列。

```
df$column_name
```

❑　使用方括号[]：可以使用[]来访问数据框中的列。例如下面的代码可以访问名为 column_name 的列，并返回一个包含该列数据的数据框。

```
df["column_name"]
```

假设有一个名为 students 的数据框，其中包含学生的姓名、年龄和成绩信息。请看下面的实例，使用$符号和方括号[]来访问 students 中不同的列。

实例 5-16：访问数据框中的列(源码路径：R-codes\5\lie.R)

实例文件 lie.R 的具体实现代码如下：

```
# 创建示例数据框
students <- data.frame(
  name = c("Alice", "Bob", "Charlie", "David"),
  age = c(21, 19, 20, 22),
  score = c(85, 92, 78, 88)
)

# 使用$符号访问列
# 访问姓名列
names <- students$name
print(names)

# 使用方括号[]访问列
# 访问年龄列
ages <- students[["age"]]
print(ages)
```

对上述代码的具体说明如下。

(1) 创建一个名为 students 的数据框，并设置了姓名、年龄和成绩列。

(2) 使用符号$访问列 name，并将结果赋值给变量 names。

(3) 使用方括号[]访问了列 age，并将结果赋值给变量 ages。

(4) 打印输出变量 names 和变量 ages 的值。

程序执行后会输出：

```
[1] "Alice"  "Bob"   "Charlie"  "David"
[1]    21     19      20        22
```

2. 访问行

在 R 语言中，可以通过以下两种方法访问数据框中的行。

❑ 使用方括号[]：可以使用[]来访问数据框中的行。例如，df[1,]可以访问第一行的数据，并返回一个包含该行数据的数据框。

❑ 使用逻辑条件：可以使用逻辑条件来筛选符合条件的行。例如下面的代码，可以访问列 column_name 中大于 10 的行，并返回一个包含符合条件的行数据的数据框：

```
df[df$column_name > 10, ]
```

实例 5-17：访问数据框中的行(源码路径：R-codes\5\hang.R)

实例文件 hang.R 的具体实现代码如下：

```
# 创建一个数据框
students <- data.frame(
  name = c("Alice", "Bob", "Charlie", "David"),
  age = c(20, 22, 21, 19),
  grade = c("A", "B", "B", "A")
)

# 使用方括号和逻辑条件访问数据框中的行
selected_rows <- students[students$age >= 21, ]

# 打印选定的行
print(selected_rows)
```

对上述代码的具体说明如下。

(1) 创建一个名为 students 的数据框，包含了学生的姓名、年龄和成绩。

(2) 使用方括号和逻辑条件 students$age >= 21 来选择年龄大于等于 21 岁的学生行。

(3) 打印输出选定的行，即年龄大于等于 21 岁的学生信息。

程序执行后会输出：

```
    name  age  grade
2    Bob   22     B
3 Charlie  21     B
```

3. 访问子集

在 R 语言中，可以通过以下两种方法访问数据框中的子集。

❑ 使用方括号[]：可以使用方括号[]来访问数据框的子集，在访问时需要通过行索引和列索引来指定需要访问的子集。例如下面的代码可以访问第 1～3 行和第 2～4 列的子集，并返回一个包含指定子集的数据框：

```
df[1:3, 2:4]
```

❑ 使用逻辑条件：可以使用逻辑条件来筛选符合条件的子集。例如，df[df$column_name>10, c("column_name1", "column_name2")] 可以访问列 column_name1 和 column_name2 中，满足 column_name 大于 10 的行，并返回一个包含指定子集的数据框。请看下面的例子，在使用方括号[]和逻辑条件来访问数据框的子集时，使用逻辑运算符(如&、|和!)结合多个条件来进行筛选。

实例 5-18：访问数据框的子集(源码路径：R-codes\5\shai.R)

实例文件 shai.R 的具体实现代码如下：

```
# 创建一个数据框
students <- data.frame(
  name = c("Alice", "Bob", "Charlie", "David"),
  age = c(20, 22, 21, 19),
  grade = c("A", "B", "B", "A")
)

# 使用方括号和逻辑条件访问数据框的子集
selected_subset <- students[students$age >= 20 & students$grade == "A", ]

# 打印选定的子集
print(selected_subset)
```

在上述代码中，使用方括号[]和逻辑条件来访问数据框的子集。通过 students$age >= 20 & students$grade == "A"，我们选择了年龄大于等于 20 岁且成绩为 A 的学生子集。最后，打印输出选定的子集，即符合条件的学生信息。程序执行后会输出：

```
   name  age  grade
1 Alice  20     A
```

4. 查看数据框结构和内容

在 R 语言中，可以使用函数 str() 查看数据框的结构，使用函数 head() 或函数 tail() 查看数据框的前几行或后几行。

实例 5-19：筛选销售数据信息(源码路径：R-codes\5\sals.R)

实例文件 sals.R 的具体实现代码如下：

```
# 创建一个示例数据框
sales_data <- data.frame(
  product = c("A", "B", "C", "D", "E", "F"),
  quantity = c(100, 200, 150, 300, 250, 180),
  price = c(10.5, 12.3, 9.8, 11.2, 10.9, 8.5),
  date = c("2022-01-01", "2022-01-02", "2022-01-03", "2022-01-04", "2022-01-05",
           "2022-01-06")
)

# 使用 head() 函数查看数据框的前几行 (默认为前 6 行)
head(sales_data)

# 使用 tail() 函数查看数据框的后几行 (默认为后 6 行)
tail(sales_data, 3)
```

对上述代码的具体说明如下。

❑ 通过 head(sales_data) 显示数据框"sales_data"的前 6 行数据。

❑ 通过 tail(sales_data, 3) 显示数据框的后 3 行数据。

程序执行后会输出：

```
  product quantity price      date
1       A      100  10.5 2022-01-01
2       B      200  12.3 2022-01-02
3       C      150   9.8 2022-01-03
4       D      300  11.2 2022-01-04
5       E      250  10.9 2022-01-05
6       F      180   8.5 2022-01-06

  product quantity price      date
4       D      300  11.2 2022-01-04
5       E      250  10.9 2022-01-05
6       F      180   8.5 2022-01-06
```

5.4.3　添加新列

在 R 语言中，可以通过不同的方式向数据框添加新列，下面将详细介绍几种添加新列的方法。

(1)　使用$符号添加新列。例如下面的代码，使用$符号将名为 gender 的新列添加到数据框 data 中，并为每一行赋值。

```
# 创建一个示例数据框
data <- data.frame(
  name = c("Alice", "Bob", "Charlie"),
  age = c(25, 30, 35)
)

# 使用$符号添加新列
data$gender <- c("Female", "Male", "Male")
```

(2)　使用函数 cbind()添加新列。例如下面的代码，创建了一个名为 gender 的向量，然后使用 cbind()函数将数据框 data 和 gender 列合并在一起。

```
# 创建一个示例数据框
data <- data.frame(
  name = c("Alice", "Bob", "Charlie"),
  age = c(25, 30, 35)
)

# 使用 cbind()函数添加新列
gender <- c("Female", "Male", "Male")
data <- cbind(data, gender)
```

(3)　使用函数 mutate()添加新列(需要使用 dplyr 包)。例如下面的代码,使用函数 mutate() 从 dplyr 包中添加了一个名为 gender 的新列，并赋予每一行对应的值。

```
# 安装并加载 dplyr 包
install.packages("dplyr")
library(dplyr)

# 创建一个示例数据框
data <- data.frame(
  name = c("Alice", "Bob", "Charlie"),
  age = c(25, 30, 35)
)

# 使用 mutate()函数添加新列
data <- mutate(data, gender = c("Female", "Male", "Male"))
```

5.4.4　修改数据框元素

在 R 语言中，可以使用不同的方式来修改数据框中的元素，下面将详细介绍几种修改数据框元素的方法。

(1) 使用索引位置修改元素。例如下面的代码，使用索引位置来修改数据框 data 中的元素，将第 2 行第 2 列的元素修改为31。

```
# 创建一个示例数据框
data <- data.frame(
  name = c("Alice", "Bob", "Charlie"),
  age = c(25, 30, 35)
)

# 使用索引位置修改数据框中的元素
data[2, 2] <- 31
```

(2) 使用逻辑条件修改元素。例如下面的代码，使用逻辑条件来修改数据框 data 中满足条件的元素，将名为 Bob 的行中的 age 列修改为31。

```
# 创建一个示例数据框
data <- data.frame(
  name = c("Alice", "Bob", "Charlie"),
  age = c(25, 30, 35)
)

# 使用逻辑条件修改数据框中的元素
data[data$name == "Bob", "age"] <- 31
```

(3) 使用函数进行修改(需要使用 dplyr 包)。例如下面的代码，使用函数 mutate()从包 dplyr 中修改数据框 data 中的元素，使用函数 ifelse()根据条件来选择要修改的元素值。

```
# 安装并加载 dplyr 包
install.packages("dplyr")
library(dplyr)

# 创建一个示例数据框
data <- data.frame(
  name = c("Alice", "Bob", "Charlie"),
  age = c(25, 30, 35)
)

# 使用 mutate() 函数修改数据框中的元素
data <- mutate(data, age = ifelse(name == "Bob", 31, age))
```

假设有一个数据框 students，包含学生的姓名、年龄和成绩信息。我们希望根据一定的规则修改学生的成绩，并将修改后的成绩添加到数据框中。

实例 5-20：修改学生的成绩信息(源码路径：R-codes\5\stu.R)

实例文件 stu.R 的具体实现代码如下：

```r
# 创建示例数据框
students <- data.frame(
  name = c("Alice", "Bob", "Charlie"),
  age = c(18, 20, 19),
  score = c(85, 92, 88),
  stringsAsFactors = FALSE  # 避免将字符型转换为因子类型
)

# 打印原始数据框
print(students)

# 定义修改成绩的规则函数
modify_score <- function(score) {
  score <- as.numeric(score)  # 将字符型转换为数值型
  if (score >= 90) {
    return(score + 5)  # 成绩大于等于90加5分
  } else if (score >= 80) {
    return(score + 3)  # 成绩大于等于80加3分
  } else {
    return(score)       # 其他成绩不变
  }
}

# 使用 apply() 函数将规则应用到数据框的成绩列
students$score <- apply(students, 1, function(row) modify_score(row["score"]))

# 打印修改后的数据框
print(students)
```

对上述代码的具体说明如下。

(1) 创建一个包含学生信息的数据框 students。

(2) 定义规则函数 modify_score，根据不同的成绩范围来修改学生的成绩。

(3) 使用函数 apply()将规则应用到数据框的每一行的成绩列，实现对数据框元素的修改。

程序执行后会输出：

```
   name age score
1 Alice  18    85
2   Bob  20    92
```

```
3 Charlie 19    88
    name age score
1   Alice 18    88
2     Bob 20    97
3 Charlie 19    91
```

注意：在本实例中，通过在创建数据框时添加 stringsAsFactors = FALSE 参数，避免了将"成绩"列转换为因子类型。然后，在修改成绩前先将字符型的成绩转换为数值型，以便进行数值运算。

5.4.5 聚合操作

在 R 语言中，使用函数 aggregate()实现数据框的聚合操作。函数 aggregate()可以根据指定的条件对数据框进行分组，并对每个分组进行聚合计算。函数 aggregate()的语法格式如下：

```
aggregate(formula, data, FUN, ...)
```

对上述语法格式的具体说明如下。

- ❑ formula：一个公式，指定要聚合的变量和聚合操作。通常采用 variable ~ grouping_variable 的形式，表示要聚合的变量以及分组依据的变量。
- ❑ data：要进行聚合操作的数据框。
- ❑ FUN：要应用于每个分组的聚合函数，如 sum、mean、max 等。
- ❑ ... ：可选的其他参数，用于进一步控制聚合操作。

实例 5-21：对学生信息进行聚合操作(源码路径：R-codes\5\kju.R)

实例文件 kju.R 的具体实现代码如下：

```
# 创建示例数据框
students <- data.frame(
  name = c("Alice", "Bob", "Charlie", "Alice", "Bob", "Charlie"),
  subject = c("Math", "Math", "Math", "Science", "Science", "Science"),
  score = c(85, 92, 88, 76, 81, 79),
  stringsAsFactors = FALSE
)

# 打印原始数据框
print(students)

# 使用 aggregate()函数对数据框进行聚合操作
result <- aggregate(score ~ name + subject, data = students, FUN = mean)
```

```
# 打印聚合结果
print(result)
```

对上述代码的具体说明如下。

(1) 创建一个包含学生姓名、科目和分数的数据框 students。

(2) 使用函数 aggregate()对数据框进行聚合操作。在函数 aggregate()中指定了要聚合的变量为 score，分组依据的变量为 name 和 subject，聚合函数为 mean()，即计算每个组的平均分数。在聚合结果中包括了每个学生在每个科目的平均分数。

程序执行后会输出：

```
   name     subject  score
1  Alice    Math     85
2  Bob      Math     92
3  Charlie  Math     88
4  Alice    Science  76
5  Bob      Science  81
6  Charlie  Science  79

   name     subject  score
1  Alice    Math     85
2  Bob      Math     92
3  Charlie  Math     88
4  Alice    Science  76
5  Bob      Science  81
6  Charlie  Science  79
```

注意：除了 mean()函数，函数 aggregate()还可以使用其他聚合函数，如 sum、max、min 等，以满足不同的聚合需求。此外，还可以通过在函数 aggregate()中添加其他参数来进一步控制聚合操作，如添加参数 na.action 来处理缺失值。

5.4.6　排序

在 R 语言中，可以使用函数 order()和 sort()对数据框进行排序操作。

1) 使用函数 order()进行排序

函数 order()返回一个按指定列顺序排列的索引向量，可以用于对数据框进行排序。下面是函数 order()的基本语法：

```
order(..., na.last = TRUE, decreasing = FALSE)
```

对上述语法格式的具体说明如下。

❑ ...：要排序的列或变量名。可以通过逗号分隔指定多个列，也可以直接使用数据框中的列名。

❑ na.last：一个逻辑值，表示是否将缺失值放在排序结果的末尾。

❑ decreasing：一个逻辑值，表示是否按降序排序，默认为升序排序。

实例 5-22：使用函数 order 排序(源码路径：R-codes\5\order.R)

实例文件 order.R 的具体实现代码如下：

```
# 创建示例数据框
students <- data.frame(
  name = c("Alice", "Bob", "Charlie", "David"),
  score = c(85, 92, 88, 76),
  stringsAsFactors = FALSE
)

# 使用order()函数对数据框按分数(score)进行升序排序
sorted_indices <- order(students$score)
sorted_students <- students[sorted_indices, ]

# 打印排序后的数据框
print(sorted_students)
```

对上述代码的具体说明如下。

(1) 创建一个包含学生姓名和分数的数据框 students。

(2) 使用函数 order()对数据框按照分数(score)进行升序排序。函数 order()返回的是排序后的索引向量，我们可以将其用作数据框的行索引，通过行索引对数据框进行重新排列。

程序执行后会按照分数升序排列数据框：

```
  name   score
4 David   76
1 Alice   85
3 Charlie 88
2 Bob     92
```

2) 使用函数 sort()进行排序

在 R 语言中，可以使用函数 sort()直接对向量或数据框的列进行排序，并返回排序后的结果。函数 sort()的基本语法如下：

```
sort(x, decreasing = FALSE, ...)
```

对上述语法格式的具体说明如下。

❑ x：要排序的向量或数据框的列。

❑ decreasing：一个逻辑值，表示是否按降序排序，默认为升序排序。

- ❑　... ：可选的其他参数，用于进一步控制排序操作。

例如下面是一个使用函数 sort()对数据框进行排序的演示代码(源码路径：R-codes\5\sort.R)，首先创建了一个包含学生姓名和分数的数据框 students，然后使用函数 sort()对数据进行排序。

```
# 创建示例数据框
students <- data.frame(
  name = c("Alice", "Bob", "Charlie", "David"),
  score = c(85, 92, 88, 76),
  stringsAsFactors = FALSE
)

# 使用sort()函数对数据框的分数(score)列进行降序排序
sorted_students <- students[order(-students$score), ]

# 打印排序后的数据框
print(sorted_students)
```

程序执行后会输出：

```
    name    score
2    Bob       92
3 Charlie      88
1  Alice       85
4  David       76
```

5.5　因子

因子(Factor)用于存储不同类别的数据类型，例如人的性别有男和女两个类别，按年龄来分有未成年人和成年人。因子是 R 语言中用于表示分类变量的数据结构，它将离散的取值映射为有限个标签，常用于表示名义变量或有序变量。

扫码看视频

5.5.1　创建因子

在 R 语言中使用函数 factor()创建因子，向量作为输入参数。使用函数 factor()的语法格式如下：

```
factor(x = character(), levels, labels = levels,exclude = NA,
       ordered = is.ordered(x), nmax = NA)
```

对以上语法格式中各参数的具体说明如下。

- ❑   x：向量。
- ❑   levels：指定各水平值，不指定时由 x 的不同值来求得。
- ❑   labels：水平标签，不指定时用各水平值的对应字符串。
- ❑   exclude：排除的字符。
- ❑   ordered：逻辑值，用于指定水平是否有序。
- ❑   nmax：水平的上限数量。

例如下面的代码，把字符型向量转换成因子：

```
x <- c("男", "女", "男", "男", "女")
sex <- factor(x)
print(sex)
print(is.factor(sex))
```

执行以上代码后会输出：

```
[1] 男 女 男 男 女
Levels: 男 女
[1] TRUE
```

例如下面的代码，设置因子水平为 c('男','女')：

```
x <- c("男", "女", "男", "男", "女",levels=c('男','女'))
sex <- factor(x)
print(sex)
print(is.factor(sex))
```

执行以上代码后会输出：

```
levels1 levels2
男     女     男     男     女     男     女
Levels: 男 女
[1] TRUE
```

5.5.2　因子水平标签

在 R 语言中，因子的水平标签(Level Labels)用于为因子的每个水平(Level)赋予具体的标签。水平标签可以使因子更易读和理解，提供更具描述性的信息。在使用函数 factor()创建因子时，可以使用参数 levels 和参数 labels 来指定因子的水平和对应的标签。参数 levels 用于指定因子的水平，而参数 labels 用于指定每个水平对应的标签。这两个参数通常是同时使用的。

通过指定水平标签，我们可以更直观地理解和解释因子的取值。这在数据分析和可视化中非常有用，特别是当需要将因子作为图表的标签或在报告中进行解释时。

实例 5-23：创建因子并指定水平标签(源码路径：R-codes\5\yin.R)

实例文件 yin.R 的具体实现代码如下：

```
# 创建一个性别向量
gender <- c("male", "female", "female", "male", "male")

# 指定性别因子的水平和标签
gender_factor <- factor(gender, levels = c("male", "female"), labels = c("M", "F"))

# 打印创建的因子
print(gender_factor)
```

对上述代码的具体说明如下。

(1) 创建一个性别向量 gender，包含了一些字符串值。

(2) 使用函数 factor()将该向量转换为因子 gender_factor。通过指定参数 levels 为 c("male", "female")，并指定参数 labels 为 c("M", "F")，为因子的水平赋予了 M 和 F 的标签。

程序执行后会输出：

```
[1] M F F M M
Levels: M F
```

在输出中，可以看到性别因子的水平被表示为 M 和 F。

5.5.3　生成因子水平

在 R 语言中，可以使用以下三种方式生成因子的水平。

1) 使用函数 factor()生成因子并指定水平

可以使用函数 factor()创建一个因子，并使用参数 levels 指定因子的水平。例如在下面的代码中，创建了一个包含颜色的向量 colors，然后使用 factor()函数将该向量转换为因子 color_factor，并使用 levels 参数指定了因子的水平为 c("red", "blue", "green")。

```
# 创建一个向量
colors <- c("red", "blue", "green", "red", "green")

# 使用 factor() 函数生成因子并指定水平
color_factor <- factor(colors, levels = c("red", "blue", "green"))

# 打印生成的因子
print(color_factor)
```

在执行结果中可以看到生成的因子的水平，执行后会输出：

```
[1] red  blue green red  green
Levels: red blue green
```

2） 使用函数 ordered()生成有序因子的水平

在编程应用中，有时需要生成有序的因子，即具有明确顺序的因子。在 R 语言中，可以使用函数 ordered()来生成有序因子，并使用参数 levels 指定因子的水平和顺序。例如在下面的代码中，创建了一个包含尺寸的向量 sizes，然后使用函数 ordered()将该向量转换为有序因子 size_factor，并使用参数 levels 指定了因子的水平为 c("small", "medium", "large")，顺序为从小到大。

```
# 创建一个向量
sizes <- c("small", "large", "medium", "small", "medium")

# 使用 ordered()函数生成有序因子并指定水平和顺序
size_factor <- ordered(sizes, levels = c("small", "medium", "large"))

# 打印生成的有序因子
print(size_factor)
```

在执行结果中可以看到生成的有序因子的水平为 small、medium 和 large，并且显示了它们的顺序。程序执行后会输出：

```
[1] small  large  medium small  medium
Levels: small < medium < large
```

3） 使用函数 gl()生成因子水平

在 R 语言中，可以使用函数 gl()生成因子水平，此函数允许我们在重复的因子水平之间生成因子。使用函数 gl()的语法格式如下：

```
gl(n, k, length = n*k, labels = seq_len(n), ordered = FALSE)
```

对上述语法格式的具体说明如下。

❑ n：设置 level 的个数。

❑ k：设置每个 level 重复的次数。

❑ length：设置长度。

❑ labels：设置 level 的值。

❑ ordered：设置 level 是否为排列好顺序的布尔值。

例如在下面的代码中，使用函数 gl()生成了一个包含因子水平的因子。将参数 n 设置为 3，表示每个因子水平重复 3 次；将参数 k 设置为 4，表示总共有 4 个因子水平；参数 labels

指定了因子水平的标签为 A、B 和 C。

```
# 使用 gl()函数生成因子水平
factor_levels <- gl(3, 4, labels = c("A", "B", "C"))

# 打印生成的因子水平
print(factor_levels)
```

在执行结果中可以看到，生成的因子水平按照指定的重复模式进行生成，执行后会输出：

```
[1] A A A A B B B B C C C C
Levels: A B C
```

5.6 数据表

在 R 语言中，数据表(Table)是一种用于存储和处理二维数据的数据结构。数据表类似于数据框(Data Frame)，但具有更严格的结构和特定的用途。数据表主要用于频数统计和交叉分析，适用于分类变量和定性数据的处理，在处理大型数据集时具有更高的效率和更丰富的功能。数据表的主要特点如下。

扫码看视频

- ❑ 存储离散变量：数据表主要用于存储离散变量的频数统计。它将每个变量的取值作为表的行，将各个变量的组合作为表的列，并记录每个组合出现的次数。
- ❑ 结构严格：数据表的结构严格，每个变量的取值必须是离散的，并且不能包含缺失值。
- ❑ 用途特定：数据表适用于频数统计和交叉分析，特别是对分类变量和定性数据的处理。它提供了一种方便的方式来计算各个组合的频数和占比，并支持各种统计函数和方法。

5.6.1 创建数据表

在 R 语言中，使用函数 table()创建数据表，具体语法格式如下：

```
table(..., exclude = NULL, useNA = "ifany")
```

对上述语法格式的具体说明如下。

- ❑ ...：要创建数据表的变量。可以传入一个或多个变量，在多个变量之间用逗号分隔。
- ❑ exclude：可选参数，用于指定要排除的变量取值，默认为 NULL，表示不排除任何变量取值。

❑ useNA：可选参数，用于指定如何处理缺失值。默认为 ifany，表示如果变量中有缺失值，将创建一个名为 NA 的水平。

例如下面是创建单个变量数据表的演示代码：

```
# 创建一个变量的数据表
data <- c("A", "B", "A", "A", "C", "B", "C")
table_data <- table(data)

# 打印数据表
print(table_data)
```

程序执行后会输出：

```
data
A B C
3 2 2
```

例如下面是创建多个变量数据表的演示代码：

```
# 创建多个变量的数据表
data1 <- c("A", "B", "A", "A", "C", "B", "C")
data2 <- c("X", "Y", "X", "Y", "Z", "Z", "Z")
table_data <- table(data1, data2)

# 打印数据表
print(table_data)
```

程序执行后会输出：

```
     data2
data1 X Y Z
    A 2 0 1
    B 0 1 0
    C 0 0 3
```

在上述两段演示代码中，分别使用单个变量和多个变量创建了数据表。数据表按照变量取值的组合统计了频数，并以矩阵形式展示执行结果。

假设有一个调查问卷数据集，其中包含了客户的性别和喜爱的水果类型。在下面的实例中，使用函数 table()创建了一个数据表来统计不同性别的人数和他们喜爱的水果类型。

实例 5-24：统计客户喜爱的水果类型(源码路径：R-codes\5\shengyi.R)

实例文件 shengyi.R 的具体实现代码如下：

```
# 创建调查问卷数据集
gender <- c("Male", "Female", "Male", "Female", "Male", "Male", "Female")
```

```
fruit <- c("Apple", "Banana", "Apple", "Orange", "Banana", "Apple", "Orange")

# 创建数据表
survey_table <- table(gender, fruit)

# 打印数据表
print(survey_table)
```

对上述代码的具体说明如下。

(1)　使用两个向量 gender 和 fruit 创建了一个调查问卷数据集。

(2)　使用函数 table()对这两个变量进行统计，并创建了数据表 survey_table。数据表显示了不同性别的人数以及他们喜爱的水果类型的频数。

程序执行后会输出：

```
        fruit
gender  Apple Banana Orange
 Female    1      0      1
 Male      2      1      0
```

5.6.2　对数据表的操作

数据表是一种特殊的数据结构，用于对数据进行摘要和分析。在 R 语言中，为数据表提供了一系列函数和操作符，用于对数据进行各种操作。下面列出了一些常见的操作数据表的方法。

1)　访问数据表的行和列

❑　使用$符号访问数据表的列，例如 data_table$column_name。

❑　使用方括号[]访问数据表的行和列，例如 data_table[row_index, col_index]。

2)　计算数据表的摘要统计

❑　使用函数 summary()可以计算数据表的基本统计量，如最小值、最大值、均值、中位数等。

❑　使用 mean()、median()、min()、max()等函数可以计算数据表中特定列的均值、中位数、最小值和最大值。

3)　子集和过滤数据表

❑　使用逻辑条件对数据表进行子集操作，例如下面的代码可以选择列值大于 10 的行：

```
data_table[data_table$column_name > 10, ]
```

❑　使用函数 subset()可以根据特定条件对数据表进行子集选择。

4)　排序数据表

使用函数 order()可以按照指定列的顺序对数据表进行排序，例如下面的代码可以按照某列的升序对数据表进行排序。

```
data_table[order(data_table$column_name), ]
```

5)　合并数据表

使用函数 merge()可以根据共同的列将两个数据表进行合并。

6)　统计分组数据表

使用函数 aggregate()可以对数据表进行分组统计，例如计算每个组的均值、总和等。

7)　数据表的连接

可以使用函数 cbind()按列连接两个数据表，可以使用函数 rbind()按行连接两个数据表。

注意：上面列出的只是一些常见的数据表操作，在 R 语言中提供了丰富的内置函数和操作符来处理数据表，用户可以根据具体需求进行更复杂的操作和分析。

下面是使用 R 语言进行数据表操作的一个例子，包括对数据表的摘要统计、子集、过滤、排序、合并、统计分组和连接的操作。

实例 5-25：操作数据表(源码路径：R-codes\5\biao.R)

实例文件 biao.R 的具体实现代码如下：

```
# 创建数据表
data_table1 <- data.frame(
  name = c("Alice", "Bob", "Charlie", "David", "Eve"),
  age = c(25, 32, 28, 35, 30),
  score = c(90, 85, 92, 78, 88)
)

data_table2 <- data.frame(
  name = c("Frank", "Alice", "David", "Eve", "Bob"),
  city = c("New York", "Los Angeles", "Chicago", "Houston", "San Francisco")
)

# 计算数据表的摘要统计
summary(data_table1)

# 子集和过滤数据表
subset_data <- data_table1[data_table1$age > 28, ]

# 排序数据表
```

```
sorted_data <- data_table1[order(data_table1$score), ]

# 合并数据表
merged_data <- merge(data_table1, data_table2, by = "name")

# 统计分组数据表
grouped_data <- aggregate(score ~ age, data = data_table1, FUN = mean)

# 数据表连接
combined_data <- cbind(data_table1, data_table2)

# 打印结果
print("摘要统计:")
print(summary(data_table1))

print("子集和过滤数据表:")
print(subset_data)

print("排序数据表:")
print(sorted_data)

print("合并数据表:")
print(merged_data)

print("统计分组数据表:")
print(grouped_data)

print("数据表连接:")
print(combined_data)
```

执行以上代码，将输出数据表的摘要统计、子集和过滤后的数据表、排序后的数据表、合并后的数据表、统计分组后的数据表以及连接后的数据表。这个例子演示了如何使用 R 语言对数据表进行各种常见的操作和分析。程序执行后会输出：

```
    name              age             score
 Length:5          Min.   :25      Min.   :78.0
 Class :character  1st Qu.:28      1st Qu.:85.0
 Mode  :character  Median :30      Median :88.0
                   Mean   :30      Mean   :86.6
                   3rd Qu.:32      3rd Qu.:90.0
                   Max.   :35      Max.   :92.0
[1] "摘要统计:"
```

```
     name                age              score
Length:5             Min.   :25       Min.   :78.0
Class :character     1st Qu.:28       1st Qu.:85.0
Mode  :character     Median :30       Median :88.0
                     Mean   :30       Mean   :86.6
                     3rd Qu.:32       3rd Qu.:90.0
                     Max.   :35       Max.   :92.0


[1] "子集和过滤数据表:"
> print(subset_data)
    name      age    score
2   Bob       32     85
4   David     35     78
5   Eve       30     88


[1] "排序数据表:"
    name      age    score
4   David     35     78
2    Bob      32     85
5    Eve      30     88
1   Alice     25     90
3  Charlie    28     92


[1] "合并数据表:"
    name      age   score    city
1   Alice     25    90       Los Angeles
2   Bob       32    85       San Francisco
3   David     35    78       Chicago
4   Eve       30    88       Houston
> print("统计分组数据表:")
[1] "统计分组数据表:"
  age  score
1  25   90
2  28   92
3  30   88
4  32   85
5  35   78
>
> print("数据表连接:")
[1] "数据表连接:"
    name      age    score   name     city
1   Alice     25     90      Frank    New York
2   Bob       32     85      Alice    Los Angeles
3   Charlie   28     92      David    Chicago
4   David     35     78      Eve      Houston
5   Eve       30     88      Bob      San Francisco
```

5.7 时间序列

R 语言提供了强大的时间序列(Time Series)分析功能,可以用于处理和分析与时间相关的数据。在 R 语言中,可以使用两种数据结构来表示时间序列:向量(Vector)和时间序列对象(Time Series Objects)。

扫码看视频

- □ 向量表示:向量是一维数据结构,可以用来表示时间序列数据。可以使用 R 语言的内置日期时间函数(如 as.Date()和 as.POSIXct())将日期或时间转换为向量格式。

- □ 时间序列对象表示:R 语言提供了专门用于时间序列数据的对象类型,如 ts、xts 和 zoo。这些对象具有附加的时间属性,便于对时间序列进行处理和分析。

5.7.1 创建时间序列

在 R 语言中,可以使用不同的函数来创建时间序列。

1) 使用函数 ts()创建时间序列

函数 ts()是 R 语言内置的创建时间序列对象的函数,它需要指定时间序列的值、起始时间和频率。例如下面是一段创建简单的时间序列的代码:

```
values <- c(10, 12, 15, 8, 9) # 时间序列的值
ts_obj <- ts(values, start = c(2010, 1), frequency = 1) # 创建时间序列对象
```

2) 使用函数 seq.Date()创建日期序列

可以使用函数 seq.Date()生成日期序列,它需要指定起始日期、结束日期和步长,返回一个按照步长递增的日期向量。下面是创建一个按天递增的日期序列的例子:

```
start_date <- as.Date("2022-01-01") # 起始日期
end_date <- as.Date("2022-01-10")   # 结束日期
date_seq <- seq.Date(start_date, end_date, by = "day") # 创建日期序列
```

3) 使用函数 seq.POSIXt()创建日期时间序列

可以使用函数 seq.POSIXt()生成日期时间序列,它需要指定起始时间、结束时间和步长,返回一个按照步长递增的日期时间向量。例如下面的代码创建了一个按小时递增的日期时间序列:

```
start_time <- as.POSIXct("2022-01-01 00:00:00")  # 起始时间
end_time <- as.POSIXct("2022-01-01 10:00:00")    # 结束时间
time_seq <- seq.POSIXt(start_time, end_time, by = "hour")  # 创建日期时间序列
```

4) 使用包 timeDate 创建日期时间序列

在 R 语言的内置包 timeDate 中提供了多个和日期、时间相关的功能函数，可以使用其中的函数创建日期时间序列，并进行更精细的日期时间操作。例如在下面的代码中，使用包 timeDate 创建了日期时间序列：

```
library(timeDate)
start_datetime <- as.timeDate("2022-01-01 00:00:00")  # 起始日期时间
end_datetime <- as.timeDate("2022-01-01 10:00:00")   # 结束日期时间
datetime_seq <- seq(start_datetime, end_datetime, by = "hour")  # 创建日期时间序列
```

通过上述方法，可以根据需要创建不同类型的时间序列对象，包括仅包含值的时间序列、日期序列、日期时间序列等。这些时间序列对象可以用于后续的时间序列分析、建模和可视化操作。

实例 5-26：绘制时间序列折线图(源码路径：R-codes\5\shijian.R)

实例文件 shijian.R 的具体实现代码如下：

```
# 创建一个简单的时间序列
values <- c(10, 12, 15, 8, 9)          # 时间序列的值
start_date <- as.Date("2022-01-01")  # 起始日期
ts_obj <- ts(values, start = start_date, frequency = 1)  # 创建时间序列对象

# 打印时间序列
print(ts_obj)

# 访问时间序列的属性
start <- start(ts_obj)    # 获取时间序列的起始日期
end <- end(ts_obj)        # 获取时间序列的结束日期
frequency <- frequency(ts_obj)  # 获取时间序列的频率

# 绘制时间序列的折线图
plot(ts_obj, main = "Time Series", xlab = "Date", ylab = "Value")

# 进行时间序列的简单统计分析
mean_val <- mean(ts_obj)  # 计算时间序列的均值
sd_val <- sd(ts_obj)      # 计算时间序列的标准差

# 对时间序列进行平滑处理
smoothed_ts <- stats::filter(ts_obj, rep(1/3, 3), sides = 2)  # 3 点移动平均

# 绘制平滑处理后的时间序列
plot(smoothed_ts, main = "Smoothed Time Series", xlab = "Date", ylab = "Value")
```

上述代码创建了一个简单的时间序列对象，并对其进行了打印、属性访问、可视化、统计分析和平滑处理的操作。具体实现流程如下。

(1) 定义一个包含时间序列值的向量 values，并通过 as.Date() 函数将起始日期字符串转换为日期格式的对象 start_date。然后，使用 ts() 函数创建时间序列对象 ts_obj，其中指定了起始日期和频率。

(2) 打印输出时间序列对象 ts_obj，显示时间序列的值和日期。

(3) 通过使用 start()、end() 和 frequency() 函数，访问时间序列对象的属性，分别获取起始日期、结束日期和频率。

(4) 使用 plot() 函数绘制时间序列的折线图，其中设置了标题、x 轴标签和 y 轴标签。

(5) 对时间序列进行了简单的统计分析，使用 mean() 函数计算时间序列的均值 mean_val，使用 sd() 函数计算时间序列的标准差 sd_val。

(6) 对时间序列进行平滑处理，使用 filter() 函数对时间序列对象 ts_obj 进行了 3 点移动平均的平滑处理，并将结果保存到 smoothed_ts 中。然后，使用 plot() 函数绘制平滑处理后的时间序列的折线图。

程序执行后绘制的折线图如图 5-3 所示。

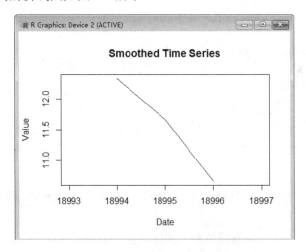

图 5-3　光滑时间序列折线图

5.7.2　时间序列的可视化

在 R 语言中提供了丰富的绘图函数和包，实现时间序列数据的可视化操作。常用的可视化包有 ggplot2、lattice 和 tsplot 等，通过使用这些包中的内置函数，可以绘制时间序列图、趋势图、季节图等。

实例 5-27：绘制时间序列折线图(源码路径：R-codes\5\keshi.R)

实例文件 keshi.R 的具体实现代码如下：

```
# 创建一个简单的时间序列
dates <- seq(as.Date("2022-01-01"), by = "month", length.out = 12)
values <- c(10, 12, 15, 8, 9, 11, 13, 16, 12, 9, 11, 14)
ts_obj <- ts(values, start = c(2022, 1), frequency = 12)

# 绘制时间序列的折线图
plot(ts_obj, type = "l", main = "Time Series", xlab = "Date", ylab = "Value")

# 添加时间轴标签
axis.Date(side = 1, at = dates, format = "%b %Y")

# 添加平均值水平线
mean_val <- mean(ts_obj)
abline(h = mean_val, col = "red", lty = 2)

# 添加数据点
points(ts_obj, pch = 16, col = "blue")

# 添加图例
legend("topright", legend = c("Time Series", "Mean"), col = c("blue", "red"),
 lty = c(1, 2), pch = c(16, NA))
```

对上述代码的具体说明如下。

(1) 创建一个包含 12 个月份的日期向量 dates，以及对应的数值向量 values。

(2) 使用函数 ts()创建时间序列对象 ts_obj，指定起始日期和频率。在这里，假设数据是每月一个观测值。

(3) 使用函数 plot()绘制时间序列的折线图。通过设置 type = "l"，绘制连接数据点的线条。

(4) 为了使时间轴标签更具可读性，使用函数 axis.Date()添加自定义的时间轴标签。通过代码 side = 1，指定在图的底部添加时间轴；通过代码 at = dates 指定标签的位置；通过代码 format = "%b %Y"指定标签的格式为月份和年份。

(5) 使用函数 mean()计算时间序列的均值，并使用函数 abline()添加一条水平线来表示均值。通过代码 h = mean_val 将水平线的位置设置为均值。

(6) 使用函数 points()在折线图上添加数据点。通过代码 pch = 16 和 col = "blue"，将数据点的样式设置为实心圆点，并将颜色设置为蓝色。

程序执行后绘制的折线图如图 5-4 所示。

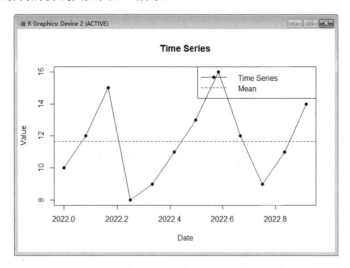

图 5-4　添加数据点的时间序列折线图

5.7.3　时间序列的索引和切片

在 R 语言中，对于时间序列对象，可以使用索引和切片操作来选择特定的时间范围或时间点的观测值，可以使用整数索引、日期索引或时间索引进行操作。例如下面的代码可以获取时间序列的前 5 个观测值：

```
head(ts_obj, n = 5)  # 获取前 5 个观测值
```

实例 5-28：时间序列的索引和切片操作(源码路径：R-codes\5\shiqie.R)

实例文件 shiqie.R 的具体实现代码如下：

```
# 创建一个包含日期和值的时间序列对象
dates <- seq(as.Date("2022-01-01"), by = "day", length.out = 365)
values <- rnorm(365)
ts_obj <- ts(values, start = c(2022, 1), frequency = 365)

# 索引和切片操作
# 选择特定日期范围的数据
subset_ts <- ts_obj[as.Date("2022-03-01"):as.Date("2022-03-15")]

# 提取特定日期的观测值
```

```
specific_date <- ts_obj[as.Date("2022-06-30")]

# 绘制原始时间序列和选择的子集
plot(ts_obj, type = "l", main = "Original Time Series", xlab = "Date", ylab = "Value")
lines(subset_ts, col = "red")
points(as.Date("2022-03-15"), subset_ts[length(subset_ts)], pch = 16, col = "red")
points(as.Date("2022-06-30"), specific_date, pch = 16, col = "blue")
legend("topright", legend = c("Original", "Subset", "Specific Date"),
    col = c("black", "red", "blue"), lty = 1, pch = 16)
```

对上述代码的具体说明如下。

(1) 使用函数 seq()创建一个从"2022-01-01"开始，以天为间隔，共 365 个日期的向量 dates。然后，生成 365 个随机的数值作为时间序列的观测值 values。

(2) 使用函数 ts()创建时间序列对象 ts_obj，指定起始日期和频率。

(3) 使用索引和切片操作来选择特定日期范围的数据。通过将日期范围转换为日期对象，并将其作为索引值来获取时间序列的子集。在本实例中，切片选择从"2022-03-01"到"2022-03-15"的数据，并将结果保存到 subset_ts 中。

(4) 使用特定的日期作为索引来提取该日期对应的观测值。在本实例中提取"2022-06-30"的观测值，并将结果保存到 specific_date 中。

(5) 使用函数 plot()绘制原始的时间序列，并在图中标记选择的子集和特定日期的观测值。

程序执行后绘制的折线图如图 5-5 所示。

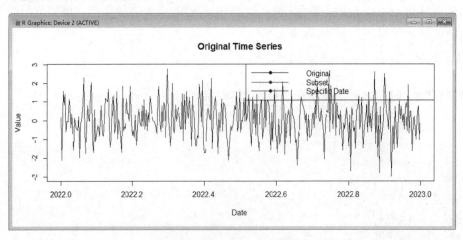

图 5-5　原始时间序列折线图

5.7.4　时间序列的分析和建模

在 R 语言中，提供了多个内置函数和包实现时间序列的分析和建模功能。例如可以使用自回归移动平均模型(ARIMA)、指数平滑法、季节性分解等方法进行时间序列分析。常用的包有 forecast、TSA 和 stats 等。例如下面的实例，使用了 R 语言内置的数据集 AirPassengers，该数据集包含 1949—1960 年期间每月的乘客数量。

> **实例 5-29：乘客数量预测折线图**(源码路径：R-codes\5\mo.R)

实例文件 mo.R 的具体实现代码如下：

```
# 导入内置的 AirPassengers 数据集
data(AirPassengers)
install.packages("forecast")
# 导入所需的包
library(forecast)

# 将数据集转换为时间序列对象
ts_obj <- ts(AirPassengers, start = c(1949, 1), frequency = 12)

# 绘制时间序列图
plot(ts_obj, main = "AirPassengers Time Series", xlab = "Year", ylab = "Passengers")

# 拆分数据集为训练集和测试集
train <- window(ts_obj, start = c(1949, 1), end = c(1957, 12))
test <- window(ts_obj, start = c(1958, 1))

# 应用时间序列模型 (这里以 ARIMA 模型为例)
model <- auto.arima(train)

# 预测未来时间点的乘客数
forecast <- forecast(model, h = 24)

# 绘制预测结果
plot(forecast, main = "AirPassengers Forecast", xlab = "Year", ylab = "Passengers")
lines(forecast$mean, col = "red")

# 计算预测的误差指标
accuracy <- accuracy(forecast, test)
print(accuracy)
```

对上述代码的具体说明如下。

(1)　将数据集 AirPassengers 转换为时间序列对象 ts_obj，指定起始日期和频率。

(2) 使用函数 plot() 绘制时间序列图形，以可视化乘客数量的趋势和变化。

(3) 将数据集拆分为训练集和测试集，用于模型训练和预测。在这里，使用函数 window() 从时间序列对象中选择特定的时间范围作为训练集和测试集。

(4) 应用时间序列模型来对乘客数量进行建模和预测。在这个实例中，使用函数 auto.arima() 自动选择 ARIMA 模型。

(5) 使用函数 forecast() 对未来 24 个月的乘客数量进行预测，将预测结果存储在 forecast 对象中。

(6) 绘制预测结果折线图，通过添加红色线条显示预测的平均值。使用函数 accuracy() 计算预测的误差指标，并将结果打印出来。

通过进行时间序列分析和建模，我们可以了解乘客数量的趋势和季节性变化，并预测未来的乘客数量。程序执行后绘制的预测折线图如图 5-6 所示。

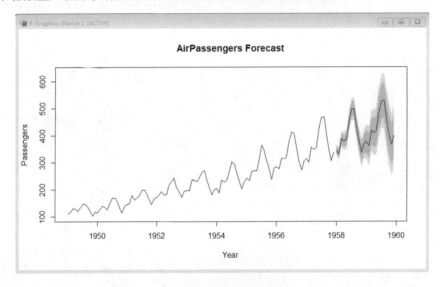

图 5-6　乘客数量预测折线图

5.7.5　时间序列的统计性质

当涉及时间序列数据的统计性质时，我们可以使用 R 语言中的一些内置函数来计算均值、标准差、自相关性等指标，例如使用均值、方差、自相关等函数来分析时间序列的趋势、季节性、周期性等特征。例如下面的实例，展示了使用 R 语言计算时间序列的统计性质的过程。

实例 5-30：计算时间序列的统计性质(源码路径：R-codes\5\tong.R)

实例文件 tong.R 的具体实现代码如下：

```
# 导入内置的 AirPassengers 数据集
data(AirPassengers)

# 将数据集转换为时间序列对象
ts_obj <- ts(AirPassengers, start = c(1949, 1), frequency = 12)

# 计算时间序列的均值和标准差
mean_val <- mean(ts_obj)
sd_val <- sd(ts_obj)

# 计算时间序列的自相关性
acf_vals <- acf(ts_obj)$acf

# 计算时间序列的偏自相关性
pacf_vals <- pacf(ts_obj)$acf

# 打印计算结果
print(paste("Mean:", mean_val))
print(paste("Standard Deviation:", sd_val))
print("Autocorrelation:")
print(acf_vals)
print("Partial Autocorrelation:")
print(pacf_vals)
```

在上述代码中，使用 R 语言中的内置函数 mean()和 sd()来计算时间序列的均值和标准差。使用内置函数 acf()和 pacf()来计算时间序列的自相关性和偏自相关性。最后，打印输出计算结果。程序执行后会输出：

```
[1] "Mean: 280.2986"
[1] "Standard Deviation: 119.9663"
[1] "Autocorrelation:"
 ,1]  1.0000000  0.9480473  0.8751146  0.8066813  0.7526257  0.7063166
 ,7]  0.6633336  0.6207177  0.5815957  0.5449702  0.5083181  0.4717501
[13]  0.4353327  0.4008317  0.3683407  0.3382606  0.3093404  0.2816039
[19]  0.2553384  0.2308964  0.2079240  0.1864083  0.1663791  0.1474753
[25]  0.1299400  0.1136187  0.0984812  0.0848404  0.0722671  0.0608674
[31]  0.0506421  0.0414435  0.0332167  0.0258015  0.0193849  0.0138765
[37]  0.0092709  0.0054422  0.0023797
[1] "Partial Autocorrelation:"
 ,1]  1.0000000000  0.9517408004 -0.3930444442 -0.1132077222  0.0286485671
 ,6]  0.0797037377 -0.1015811087 -0.1810141872 -0.0980706409 -0.0029922014
[11] -0.0385002024 -0.0386203687 -0.0883255617  0.0609583071  0.1102806445
```

```
[16]   0.0513989941 -0.0313072202 -0.0098009715 -0.0002415753  0.0118236517
[21]  -0.0608285204 -0.0445798752 -0.0059996169 -0.0230983433 -0.0056877265
[26]  -0.0067138641 -0.0380300056  0.0448420181  0.0811443831  0.0202322145
[31]  -0.0158617974 -0.0140856851 -0.0238645931 -0.0112135436  0.0243994509
[36]  -0.0217197623 -0.0130242869  0.0100509002  0.0102756175  0.0082266872
[41]   0.0195750565
```

第 6 章

包和环境空间

　　在 R 语言中，包(Package)是一种用于组织、共享和重用代码的机制。每个包都包含了一系列相关的函数、数据和文档，并且可以通过加载包来访问其中的内容。环境空间(Environment)是 R 语言中存储对象的容器。每个环境都可以包含变量、函数、数据和其他对象。环境可以嵌套，形成一个层次结构，使得对象在不同环境中的可见性和访问性有所区别。本章将详细讲解 R 语言包和环境空间的知识。

6.1 包(Package)

在 R 语言中提供了丰富的包，用于各种不同的任务和应用领域。要使用一个包，首先需要安装它，然后加载(或导入)到当前的 R 会话中。

扫码看视频

6.1.1 R 语言包的管理

在 R 语言中，包通常被安装在 library 目录中，在默认情况下，在安装 R 语言时会默认安装一些常用的包。当然，开发者也可以在开发过程中自定义添加一些要使用的包。有关 R 语言完整的相关包的信息，可以查阅 https://cran.r-project.org/web/packages/available_packages_by_name.html，如图 6-1 所示。

Available CRAN Packages By Name

A B C D E F G H I J K L M N O P Q R S T U V W X Y Z

A3	Accurate, Adaptable, and Accessible Error Metrics for Predictive Models
AalenJohansen	Conditional Aalen-Johansen Estimation
AATtools	Reliability and Scoring Routines for the Approach-Avoidance Task
ABACUS	Apps Based Activities for Communicating and Understanding Statistics
abbreviate	Readable String Abbreviation
abbyyR	Access to Abbyy Optical Character Recognition (OCR) API
abc	Tools for Approximate Bayesian Computation (ABC)
abc.data	Data Only: Tools for Approximate Bayesian Computation (ABC)
ABC.RAP	Array Based CpG Region Analysis Pipeline
ABCanalysis	Computed ABC Analysis
abclass	Angle-Based Large-Margin Classifiers
ABCoptim	Implementation of Artificial Bee Colony (ABC) Optimization
ABCp2	Approximate Bayesian Computational Model for Estimating P2
abcrf	Approximate Bayesian Computation via Random Forests
abcrlda	Asymptotically Bias-Corrected Regularized Linear Discriminant Analysis
abctools	Tools for ABC Analyses
abd	The Analysis of Biological Data
abdiv	Alpha and Beta Diversity Measures
abe	Augmented Backward Elimination
abess	Fast Best Subset Selection

图 6-1 R 语言相关包的信息

1. 查看 R 包的安装目录

可以使用函数 installed.packages()查看 R 包的安装目录，该函数将返回一个包含所有已安装包信息的数据框，其中包括包的名称、版本、路径等。在函数 installed.packages()中，可以通过查看 LibPath 列来获取 R 包的安装目录。

实例 6-1：查看 R 包的安装目录(源码路径：R-codes\6\cha.R)

实例文件 cha.R 的具体实现代码如下：

```
installed_packages <- installed.packages()
package_paths <- installed_packages[, "LibPath"]
print(package_paths)
```

执行以上代码后，会输出所有已安装包的安装目录：

```
"C:/Users/apple/AppData/Local/R/win-library/4.2"
                        colorspace
"C:/Users/apple/AppData/Local/R/win-library/4.2"
                        curl
"C:/Users/apple/AppData/Local/R/win-library/4.2"
                        data.table
"C:/Users/apple/AppData/Local/R/win-library/4.2"
                        fansi
"C:/Users/apple/AppData/Local/R/win-library/4.2"
                        farver
"C:/Users/apple/AppData/Local/R/win-library/4.2"
                        forecast
"C:/Users/apple/AppData/Local/R/win-library/4.2"
                        fracdiff
"C:/Users/apple/AppData/Local/R/win-library/4.2"
                        generics
"C:/Users/apple/AppData/Local/R/win-library/4.2"
                        ggplot2
"C:/Users/apple/AppData/Local/R/win-library/4.2"
                        glue
"C:/Users/apple/AppData/Local/R/win-library/4.2"
                        gtable
"C:/Users/apple/AppData/Local/R/win-library/4.2"
                        isoband
//省略后面的
```

2. 查看已安装的 R 包

可以使用函数 rownames()查看已安装的包列表，获取已安装包数据框的行名称，即包的名称。例如(源码路径：R-codes\6\an.R)：

```
installed_packages <- installed.packages()
package_names <- rownames(installed_packages)
print(package_names)
```

程序执行后会输出所有已安装包的名称：

```
 [1] "cli"        "colorspace"  "curl"       "data.table"
 [5] "fansi"      "farver"      "forecast"   "fracdiff"
 [9] "generics"   "ggplot2"     "glue"       "gtable"
[13] "isoband"    "jsonlite"    "labeling"    "lifecycle"
```

```
[17] "lmtest"        "magrittr"      "munsell"       "pillar"
[21] "pkgconfig"     "quadprog"      "quantmod"      "R6"
[25] "RColorBrewer"  "Rcpp"          "RcppArmadillo" "rlang"
[29] "scales"        "tibble"        "timeDate"      "tseries"
//省略后面的
```

注意：安装目录和已安装的包列表可能会因操作系统、R 版本和用户的配置而有所不同。

也可以使用函数 library()查看已安装的包：

```
library()
```

执行上述代码后会输出：

```
base            The R Base Package
boot            Bootstrap Functions (Originally by Angelo Canty
                for S)
class           Functions for Classification
cluster         "Finding Groups in Data": Cluster Analysis
                Extended Rousseeuw et al.
codetools       Code Analysis Tools for R
compiler        The R Compiler Package
datasets        The R Datasets Package
foreign         Read Data Stored by 'Minitab', 'S', 'SAS',
                'SPSS', 'Stata', 'Systat', 'Weka', 'dBase', ...
graphics        The R Graphics Package
grDevices       The R Graphics Devices and Support for Colours
                and Fonts
//省略后面的
```

3. 查看已载入的包

可以使用函数 search()来查看编译环境已载入的包，例如：

```
> search()
[1] ".GlobalEnv"        "package:stats"     "package:graphics"
[4] "package:grDevices" "package:utils"     "package:datasets"
[7] "package:methods"   "Autoloads"         "package:base"
```

也可以使用函数 sessionInfo()查看当前会话中已加载的包列表，以及它们的版本信息。例如：

```
sessionInfo()
```

4. 安装包

可以使用函数 install.packages()从 CRAN(Comprehensive R Archive Network)安装包。假

如要安装名为 dplyr 的包，可以执行以下命令实现：

```
install.packages("dplyr")
```

如果提示如下类似的错误：

```
将程序包安装入'C:/Users/apple/AppData/Local/R/win-library/4.2'（因为'lib'没有被指定）
```

需要将"C:/Users/apple/AppData/Local/R/win-library/4.2"替换为目标安装目录的路径，例如：

```
install.packages("dplyr ", lib =
"C:/Users/apple/AppData/Local/R/win-library/4.2")
```

要确保指定的目录存在且具有正确的权限，以便安装程序包成功。

5. 加载包

可以使用函数 library()或函数 require()加载已安装的包。在加载包后，可以使用其中包含的函数和数据。例如下面的代码，功能是加载已安装的包 dplyr：

```
library(dplyr)
```

6. 卸载包

可以使用函数 remove.packages()卸载已安装的包。例如下面的代码，功能是卸载名为 dplyr 的包：

```
remove.packages("dplyr")
```

7. 本地安装包

我们可以直接在 CRAN 网下载相关包，下载完成后，直接在本地安装。例如下面的代码，在 CRAN 网下载包 XML 到本地，然后通过如下命令本地安装：

```
install.packages("./XML_3.98-1.3.zip")
```

8. 提高安装速度

建议国内用户使用国内镜像安装包。例如下面的代码中，使用清华源安装 XML 包：

```
install.packages("XML", repos = "https://mirrors.ustc.edu.cn/CRAN/")
```

6.1.2　自定义 R 包

自定义 R 包是指将多个函数、数据和文档组织在一起，以方便在 R 程序中重复使用。

通过创建自定义 R 包，可以将自己的代码整理成模块化的形式，使其易于管理、共享和部署。在 R 程序中，创建自定义 R 包的基本步骤如下。

1. 创建包目录

首先创建一个包目录，该目录将包含包的所有文件。可以使用如下命令创建包目录：

```
setwd("C:/Users/apple/Documents")
```

2. 创建描述文件

描述文件的格式类似于键值对的列表，在包目录中创建一个名为 DESCRIPTION 的文本文件，用于描述包的信息，包信息包括包的名称、版本、作者、依赖项等。例如下面是一个示例 DESCRIPTION 文件的模板：

```
Package: MyPackage
Version: 1.0.0
Title: My R Package
Author: Your Name
Maintainer: Your Name <your.email@example.com>
Description: A description of your package.
License: MIT
Depends: R (>= 3.0.0)
```

3. 创建 R 函数

在包目录中创建一个名为 R 的子目录，然后在其中放置 R 函数文件。每个函数应该保存在单独的.R 文件中，并以适当的命名规范命名，如 function1.R、function2.R 等。

4. 创建命名空间文件

在包目录中创建一个名为 NAMESPACE 的文本文件，用于指定包中要导出的函数和数据对象。在文件中列出每个要导出的函数和数据对象的名称，例如下面的代码将导出所有以字母开头的函数和数据对象：

```
exportPattern("^[[:alpha:]]+")
```

5. 创建文档

我们可以使用 R 语言的内置文档编写系统(roxygen2)来编写文档注释，为包中的函数和数据对象编写文档，为用户提供使用说明和示例信息。将函数文档注释放置在函数定义之前，并使用特殊的注释标记指定函数的参数、返回值和用法。

6. 构建和安装包

可以使用以下命令在 R 程序中构建和安装自定义包：

```
devtools::build()      # 构建包
devtools::install()    # 安装包
```

上述代码将生成一个.tar.gz 格式的包文件，并将其安装到 R 的包目录中，以便在 R 程序中加载和使用。

7. 加载包

可以使用以下命令加载自定义包：

```
library(MyPackage)
```

现在，我们就可以在 R 程序中使用自定义包中定义的函数和数据对象了。

6.2　环境空间

在 R 语言中，环境空间(Environment)是一个存储变量和对象的容器，它提供了在 R 会话中组织和管理对象的方式。每个环境都可以包含其他环境或对象，形成一个层次结构。

扫码看视频

6.2.1　环境空间的种类

在 R 语言中有多种类型的环境，包括全局环境(Global Environment)、函数环境(Function Environment)、用户定义的环境等。每个环境都有一个名称和一个父环境，除了全局环境外，其他环境都有一个与之关联的函数。

(1)　全局环境(Global Environment)：全局环境是 R 语言会话中的最顶层环境，它包含了在全局范围内定义的变量和对象。我们可以使用函数 globalenv()或直接使用函数 ls()来查看全局环境中的对象。

(2)　函数环境(Function Environment)：每次调用函数时，R 都会为该函数创建一个新的函数环境。函数环境包含了函数的参数、局部变量以及在函数内部创建的对象。函数环境具有自己的作用域，可以防止与其他函数中的变量冲突。

(3)　用户定义的环境(User-defined Environment)：可以使用函数 new.env()创建自己定义的环境。这些环境可以用于组织和管理特定的变量和对象集合，或者作为其他函数的作用域。用户定义的环境可以根据需要进行命名，并可以具有自己的父环境。

(4) 包环境(Package Environment)：每个 R 包都有一个与之关联的环境，用于存储包中定义的函数、数据和其他对象。在程序中可以通过包名访问这些环境，并且在加载和卸载包时会自动创建和销毁。

(5) 临时环境(Temporary Environment)：这是一种临时的环境空间，用于存储临时性的对象。当代码块执行完毕后，临时环境中的对象将被自动销毁。在 R 程序中，可以使用函数 local()或{}代码块创建临时环境。

上述环境空间类型具有不同的作用域和生命周期，可以根据需要在代码中使用。开发者可以根据自己的需求和代码结构选择适当的环境空间类型，以便有效地组织和管理 R 程序中的变量和对象。

6.2.2　环境空间的特征

环境空间在 R 语言中起到重要的作用，它们帮助组织和管理变量和对象，并提供了作用域和命名空间的机制，使得代码更具可读性、可维护性和灵活性。R 语言中的环境空间具有以下特征。

- 命名：每个环境都可以使用一个可选的名称进行标识，以便在代码中引用和访问。
- 层次结构：环境可以具有父环境，这意味着它们可以继承父环境中定义的变量和对象。当在环境中查找变量时，如果在当前环境找不到这个变量，R 会继续在父环境中查找，直到找到该变量或达到全局环境为止。
- 存储对象：环境可以存储各种类型的对象，包括函数、数据、变量等。可以通过名称检索，使用对象。
- 作用域：环境定义了变量的作用域，即变量在哪些部分的代码中可见和可访问。每个环境都有其自己的作用域规则。
- 生命周期：环境可以具有不同的生命周期。全局环境在整个 R 会话期间一直存在，而函数环境和临时环境在函数调用或代码块执行完成后被销毁。用户定义的环境可以手动创建和销毁。
- 命名空间：环境提供了一种命名空间的机制，允许在不同的环境中使用相同的名称来引用不同的对象，避免命名冲突。

6.2.3　使用全局环境

在 R 语言中，全局环境是默认的顶级环境，它是在启动 R 会话时创建的，并且在整个会话期间一直存在。全局环境存储了所有在 R 会话中定义的全局对象，包括变量、函数、数据框等。

(1) 创建全局变量：在全局环境中定义的变量，可以在整个会话期间被访问和使用。例如下面的代码，在全局环境中定义了变量 x。

```
x <- 10
```

(2) 访问全局变量：可以直接使用变量名来访问全局环境中的变量。例如下面的代码，访问(打印输出)了全局环境中的变量 x。

```
print(x)
```

(3) 全局函数：在全局环境中定义的函数可以在整个会话期间被调用。例如下面的代码：

```
square <- function(x) {
  return(x^2)
}
```

(4) 全局对象的查看和编辑：可以使用函数 ls()查看全局环境中的所有对象，使用函数 get()获取特定对象的值。例如下面的代码：

```
ls()  # 查看全局环境中的所有对象
value <- get("x")  # 获取全局环境中变量 x 的值
```

(5) 清空全局环境：可以使用 rm()函数清空全局环境中的所有对象。例如下面的代码：

```
rm(list = ls())  # 清空全局环境中的所有对象
```

实例 6-2： 创建一个简单的计数器程序(源码路径：R-codes\6\ji.R)

实例文件 ji.R 的具体实现代码如下：

```
# 定义全局计数器变量
counter <- 0

# 定义增加计数器的函数
increment_counter <- function() {
  # 在函数内部修改全局计数器变量
  counter <<- counter + 1
  print(paste("Counter value:", counter))
}

# 定义重置计数器的函数
reset_counter <- function() {
  # 在函数内部重置全局计数器变量为 0
  counter <<- 0
  print("Counter reset.")
```

```
}

# 调用函数操作计数器
increment_counter()    # 增加计数器值
increment_counter()    # 增加计数器值
reset_counter()        # 重置计数器
increment_counter()    # 增加计数器值
```

在上述代码中定义了一个全局计数器变量 counter，并定义了两个函数 increment_counter()和 reset_counter()来操作计数器。通过使用<<-操作符在函数内部修改全局变量，我们可以在函数外部访问和修改计数器的值。每次调用函数 increment_counter()都会增加计数器的值，并使用函数 reset_counter()将计数器重置为 0。程序执行后会输出：

```
[1] "Counter value: 1"
[1] "Counter value: 2"
[1] "Counter reset."
[1] "Counter value: 1"
```

注意：全局变量在 R 语言中非常有用，它允许在会话中共享和访问变量和函数，方便了交互式数据的分析和开发。但需要注意的是，过度使用全局变量可能会导致命名冲突和代码可读性的问题，因此在编写大型项目或复杂的函数时，最好将变量和函数限制在更小的作用域内，以避免不必要的问题。

6.2.4　使用函数环境

在 R 语言中，函数环境指的是函数的作用域或上下文。在这个环境中，函数定义的变量和对象是可见和可访问的，函数环境允许函数在不同的上下文中使用不同的变量。当我们定义一个函数时，R 语言会为该函数创建一个函数环境。这个函数环境包含了函数的参数、局部变量和在函数内部创建的对象。当函数被调用时，它会在函数环境中执行，可以访问和操作函数环境中的变量和对象。

实例 6-3：创建函数环境版的计数器程序(源码路径：R-codes\6\huanjing.R)

实例文件 huanjing.R 的具体实现代码如下：

```
# 定义一个函数，用于创建计数器
create_counter <- function() {
  count <- 0  # 初始化计数器

  # 定义内部函数，用于增加计数器的值
  increment <- function() {
    count <<- count + 1  # 使用双箭头操作符修改外部环境中的 count 变量
```

```
  print(paste("Current count:", count))
  }

  # 定义内部函数，用于重置计数器的值
  reset <- function() {
    count <<- 0  # 使用双箭头操作符修改外部环境中的 count 变量
    print("Counter reset.")
  }

  # 返回一个包含 increment 和 reset 函数的列表
  return(list(increment = increment, reset = reset))
}

# 创建计数器
counter <- create_counter()

# 使用计数器增加值
counter$increment()  # 输出："Current count: 1"
counter$increment()  # 输出："Current count: 2"

# 重置计数器
counter$reset()  # 输出："Counter reset."

# 再次使用计数器增加值
counter$increment()  # 输出："Current count: 1"
# 定义一个函数，用于创建计数器
create_counter <- function() {
  count <- 0  # 初始化计数器

  # 定义内部函数，用于增加计数器的值
  increment <- function() {
    count <<- count + 1  # 使用双箭头操作符修改外部环境中的 count 变量
    print(paste("Current count:", count))
  }

  # 定义内部函数，用于重置计数器的值
  reset <- function() {
    count <<- 0  # 使用双箭头操作符修改外部环境中的 count 变量
    print("Counter reset.")
  }

  # 返回一个包含 increment 和 reset 函数的列表
  return(list(increment = increment, reset = reset))
}

# 创建计数器
counter <- create_counter()
```

```
# 使用计数器增加值
counter$increment()  # 输出: "Current count: 1"
counter$increment()  # 输出: "Current count: 2"

# 重置计数器
counter$reset()  # 输出: "Counter reset."

# 再次使用计数器增加值
counter$increment()  # 输出: "Current count: 1"
```

对上述代码的具体说明如下。

(1) 定义函数 create_counter()，用于创建一个简单的计数器。这个函数包含了两个内部函数 increment 和 reset，它们可以访问并修改外部函数环境中的变量 count。我们使用双箭头操作符<<-来修改外部环境中的变量。

(2) 通过调用 create_counter()函数，创建一个计数器对象 counter，它是一个包含 increment 和 reset 函数的列表。我们可以使用$符号来访问和调用这些函数。

(3) 首先调用 counter$increment()两次，每次调用都会增加计数器的值，并打印出当前的计数。然后调用 counter$reset()来重置计数器的值。最后再次调用 counter$increment()，可以看到计数器的值被重置为 1，并继续增加。

程序执行后会输出：

```
[1] "Current count: 1"
[1] "Current count: 2"
[1] "Counter reset."
[1] "Current count: 1"
```

6.2.5 使用用户定义的环境

在 R 语言中，用户可以创建自定义环境来存储和管理对象。例如下面的演示代码(源码路径：R-codes\6\yong.R)，演示了使用用户定义环境的过程。

```
# 创建一个用户定义的环境
my_env <- new.env()

# 向环境中添加对象
my_env$var1 <- 10
my_env$var2 <- "Hello"

# 访问环境中的对象
print(my_env$var1)  # 输出: 10
print(my_env$var2)  # 输出: "Hello"
```

```
# 修改环境中的对象
my_env$var1 <- 20

# 在环境中定义函数
my_env$my_function <- function(x) {
  return(x^2)
}

# 调用环境中的函数
result <- my_env$my_function(5)
print(result) # 输出: 25
```

在上述代码中，使用函数 new.env() 创建了一个新的用户定义的环境 my_env。然后，通过符号 $ 向环境中添加对象，例如变量 var1 和 var2。使用符号 $ 也可以访问和修改环境中的对象的值。除了存储变量，还可以在环境中定义函数。在本实例中，我们在环境中定义了一个名为 my_function() 的函数，它接受一个参数 x 并返回 x 的平方。我们可以使用符号 $ 调用环境中的函数，并传递参数。

程序执行后会输出：

```
[1] 10
[1] "Hello"
[1] 25
```

注意：通过使用函数环境，可以有效地封装和保护函数内部的变量和对象，避免命名冲突和意外修改。另外，函数环境也提供了一种有效的方式来管理函数的状态和上下文。

6.2.6　使用包环境

在 R 语言中，包环境是用于存储和管理 R 包中定义的函数、数据和其他对象的一种特殊环境。每个 R 包都有自己的包环境，在加载包时会自动创建。通过使用包环境，可以有效地组织和访问包内的对象，并提供更清晰和结构化的代码组织方式。例如下面的代码(源码路径：R-codes\6\bao.R)，演示了使用 R 语言包环境的过程。

```
# 加载包
library(magrittr)

# 访问包环境中的函数
result <- magrittr::add(3, 5)
print(result)  # 输出: 8

# 访问包环境中的数据
data <- magrittr::iris
```

```
print(head(data))   # 输出前几行数据

# 访问包环境中的其他对象
# ...

# 使用包环境中的函数和数据进行操作
# ...
```

在上述代码中加载了包 magrittr，并使用函数 library()将其加载到当前会话中。一旦包加载完成，就可以使用"包名::对象名"的语法来访问包环境中的函数、数据和其他对象。例如，我们使用 magrittr::add()来调用包环境中的 add()函数，它实现了加法操作。还使用 magrittr::iris 来访问包环境中的 iris 数据集。同样，可以使用类似的语法访问其他包环境中的对象。程序执行后会输出：

```
[1] 8
  Sepal.Length Sepal.Width Petal.Length Petal.Width Species
1          5.1         3.5          1.4         0.2 setosa
2          4.9         3.0          1.4         0.2 setosa
3          4.7         3.2          1.3         0.2 setosa
4          4.6         3.1          1.5         0.2 setosa
5          5.0         3.6          1.4         0.2 setosa
6          5.4         3.9          1.7         0.4 setosa
```

在上述执行结果中，第一行的结果是调用 magrittr::add(3, 5)的返回值，即 8。接下来的几行是访问数据集 magrittr::iris 中的前几行数据。

注意：在使用包环境时，需要确保相应的包已经加载，并且正确指定了包名和对象名。通过使用包环境，我们可以明确地指定从哪个包中访问对象，避免命名冲突和混淆。此外，包环境也提供了一种在不加载整个包的情况下使用特定函数或数据的方式，从而节省资源和提高效率。

6.2.7 使用临时环境

临时环境是一种临时创建的环境，用于临时存储变量和执行特定的操作。它们在处理大量数据或需要进行临时计算时非常有用。在 R 语言中，可以使用函数 new.env()创建临时环境。当需要在 R 程序中进行大量的临时计算或处理数据时，通过使用临时环境，可以帮助我们保持程序代码的整洁和良好的组织。例如下面的例子，功能是使用临时环境统计一段文本中每个单词的出现次数。

实例 6-4：统计单词的出现次数(源码路径：R-codes\6\ci.R)

实例文件 ci.R 的具体实现代码如下：

```
# 创建临时环境
temp_env <- new.env()

# 定义文本数据
text <- "I love to code in R. R is a powerful programming language."

# 将文本拆分为单词
words <- strsplit(text, " ")[[1]]

# 统计每个单词的出现次数
for (word in words) {
  if (is.null(temp_env[[word]])) {
    temp_env[[word]] <- 1
  } else {
    temp_env[[word]] <- temp_env[[word]] + 1
  }
}

# 打印每个单词的出现次数
for (word in names(temp_env)) {
  print(paste(word, ":", temp_env[[word]]))
}

# 删除临时环境
rm(temp_env)
```

在上述代码中，首先创建了一个临时环境 temp_env。然后，定义了一个文本字符串 text，并使用函数 strsplit() 将其拆分为单词。接下来，我们使用 for 循环遍历每个单词，并在临时环境中记录每个单词的出现次数。如果一个单词在临时环境中不存在，则将其初始化为 1，否则将其出现次数加 1。最后，遍历临时环境中的每个单词，并打印出每个单词及其出现次数。程序执行后会输出：

```
[1] "powerful : 1"
[1] "a : 1"
[1] "code : 1"
[1] "language. : 1"
[1] "love : 1"
[1] "I : 1"
[1] "in : 1"
[1] "R : 1"
```

```
[1] "R. : 1"
[1] "to : 1"
[1] "programming : 1"
[1] "is : 1"
```

注意：本实例展示了使用临时环境实现简单的文本统计的方法，通过临时环境可以方便地跟踪每个单词的出现次数，而无须创建额外的数据结构。当任务完成后，建议使用函数 rm() 删除临时环境，确保不会留下任何不需要的变量或数据。

第 7 章

数据输入和导出

数据输入和导出是指在计算机中将数据从外部源(如文件、数据库、网络等)导入到 R 语言环境中，或将 R 语言环境中的数据导出到外部源的过程。本章将详细讲解 R 语言数据输入和导出的知识，并通过具体实例的实现过程讲解各个知识点的用法。

7.1 数据输入和导出介绍

扫码看视频

数据输入通常涉及将外部数据加载到 R 语言环境中，使其可用于数据分析、处理和可视化工作。数据输入包括从文本文件(如 CSV、TXT)读取数据，从 Excel 文件读取数据，从数据库(如 MySQL、SQLite)读取数据，从网络 API 获取数据等。数据输入过程通常涉及选择适当的函数、指定数据源的位置和格式，以及处理可能的数据转换和预处理步骤。

数据导出则是将 R 语言环境中的数据输出到外部源，以便在其他环境或工具中使用。数据导出包括将数据保存为文本文件(如 CSV、TXT)，将数据导出到 Excel 文件，将数据插入到数据库表中，将数据发送到网络服务器等。数据导出过程通常涉及选择适当的函数、指定输出目标的位置和格式，以及处理数据的转换和格式化。

数据输入和导出是数据分析和科学研究中的重要环节，它们使得研究人员和数据分析人员能够在 R 语言环境中方便地获取和处理各种数据源，并将分析结果输出到不同的目标中，以满足需求和共享数据分析结果。

7.2 使用键盘输入数据

扫码看视频

在 R 语言中，可以使用函数 scan()从键盘输入数据。函数 scan()会提示用户输入数据，并将输入的数据按照指定的格式读取到 R 中。使用函数 scan()的语法格式如下：

```
scan(file = "", what = double(), n = -1, sep = "", quote = "\"'", dec = ".", skip
= 0, nmax = -1, flush = FALSE, fill = FALSE, quiet = FALSE, encoding = "unknown")
```

对上述格式中各个参数的具体说明如下。

❑ file：设置数据输入的文件路径。默认为空字符串，表示从键盘输入数据。

❑ what：设置数据类型，默认为 double()，即读取数值型数据。可以使用其他数据类型，如 integer()、character()等。

❑ n：设置读取的数据数量，默认为-1，表示读取全部数据。

❑ sep：设置数据的分隔符，默认为空字符串，表示使用任意空白字符作为分隔符。

❑ quote：设置字符型数据的引号，默认为"\"'"，表示使用单引号和双引号作为引号符号。

❑ dec：设置浮点数的小数点符号，默认为。

❑ skip：设置跳过的行数，默认为 0。

❑ nmax：设置最大读取的字符数，默认为-1，表示不限制。

❑ flush：逻辑值，表示是否清空输入缓冲区，默认为 FALSE。

❑ fill：逻辑值，表示是否用 NA 值填充不足的数据，默认为 FALSE。

❑ quiet：逻辑值，表示是否静默模式，默认为 FALSE，即显示提示信息。

❑ encoding：设置数据的编码方式，默认为 unknown，表示自动检测编码。

注意：如果设置了参数 file，函数 scan()将从文件中读取数据；如果未设置参数 file，则从键盘输入数据。

实例 7-1：简易计算器(源码路径：R-codes\7\calc.R)

实例文件 calc.R 的具体实现代码如下：

```
# 从键盘输入运算符号和数字
operator <- scan(what = character(), n = 1, quiet = TRUE)
numbers <- scan(what = double(), n = -1, quiet = TRUE)

# 根据运算符号执行相应的计算
result <- switch(operator,
  '+' = sum(numbers),
  '-' = numbers[1] - sum(numbers[-1]),
  '*' = prod(numbers),
  '/' = numbers[1] / prod(numbers[-1])
)

# 显示计算结果
cat("计算结果:", result, "\n")
```

运行上述代码后，程序会提示用户输入一个运算符号，然后逐个输入数字。根据输入的运算符号，程序将执行相应的计算，并显示计算结果。例如，如果用户输入“+”符号并输入数字 2、3、4，则程序将计算 2＋3＋4 的结果并显示。

本实例的运行过程如下。

(1) 将代码保存到一个文本文件中，例如 calc.R。

(2) 在 R 环境中使用以下命令加载和运行脚本文件：

```
source("calc.R")
```

在运行脚本文件后，会提示我们输入运算符号和数字。请按照以下步骤输入数据。

(1) 看到一个提示符，提示输入运算符号，输入运算符号后按 Enter 键。

(2) 看到一个提示符，提示输入数字。输入一个数字后按 Enter 键，然后继续输入下一个数字，每个数字后按 Enter 键。如果输入完所有数字，可以按 Ctrl + D(Windows)或 Ctrl + Z(Mac)组合键来表示输入结束。

输入完数据后，程序将执行相应的计算，并显示计算结果。例如执行过程如下：

```
> source("calc.R")
1: +
1: 12
2: 13
3: 11
4: 12
5:
计算结果: 48
```

7.3 操作 CSV 文件

CSV 是一种常见的文件格式，用于存储和传输表格数据。它是一种纯文本格式，其中每行表示一条记录，每个字段(数据列)由逗号进行分隔。

扫码看视频

7.3.1 CSV 文件的优点

CSV 文件具有以下优点。

❑ 简单易懂：CSV 文件使用纯文本格式，易于理解和编辑。

❑ 跨平台兼容性：CSV 文件可以在不同操作系统和软件之间进行交换和共享，因为它们是基于文本的。

❑ 节省空间：CSV 文件通常比其他表格文件格式(如 Excel)更小，因为它们不包含复杂的格式设置和图形。

❑ 可读性强：由于 CSV 文件是纯文本，可以使用任何文本编辑器或电子表格软件打开并查看其内容。

❑ 通用性：CSV 文件是一种广泛支持的数据格式，在许多编程语言和数据处理工具中都有内置的 CSV 读取和写入功能。

CSV 文件的基本结构是每行表示一个记录，记录中的字段由逗号分隔。字段可以包含文本、数字、日期等各种数据类型。文件的第一行通常包含字段名，用于标识每个字段的含义。例如下面是一个简单的 CSV 文件的内容：

```
Name,Age,Gender
John,25,Male
Alice,30,Female
```

```
Mark,35,Male
```

在 R 语言中，可以使用各种内置函数和包来读取和处理 CSV 文件，例如函数 read.csv() 和包 data.table。这些工具提供了灵活的选项，以适应不同的 CSV 文件结构和数据处理需求。

7.3.2 读取 CSV 文件

在 R 语言中，可以使用函数 read.csv() 读取 CSV 文件，并将其加载到 R 环境中作为数据框(data frame)对象。使用函数 read.csv() 的语法格式如下：

```
read.csv(file, header = TRUE, sep = ",", quote = "\"", dec = ".", fill = TRUE,
comment.char = "")
```

对上述格式中各个参数的具体说明如下。

- ❑ file：CSV 文件的路径或 URL。
- ❑ header：指定是否包含列名，默认为 TRUE，表示第一行包含列名；如果没有列名，可以设置为 FALSE。
- ❑ sep：指定列之间的分隔符，默认为逗号(,)。可以根据需要设置不同的分隔符。
- ❑ quote：指定引号字符，默认为双引号(")。用于包围包含特殊字符的列值。
- ❑ dec：指定小数点字符，默认为点号(.)。用于解析数值类型的列。
- ❑ fill：指定是否填充空白字段，默认为 TRUE。如果某行的字段数少于其他行，则用空值填充。
- ❑ comment.char：指定注释字符，默认为空字符串。如果文件中包含注释行，则可以指定注释字符，以跳过这些行。

例如下面的代码，使用函数 read.csv() 读取 CSV 文件，将名为 data.csv 的 CSV 文件加载到名为 data 的数据框对象中，并使用函数 print() 显示数据框的内容。

```
# 读取 CSV 文件
data <- read.csv("data.csv")

# 显示数据框内容
print(data)
```

注意：在上述代码中，需要根据具体情况提供正确的 CSV 文件路径或 URL，并根据需要调整其他参数来读取和解析 CSV 文件。例如假设有一个名为 data.csv 的 CSV 文件，内容如下：

```
Name,Age,City
John,25,New York
```

```
Emily,30,Los Angeles
David,28,San Francisco
```

接下来可以通过下面的实例打印输出文件 data.csv 中的内容。

实例 7-2：读取指定 CSV 文件中的内容(源码路径：R-codes\7\du.R)

实例文件 du.R 的具体实现代码如下：

```
# 读取 CSV 文件
data <- read.csv("data.csv")

# 打印数据框内容
print(data)
```

程序执行后会输出：

```
    Name    Age   City
1   John    25    New York
2   Emily   30    Los Angeles
3   David   28    San Francisco
```

7.3.3　写入 CSV 文件

在 R 语言中，可以使用函数 write.csv()将数据写入到指定的 CSV 文件中。使用函数 write.csv()的语法格式如下：

```
write.csv(x, file, row.names = TRUE, col.names = TRUE, sep = ",")
```

对上述格式中各个参数的具体说明如下。

❑　x：要写入 CSV 文件的数据框对象。

❑　file：要写入的文件名或文件路径。

❑　row.names：逻辑值，指示是否将行名写入 CSV 文件，默认为 TRUE，表示写入行名；设置为 FALSE 则不写入行名。

❑　col.names：逻辑值，指示是否将列名写入 CSV 文件，默认为 TRUE，表示写入列名；设置为 FALSE 则不写入列名。

❑　sep：字符串，指定列之间的分隔符，默认为逗号(,)。

实例 7-3：将数据写入到指定的 CSV 文件中(源码路径：R-codes\7\xie.R)

实例文件 xie.R 的具体实现代码如下：

```
# 创建一个数据框
data <- data.frame(
```

```
  Name = c("John", "Emily", "David"),
  Age = c(25, 30, 28),
  City = c("New York", "Los Angeles", "San Francisco")
)

# 写入 CSV 文件
write.csv(data, file = "data.csv", row.names = FALSE)
```

在上述代码中，首先创建了一个包含姓名、年龄和城市的数据框。然后，使用 write.csv()
函数将数据框写入名为 data.csv 的 CSV 文件中。file 参数指定了要写入的文件名，row.names
参数设置为 FALSE 表示不包含行号。执行以上代码后，将会生成一个名为 data1.csv 的 CSV
文件，并将数据框的内容写入其中，如图 7-1 所示。

图 7-1　写入的内容

7.3.4　数据转换和处理

在 R 语言中，可以使用各种函数和包对 CSV 数据实现转换和处理，例如使用包 dplyr
进行数据筛选、排序、汇总等操作。下面介绍几个常用的函数和包。

1. 筛选数据

(1) 使用 R 语言内置函数：可以使用逻辑条件筛选数据，例如使用函数 subset()。

(2) 使用包 dplyr：在包 dplyr 中提供了一组功能强大的函数，用于数据的筛选和转换，
例如 filter() 函数。

(3) 使用 data.table 包：在包 data.table 中提供了快速和高效的数据处理功能，例如使用
运算符[]进行数据筛选。

现在有一个名为 students.csv 的 CSV 文件，内容如下：

```
Name,Age,Grade
Alice,25,A
Bob,30,B
Charlie,28,B
```

```
David,35,C
```

假设现在要求使用 R 语言读取 CSV 文件 students.csv，并对其进行筛选操作，要求筛选出年龄大于等于 30 岁的学生记录。可以通过下面的代码(源码路径：R-codes\7\sanshi.R)实现这一功能。

```
# 读取 CSV 文件
df <- read.csv("students.csv")

# 筛选年龄大于等于 30 岁的学生记录
filtered_df <- subset(df, Age >= 30)

# 打印筛选结果
print(filtered_df)
```

在上述代码中，首先使用 read.csv()函数读取了 students.csv 文件，并将其存储在数据框 df 中。然后，使用 subset()函数筛选出年龄大于等于 30 岁的学生记录，并将结果存储在 filtered_df 中。最后，打印出筛选结果。执行上述代码后将得到如下输出：

```
  Name Age Grade
2  Bob 30    B
4 David 35    C
```

2. 数据排序

(1) 使用 R 语言内置函数：可以使用内置函数 order()对数据进行排序。

(2) 使用 dplyr 包：可以使用包 dplyr 中的函数 arrange()对数据进行排序。

现在有一个名为 employees.csv 的 CSV 文件，保存了员工的薪资信息，内容如下：

```
Name,Age,Salary
Alice,30,5000
Bob,28,4000
Charlie,35,6000
David,32,5500
```

现在要求使用 R 语言读取文件 employees.csv，要求按照薪资从高到低的顺序对员工信息进行排序。可以通过下面的代码(源码路径：R-codes\7\pai.R)实现这一功能。

```
# 读取 CSV 文件
df <- read.csv("employees.csv")

# 按照薪资从高到低排序
sorted_df <- df[order(-df$Salary), ]

# 打印排序结果
```

```
print(sorted_df)
```

在上述代码中，首先使用函数 read.csv()读取了文件 employees.csv，并将其存储在数据框 df 中。然后，使用函数 order()和表达式-df$Salary 对数据框进行排序，其中-表示降序排序。最后，打印出排序结果。程序执行后会输出：

```
    Name  Age Salary
3 Charlie  35   6000
4   David  32   5500
1   Alice  30   5000
2     Bob  28   4000
```

3. 数据汇总

(1) 使用 R 语言内置函数：可以使用函数 aggregate()对数据进行汇总计算。

(2) 使用 dplyr 包：在包 dplyr 中提供了多个函数实现数据汇总功能，如 summarize()、group_by()和 summarize_all()等。

现在有一个名为 sales.csv 的 CSV 文件，保存了某员工的销售数据，内容如下：

```
Product,Category,Quantity,Price
Apple,Fruit,10,2.5
Banana,Fruit,15,1.8
Carrot,Vegetable,20,0.8
Broccoli,Vegetable,12,1.2
Orange,Fruit,8,3.0
```

现在要求使用 R 语言读取文件 sales.csv，并对其进行汇总操作。我们可以通过下面的代码(源码路径：R-codes\7\xiao.R)计算出每个类别商品的总销售数量和总销售额。

```
# 读取 CSV 文件
df <- read.csv("sales.csv")

# 按照类别进行汇总
summary_df <- aggregate(cbind(Quantity, Price) ~ Category, df, FUN = sum)

# 打印汇总结果
print(summary_df)
```

在上述代码中，首先使用 read.csv()函数读取了 sales.csv 文件，并将其存储在数据框 df 中。然后，使用 aggregate()函数对数据框进行汇总操作，其中 cbind(Quantity, Price) ~ Category 表示我们希望对 Quantity 和 Price 字段按照 Category 进行汇总，而 FUN = sum 表示使用 sum()函数对字段进行求和。最后，打印出汇总结果。程序执行后会输出：

```
  Category Quantity Price
```

```
1   Fruit       33    7.3
2 Vegetable     32    2.0
```

继续使用上面的 CSV 文件 sales.csv，在下面的实例中，使用包 dplyr 对文件 sales.csv 的内容进行筛选、排序和汇总操作。

> **实例 7-4：使用包 dplyr 筛选、排序、汇总 CSV 文件的内容(源码路径: R-codes\7\ zonghe.R)**

本实例的功能是筛选出类别为 Fruit 的记录，然后按照销售数量从高到低排序，并计算总销售数量和总销售额。实例文件 zonghe.R 的具体实现代码如下：

```r
library(dplyr)

# 读取 CSV 文件
df <- read.csv("sales.csv")

# 使用 dplyr 进行筛选、排序和汇总操作
summary_df <- df %>%
  filter(Category == "Fruit") %>%
  arrange(desc(Quantity)) %>%
  summarise(TotalQuantity = sum(Quantity), TotalSales = sum(Quantity * Price))

# 打印汇总结果
print(summary_df)
```

在上述代码中，首先筛选出类别为 Fruit 的记录，并按照销售数量从高到低进行排序。然后，计算该类别的总销售数量和总销售额，分别存储在汇总数据框 summary_df 的 TotalQuantity 和 TotalSales 列中。最后，打印输出汇总结果。程序执行后会输出：

```
  TotalQuantity TotalSales
1            33         76
```

7.4   Excel 文件

Excel 文件是一种电子表格文件格式，由 Microsoft Excel 软件创建和使用。它是广泛用于存储、组织和分析数据的常见文件类型。Excel 文件可以包含多个工作表，每个工作表都由行和列组成，形成一个网格结构。

扫码看视频

7.4.1   R 语言和 Excel 文件

在 R 语言中提供了多个包和函数来操作 Excel 文件，分别实现 Excel 文件的读取、写入

等操作功能。其中常用的包和函数如下。

- ❑ readxl 包：这个包提供了 read_excel()函数，用于读取 Excel 文件中的数据。它可以读取单个工作表或多个工作表，并将数据导入到 R 的数据框中。
- ❑ openxlsx 包：这个包提供了一组函数，用于读取、写入和修改 Excel 文件。它具有丰富的功能，例如合并单元格、设置格式、创建图表等。

通过使用上述包和函数，可以在 R 程序中轻松读取和写入 Excel 文件，并进行各种数据操作和分析。开发者可以根据需要选择适合的包和函数来处理 Excel 文件。

7.4.2 使用包 readxl

在 R 程序中，可以使用包 readxl 来操作 Excel 文件。在使用之前，需要先安装该包。我们可以使用以下命令安装 readxl 包：

```
install.packages("readxl")
```

在安装包 readxl 后，需要使用函数 library()加载包 readxl：

```
library(readxl)
```

接下来，可以使用函数 read_excel()读取 Excel 文件的内容。使用函数 read_excel()的语法格式如下：

```
read_excel(path, sheet = 1, range = NULL, col_names = TRUE, col_types = NULL, na
= "", skip = 0, n_max = Inf, guess_max = min(1000, n_max), progress = interactive())
```

对上述函数参数的具体说明如下。

- ❑ path：Excel 文件的路径。
- ❑ sheet：要读取的工作表索引或名称，默认为 1，表示第一个工作表。
- ❑ range：要读取的单元格范围，默认为 NULL，表示读取整个工作表。
- ❑ col_names：是否读取列名，默认为 TRUE。
- ❑ col_types：列的数据类型，可以是向量或列表，用于指定每列的数据类型。默认为 NULL，表示自动推断数据类型。
- ❑ na：表示缺失值的字符串，默认为空字符串。
- ❑ skip：要跳过的行数，默认为 0。
- ❑ n_max：要读取的最大行数，默认为无限制。
- ❑ guess_max：用于自动推断列类型的最大行数，默认为 1000。
- ❑ progress：是否显示进度条，默认为交互式(根据运行环境自动判断)。

假设有一个名为 data.xlsx 的 Excel 文件，其中包含以下内容：

```
  Name  Age   City
1  Tom   25  Tokyo
2  Jane  30   Oslo
3  Peter 28  Paris
4  Mary  32   Rome
```

在下面的实例中，使用包 readxl 读取 Excel 文件 data.xlsx 中的内容。

实例 7-5：读取并显示指定 Excel 文件中的内容(源码路径：R-codes\7\duex.R)

实例文件 duex.R 的具体实现代码如下：

```
library(readxl)

# 读取 Excel 文件的内容
data <- read_excel("data.xlsx")

# 打印数据
print(data)
```

在上述代码中，我们首先加载 readxl 包，然后使用函数 read_excel()读取文件 data.xlsx 的内容，并将结果存储在名为 data 的数据框中。最后，使用函数 print()打印出读取到的数据。程序执行后会输出：

```
# A tibble: 4 x 3
  Name      Age   City
  <chr>     <dbl> <chr>
1 Tom       25    Tokyo
2 Jane      30    Oslo
3 Peter     28    Paris
4 Mary      32    Rome
```

7.4.3 使用包 openxlsx

在 R 程序中，可以使用包 openxlsx 中的函数读取、写入和修改 Excel 文件。包 openxlsx 具有丰富的功能，例如合并单元格、设置格式、创建图表等。包 openxlsx 中的常用的函数如下。

❑ loadWorkbook()：加载一个 Excel 文件，并返回一个工作簿对象。

❑ createWorkbook()：创建一个新的工作簿对象。

❑ getSheetNames()：获取工作簿中所有工作表的名称。

❑ addWorksheet()：在工作簿中添加一个新的工作表。

- ❏ removeWorksheet()：从工作簿中移除指定的工作表。
- ❏ readWorkbook()：从工作簿中读取指定工作表的数据。
- ❏ writeData()：将数据写入工作簿的指定工作表中。
- ❏ writeDataTable()：将数据框写入工作簿的指定工作表中，并创建一个 Excel 表格。
- ❏ setColWidths()：设置工作表的列宽。
- ❏ setStyle()：设置单元格的样式。
- ❏ saveWorkbook()：保存工作簿为 Excel 文件。

实例 7-6：对指定 Excel 文件实现读取、写入、合并和修改操作

实例文件 xieex.R(源码路径：R-codes\7\xieex.R)的具体实现代码如下：

```r
library(openxlsx)

# 读取 Excel 文件
wb <- loadWorkbook("data.xlsx")        # 加载 Excel 文件
sheet_names <- getSheetNames(wb)        # 获取工作表名称

# 读取指定工作表的数据
data <- readWorkbook(wb, sheet = sheet_names[1])  # 读取第一个工作表的数据

# 打印读取的数据
print(data)

# 在工作簿中添加新的工作表并写入数据
new_sheet <- "NewSheet"
addWorksheet(wb, sheetName = new_sheet)        # 添加新的工作表
writeData(wb, sheet = new_sheet, x = data) # 将数据写入新的工作表

# 修改工作表数据
modified_data <- data * 2  # 将数据乘以 2
writeData(wb, sheet = sheet_names[1], x = modified_data) # 将修改后的数据写入原工作表

# 合并多个工作表
merged_data <- NULL  # 初始化合并后的数据
for (sheet_name in sheet_names) {
  sheet_data <- readWorkbook(wb, sheet = sheet_name)      # 读取每个工作表的数据
  merged_data <- rbind(merged_data, sheet_data)          # 合并数据
}

# 创建新的工作簿并将合并后的数据写入
new_wb <- createWorkbook()
addWorksheet(new_wb, sheetName = "MergedData")
```

```
writeData(new_wb, sheet = "MergedData", x = merged_data)

# 保存工作簿为新的 Excel 文件
saveWorkbook(new_wb, file = "merged_data.xlsx")
```

上述代码的功能如下。

(1) 读取 Excel 文件中的数据并打印出来。

(2) Excel 文件中的第一个工作表的数据被修改为原始数据乘以 2。

(3) 在同一工作簿中创建一个新的工作表，并将原始数据写入其中。

(4) 将多个工作表的数据合并到一个数据框，并写入新的工作簿中的一个工作表。

(5) 名为 merged_data.xlsx 的新 Excel 文件被保存在指定的路径中，其中包含合并后的数据。

7.5 XML 文件

XML 的前身是标准通用标记语言，是 IBM 从 60 年代就开始发展的通用标记语言。同 HTML 一样，可扩展标记语言是标准通用标记语言的一个子集，它是描述网络上的数据内容和结构的标准。在实际应用中，XML 文件主要用来传输和存储数据。

扫码看视频

7.5.1 使用包 XML

在 R 语言中，可以使用包 XML 来操作基于 DOM(Document Object Model)的 XML 文件。在包 XML 中提供了一系列函数来解析、创建和修改 XML 文档，其中常用的函数如下。

❑ xmlTreeParse()：解析 XML 文件并返回 XML 树对象。

❑ xmlRoot()：获取 XML 树的根节点。

❑ xmlChildren()：获取指定节点的子节点。

❑ xmlAttrs()：获取指定节点的属性。

❑ xmlValue()：获取指定节点的值。

❑ xmlName()：获取指定节点的名称。

❑ xmlFindAll()：按照指定条件查找匹配的节点。

❑ xmlNewNode()：创建一个新的 XML 节点。

❑ xmlAddChild()：向指定节点添加子节点。

❑ xmlRemoveNodes()：移除指定节点。

在使用包 XML 之前需要先通过如下命令安装包 XML：

```
install.packages("XML", repos = "https://mirrors.ustc.edu.cn/CRAN/")
```

可以通过下面的命令查看是否安装成功，如果打印输出 TRUE 则表示安装成功。

```
> any(grepl("XML",installed.packages()))
[1] TRUE
```

下面是一个使用包 XML 操作 XML 文件的例子，展示了读取、解析、修改和创建 XML 节点以及获取节点的属性和值的过程。

实例 7-7：操作 XML 文件(源码路径：R-codes\7\xml01.R)

(1)　创建一个名为 data.xml 的 XML 文件，内容如下：

```
<fruits>
 <fruit>
   <name>Apple</name>
   <color>Red</color>
   <price>1.99</price>
 </fruit>
 <fruit>
   <name>Banana</name>
   <color>Yellow</color>
   <price>0.99</price>
 </fruit>
</fruits>
```

(2)　编写程序文件 xml01.R，使用包 XML 来操作这个 XML 文件。具体实现代码如下：

```
# 加载 XML 包
library(XML)

# 读取 XML 文件
xml_file <- "data.xml"
doc <- xmlParse(xml_file)

# 获取根节点
root <- xmlRoot(doc)

# 获取所有水果节点
fruits <- xmlChildren(root)

# 打印每个水果的属性和值
for (fruit in fruits) {
 name <- xmlValue(xmlChildren(fruit)[[1]])
 color <- xmlValue(xmlChildren(fruit)[[2]])
```

```
  price <- xmlValue(xmlChildren(fruit)[[3]])

  cat("Fruit:", name, "\n")
  cat("Color:", color, "\n")
  cat("Price:", price, "\n\n")
}

# 修改第一个水果的价格
new_price <- 2.99
xmlValue(xmlChildren(fruits[[1]])[[3]]) <- new_price

# 添加一个新的水果节点
new_fruit <- xmlNode("fruit")
name <- xmlNode("name", "Orange")
color <- xmlNode("color", "Orange")
price <- xmlNode("price", "1.49")
addChildren(new_fruit, name, color, price)
addChildren(root, new_fruit)

# 保存修改后的 XML 文件
new_xml_file <- "modified_data.xml"
saveXML(doc, new_xml_file)
print(data)
```

在上述代码中，首先使用函数 xmlRoot()读取 XML 文件并获取根节点。然后，使用函数 xmlChildren()获取所有水果节点，并使用函数 xmlValue()获取节点的属性和值。接着，修改了第一个水果节点的价格，并使用函数 xmlNode()创建一个新的水果节点，并使用函数 addChildren()将其添加到根节点下。最后，使用函数 saveXML()将修改后的 XML 文件保存为 modified_data.xml。

程序执行后会输出：

```
Fruit: Apple
Color: Red
Price: 1.99

Fruit: Banana
Color: Yellow
Price: 0.99

<fruit>
 <name>Orange</name>
 <color>Orange</color>
 <price>1.49</price>
</fruit>
```

```
<fruits><fruit><name>Apple</name><color>Red</color><price>2.99</price></fruit><
fruit><name>Banana</name><color>Yellow</color><price>0.99</price></fruit>fruit<
/fruits>
```

```
[1] "modified_data.xml"
```

7.5.2　使用包 xml2

在 R 语言中，可以使用包 xml2 来操作 XML 文件，包 xml2 提供了简洁的 API 来解析和操作 XML 文件。在包 xml2 中常用的函数如下。

- ❑　read_xml()：从文件或字符串中读取 XML 内容。
- ❑　xml_find_all()：按照指定条件查找匹配的节点。
- ❑　xml_children()：获取指定节点的子节点。
- ❑　xml_attrs()：获取指定节点的属性。
- ❑　xml_text()：获取指定节点的文本内容。
- ❑　xml_name()：获取指定节点的名称。
- ❑　xml_new_node()：创建一个新的 XML 节点。
- ❑　xml_add_child()：向指定节点添加子节点。
- ❑　xml_remove_nodes()：移除指定节点。

在使用包 xml2 之前需要先通过如下命令安装包 xml2：

```
install.packages("xml2", repos = "https://mirrors.ustc.edu.cn/CRAN/")
```

可以通过下面的命令查看是否安装成功，如果打印输出"TRUE"则表示安装成功。

```
> any(grepl("xml2",installed.packages()))
[1] TRUE
```

实例 7-8：使用包 xml2 操作 XML 文件(源码路径：R-codes\7\xml2.R)

在本实例中，使用包 xml2 来读取 XML 文件，然后分别实现节点查找、获取节点属性、修改节点以及添加新节点等操作。实例文件 xml2.R 的具体实现代码如下：

```
# 加载 xml2 包
library(xml2)

# 读取 XML 文件
xml_file <- "data.xml"
doc <- read_xml(xml_file)
```

```
# 查找所有的水果节点
fruits <- xml_find_all(doc, "//fruit")

# 遍历每个水果节点
for (fruit in fruits) {
  # 获取水果名称
  name <- xml_text(xml_find_first(fruit, "./name"))

  # 获取水果颜色
  color <- xml_text(xml_find_first(fruit, "./color"))

  # 获取水果价格节点
  price_node <- xml_find_first(fruit, "./price")

  # 获取水果价格
  price <- xml_text(price_node)

  # 打印水果信息
  cat("水果名称:", name, "\n")
  cat("水果颜色:", color, "\n")
  cat("水果价格:", price, "\n\n")

  # 修改价格节点的文本内容
  xml_text(price_node) <- "2.99"
}

# 添加一个新的水果节点
new_fruit <- xml_add_child(xml_find_first(doc, "//fruits"), "fruit")
xml_add_child(new_fruit, "name", "橙子")
xml_add_child(new_fruit, "color", "橙色")
xml_add_child(new_fruit, "price", "1.49")

# 保存修改后的 XML 文件
new_xml_file <- "modified_data2.xml"
write_xml(doc, new_xml_file)
```

在上述代码中，通过 xml_text(price_node) <- "2.99" 来修改 <price> 元素的文本内容。
程序执行后会输出：

```
水果名称: Apple
水果颜色: Red
水果价格: 1.99

水果名称: Banana
水果颜色: Yellow
水果价格: 0.99
```

修改后的内容被保存在文件 modified_data2.xml 中，如图 7-2 所示。

图 7-2 文件 modified_data2.xml 的内容

7.6 JSON 文件

JSON(JavaScript Object Notation，JS 对象简谱)是一种轻量级的数据交换格式，采用完全独立于编程语言的文本格式来存储和表示数据。简洁和清晰的层次结构使得 JSON 成为理想的数据交换语言，易于阅读和编写，同时也有效地提升了网络传输效率。

扫码看视频

7.6.1 JSON 包

在 R 语言中，可以使用以下几个常用的包操作 JSON 文件。

❑ jsonlite：这是一个流行的 R 包，用于解析、生成和操作 JSON 数据。它提供了一组简单而强大的函数，如 fromJSON()、toJSON()、prettify()等，用于解析 JSON 数据、将 R 对象转换为 JSON 格式、格式化 JSON 字符串等。

❑ RJSONIO：提供了一些用于解析和生成 JSON 数据的函数，它包括 fromJSON()和 toJSON()函数，可以在 R 对象和 JSON 之间进行转换。包 RJSONIO 在处理大型 JSON 数据时可能比 jsonlite 包更快。

❑ tidyjson：提供了一套用于处理和分析 JSON 数据的函数，它使用了 dplyr 和 tidyr 包的风格，提供了一种简洁而直观的方式来处理嵌套的 JSON 数据。

上述包提供了丰富的操作 JSON 数据的功能，可以帮助我们在 R 程序中有效地处理 JSON 数据。在使用这些包之前，需要先安装它们。可以使用以下命令进行安装：

```
install.packages("jsonlite")
install.packages("RJSONIO")
install.packages("tidyjson")
```

安装完成后，使用函数 library()加载需要使用的包，例如通过以下命令加载包 jsonlite：

```
library(jsonlite)
```

7.6.2　使用包 jsonlite

在 R 语言中，可以使用包 jsonlite 操作 JSON 文件。以下是包 jsonlite 中的常用函数。

- ❑　fromJSON()：将 JSON 字符串或 JSON 文件解析为 R 对象。它可以将 JSON 数据转换为 R 中的列表或数据框形式，方便后续处理和访问。
- ❑　toJSON()：将 R 对象转换为 JSON 字符串。该函数接受 R 中的列表、数据框等对象，并将其转换为 JSON 格式的字符串，方便存储或传输 JSON 数据。
- ❑　prettify()：将 JSON 字符串进行格式化，使其更易读。它会对 JSON 字符串进行缩进和换行操作，增加可读性，方便查看和调试。
- ❑　validate()：验证 JSON 字符串的有效性，该函数可以检查 JSON 字符串是否符合 JSON 格式的语法规则，帮助发现潜在的错误或问题。
- ❑　flatten()：将嵌套的 JSON 数据扁平化为键值对形式，它可以将嵌套的 JSON 结构展开，将每个键值对作为一个独立的条目，方便进行数据分析和处理。
- ❑　stream_in()：逐行读取大型 JSON 文件并将其解析为 R 对象，这个函数适用于处理大型 JSON 文件，因为它不会将整个文件加载到内存中，而是按需逐行读取。
- ❑　stream_out()：将 R 对象逐行写入 JSON 文件。类似于 stream_in()，这个函数适用于处理大型 JSON 数据，因为它可以将数据逐行写入文件，而不会一次性占用大量内存。

实例 7-9：使用包 jsonlite 操作指定的 JSON 文件(源码路径：R-codes\7\jsonlite.R)

在本实例中将使用一个准备好的 JSON 文件进行多种操作，包括解析 JSON 数据、访问数据字段、修改数据以及将修改后的数据重新写入 JSON 文件。

(1) 创建一个名为 data.json 的 JSON 文件，其内容如下：

```
{
  "name": "John Doe",
```

```
  "age": 30,
  "email": "johndoe@example.com",
  "hobbies": ["reading", "gaming", "cooking"],
  "address": {
    "street": "123 Main St",
    "city": "New York",
    "country": "USA"
  }
}
```

(2) 编写文件 jsonlite.R，使用包 jsonlite 来操作这个 JSON 文件，具体实现代码如下：

```
# 加载 jsonlite 包
library(jsonlite)

# 读取 JSON 文件
json_data <- fromJSON("data.json")

# 输出姓名和年龄
cat("姓名: ", json_data$name, "\n")
cat("年龄: ", json_data$age, "\n")

# 输出爱好
cat("爱好: ")
for (hobby in json_data$hobbies) {
  cat(hobby, " ")
}
cat("\n")

# 修改年龄为 35
json_data$age <- 35

# 添加新的爱好
json_data$hobbies <- c(json_data$hobbies, "swimming")

# 将修改后的数据写入 JSON 文件
toJSON(json_data, pretty = TRUE, auto_unbox = TRUE, digits = 2) %>%
  writeLines("data_updated.json")
```

在上述代码中，首先使用函数 fromJSON() 读取 JSON 文件，将其解析为 R 对象。然后，使用操作符 $ 访问 JSON 数据的字段，输出姓名、年龄和爱好。接下来，修改年龄为 35，并添加了一个新的爱好 swimming。最后，使用函数 toJSON() 将修改后的数据转换为 JSON 字符串，并使用函数 writeLines() 将其写入名为 data_updated.json 的文件中。

运行上述代码后，可以看到输出的姓名、年龄和爱好信息：

```
姓名: John Doe
```

年龄： 30
reading gaming cooking

同时，在当前目录下生成了名为 data_updated.json 的 JSON 文件，其中包含了更新后的数据。

7.6.3　使用包 RJSONIO

在 R 语言中，可以使用 RJSONIO 包操作 JSON 文件。下面列出了包 RJSONIO 中的常用函数。

- ❑　fromJSON()：将 JSON 字符串或 JSON 文件解析为 R 对象。它可以将 JSON 数据转换为 R 中的列表或数据框形式，方便后续处理和访问。
- ❑　toJSON()：将 R 对象转换为 JSON 字符串。该函数接受 R 中的列表、数据框等对象，并将其转换为 JSON 格式的字符串，方便存储或传输 JSON 数据。
- ❑　fromJSONFile()：从 JSON 文件中读取 JSON 数据并解析为 R 对象。与 fromJSON() 函数类似，但直接从文件读取 JSON 数据而不是从字符串中解析。
- ❑　toJSONFile()：将 R 对象转换为 JSON 字符串，并将其写入 JSON 文件中。与 toJSON() 函数类似，但直接将 JSON 数据写入文件而不是返回字符串。

例如下面的实例，演示了使用包 RJSONIO 操作 JSON 数据的过程，包括解析 JSON 数据、访问数据字段、修改数据并将修改后的数据转换为 JSON 字符串等操作。

实例 7-10：使用包 RJSONIO 操作 JSON 数据(源码路径：R-codes\7\RJSONIO.R)

实例文件 RJSONIO.R 的具体实现代码如下：

```
# 加载 RJSONIO 包
library(RJSONIO)

# 定义 JSON 字符串
json_string <- '{
  "name": "John Doe",
  "age": 30,
  "email": "johndoe@example.com",
  "hobbies": ["reading", "gaming", "cooking"],
  "address": {
    "street": "123 Main St",
    "city": "New York",
    "country": "USA"
  }
}'
```

```
# 解析 JSON 字符串为 R 对象
json_data <- fromJSON(json_string)

# 输出姓名和年龄
cat("姓名: ", json_data$name, "\n")
cat("年龄: ", json_data$age, "\n")

# 输出爱好
cat("爱好: ")
for (hobby in json_data$hobbies) {
  cat(hobby, " ")
}
cat("\n")

# 修改年龄为 35
json_data$age <- 35

# 添加新的爱好
json_data$hobbies <- c(json_data$hobbies, "swimming")

# 将修改后的数据转换为 JSON 字符串
updated_json_string <- toJSON(json_data)

# 输出修改后的 JSON 字符串
cat("修改后的 JSON 字符串: \n", updated_json_string, "\n")
```

在上述代码中，首先定义一个 JSON 字符串，然后使用函数 fromJSON()将其解析为 R
对象。接着，通过访问 R 对象的字段，输出姓名、年龄和爱好信息。然后，修改年龄为35，
并添加一个新的爱好 swimming。最后，使用函数 toJSON()将修改后的数据转换为 JSON 字
符串，并输出该字符串。

程序执行后会输出：

```
修改后的 JSON 字符串:
 {
 "name": "John Doe",
"age": 35,
"email": "johndoe@example.com",
"hobbies": [ "reading", "gaming", "cooking", "swimming" ],
"address": {
 "street": "123 Main St",
"city": "New York",
"country": "USA"
}
}
```

7.6.4 使用包 tidyjson

在 R 语言中，可以使用包 tidyjson 操作 JSON 文件。下面列出了包 tidyjson 中的一些常用函数。

- ❑ as.tbl_json()：将 JSON 文件或 JSON 字符串转换为 tibble 对象，该函数可以将 JSON 数据解析为数据框形式，方便进行后续的数据处理和分析。
- ❑ gather_array()：将嵌套的 JSON 数组展开为多个行。当在 JSON 数据中存在嵌套的数组时，可以使用该函数将数组展开为多个行，便于进一步处理。
- ❑ spread_values()：将嵌套的 JSON 对象展开为多个列。当在 JSON 数据中存在嵌套的对象时，可以使用该函数将对象展开为多个列，便于查看和分析。
- ❑ enter_object()：进入嵌套的 JSON 对象，该函数用于导航到 JSON 数据中的嵌套对象，以便访问和处理嵌套的字段。
- ❑ enter_array()：进入嵌套的 JSON 数组，该函数用于导航到 JSON 数据中的嵌套数组，以便访问和处理数组中的元素。
- ❑ spread_all()：将所有的嵌套 JSON 对象展开为多个列。当 JSON 数据中存在多层嵌套的对象时，可以使用该函数将所有对象展开为多个列，便于分析和处理。

实例 7-11：使用包 tidyjson 操作 JSON 数据(源码路径：R-codes\7\tidyjson.R)

实例文件 tidyjson.R 的具体实现代码如下：

```r
# 加载 tidyjson 包
library(tidyjson)
library(dplyr)

# 定义 JSON 字符串
json_string <- '{
  "employees": [
    {
      "name": "John Doe",
      "age": 30,
      "position": "Manager"
    },
    {
      "name": "Jane Smith",
      "age": 25,
      "position": "Engineer"
    }
  ],
```

```
  "company": "ABC Inc",
  "location": "New York"
}'

# 将 JSON 字符串转换为 tbl_json 对象
json_data <- as.tbl_json(json_string)

# 使用 gather_array() 展开嵌套的数组
json_data %>%
  enter_object("employees") %>%
  gather_array() %>%
  spread_values(name = jstring("name"), age = jnumber("age"), position =
jstring("position")) %>%
  select(name, position)
```

在上述代码中，首先定义了一个 JSON 字符串，并使用函数 as.tbl_json()将其转换为 tbl_json 对象。然后，使用函数 spread_values()来展开嵌套的数组，并选择了 name 和 position 这两个键。此外，还演示了如何使用函数 gather_array()展开所有嵌套 JSON 对象的用法。

程序执行后会输出：

```
  ..JSON                     name            position
  <chr>                      <chr>           <chr>
1 "{\"name\":\"John D..."    John Doe        Manager
2 "{\"name\":\"Jane S..."    Jane Smith      Engineer
```

7.7　MySQL 数据库连接

MySQL 是一个开源的关系型数据库管理系统，常用于 Web 应用程序的后端数据存储。它支持多种操作系统和编程语言，具有高性能、可靠性和可扩展性等特点。

扫码看视频

7.7.1　和 MySQL 相关的包

在 R 语言中，可以操作 MySQL 数据库的常用包有以下几种。

❑ RMySQL：这是一个使用纯 R 代码实现的 MySQL 数据库接口包，提供了连接到 MySQL 数据库、执行 SQL 查询、插入和提取数据等功能。

❑ RMariaDB：这是一个用于连接和操作 MariaDB 和 MySQL 数据库的包，提供了与 RMySQL 类似的功能，但与 MariaDB 数据库更兼容。

❑ DBI：这是一个通用的数据库接口包，用于连接和操作各种数据库，包括 MySQL。DBI 提供了一组通用的函数和方法来执行数据库操作，使得在不同数据库之间进行切换更加方便。

❑ dplyr 和 dbplyr：这两个包提供了一种直观且灵活的方法来操作数据库。dplyr 提供了数据操作的高级函数，而 dbplyr 则是对 dplyr 的扩展，支持使用 SQL 查询操作数据库。

❑ RJDBC：这是一个通用的 JDBC 接口包，允许 R 语言与多个关系型数据库进行交互，包括 MySQL。RJDBC 通过 Java 连接到数据库，并提供了许多功能和选项。

用户可以根据项目的需求选择使用这些包。可以使用这些包中的函数和方法来连接到 MySQL 数据库，执行相关 QL 查询，实现数据的导入和导出等操作。

7.7.2 使用包 RMySQL

在 R 语言中，可以使用包 RMySQL 中的内置函数实现对 MySQL 数据的操作，包括连接到 MySQL 数据库、执行 SQL 查询、读取和写入数据等操作。包 RMySQL 中的常用内置函数如下。

❑ dbConnect()：用于建立与 MySQL 数据库的连接。

❑ dbDisconnect()：用于关闭与 MySQL 数据库的连接。

❑ dbSendQuery()：用于向 MySQL 数据库发送查询语句。

❑ dbGetQuery()：用于执行查询语句并从数据库中获取结果。

❑ dbWriteTable()：用于将数据框或数据表写入到 MySQL 数据库中的表。

❑ dbReadTable()：用于从 MySQL 数据库中读取数据表。

❑ dbListTables()：用于列出 MySQL 数据库中的所有表。

❑ dbRemoveTable()：用于从 MySQL 数据库中删除指定的表。

❑ dbExistsTable()：用于检查 MySQL 数据库中是否存在指定的表。

❑ dbListFields()：用于列出 MySQL 数据库表中的所有字段。

❑ dbColumnInfo()：用于获取 MySQL 数据库表中特定字段的信息。

❑ dbGetQuery()：用于执行查询语句并从数据库中获取结果。

在使用包 RMySQL 之前，需要先使用如下命令安装包 RMySQL，并且确保已经正确配置了与 MySQL 数据库的连接信息。

```
install.packages("RMySQL")
```

例如下面的实例，使用包 RMySQL 来加载一个预先准备好的 SQL 文件，并在 MySQL 数据库中生成对应的数据。

实例 7-12：生成 MySQL 数据库数据(源码路径：R-codes\7\RMySQL.R)

实例文件 RMySQL.R 的具体实现代码如下：

```
# 安装和加载 RMySQL 包
install.packages("RMySQL")
library(RMySQL)

# 建立与 MySQL 数据库的连接
con <- dbConnect(MySQL(), user = "your_username", password = "your_password", dbname
= "your_database")

# 读取 SQL 文件内容
sql_file <- "data.sql"
sql_content <- readLines(sql_file, warn = FALSE)

# 将 SQL 文件内容作为单个字符串
sql_string <- paste(sql_content, collapse = "\n")

# 执行 SQL 语句来生成数据
dbSendQuery(con, sql_string)

# 关闭数据库连接
dbDisconnect(con)
```

在上述代码中，需要确保将 your_username、your_password 和 your_database 替换为我们的实际用户名、密码和数据库名称。同时，将 data.sql 替换为要执行的 SQL 文件路径。上述代码将建立与 MySQL 数据库的连接，并执行 SQL 文件中的语句来生成数据。用户可以根据自己的需求修改 SQL 文件中的语句，以便生成适合我们的数据。

7.7.3　使用包 RMariaDB

在 R 语言中，也可以使用包 RMariaDB 操作 MySQL 数据。包 RMariaDB 提供了与包 RMySQL 类似的功能，但是比包 RMySQL 更具优势，与 MariaDB 数据库更兼容。包 RMariaDB 中常用的内置函数如下。

❑ dbConnect()：用于建立与 MySQL 数据库的连接。

❑ dbDisconnect()：用于关闭与 MySQL 数据库的连接。

❑ dbSendQuery()：用于向 MySQL 数据库发送查询语句。

❑ dbGetQuery()：用于执行查询语句并从数据库中获取结果。

❑ dbExecute()：用于执行 SQL 语句，并返回受影响的行数。

- ❑ dbWriteTable()：用于将数据框或数据表写入到 MySQL 数据库中的表。
- ❑ dbReadTable()：用于从 MySQL 数据库中读取数据表。
- ❑ dbListTables()：用于列出 MySQL 数据库中的所有表。
- ❑ dbRemoveTable()：用于从 MySQL 数据库中删除指定的表。
- ❑ dbExistsTable()：用于检查 MySQL 数据库中是否存在指定的表。
- ❑ dbListFields()：用于列出 MySQL 数据库表中的所有字段。
- ❑ dbColumnInfo()：用于获取 MySQL 数据库表中特定字段的信息。

在使用包 RMariaDB 之前，需要先使用如下命令安装包 RMariaDB，并且确保已经正确配置了与 MySQL 数据库的连接信息。

```
install.packages("RMariaDB")
```

实例 7-13：查询数据库中的指定信息(源码路径：R-codes\7\RMariaDB.R)

实例文件 RMariaDB.R 的具体实现代码如下：

```
# 安装和加载 RMariaDB 包
install.packages("RMariaDB")
library(RMariaDB)

# 建立与 MySQL 数据库的连接
con <- dbConnect(
  MariaDB(),
  user = "your_username",
  password = "your_password",
  dbname = "your_database",
  host = "your_host",
  port = 3306
)

# 执行查询并获取结果
result <- dbGetQuery(con, "SELECT * FROM your_table")

# 输出结果
print(result)

# 关闭数据库连接
dbDisconnect(con)
```

在上述代码中，需要确保将 your_username、your_password、your_database、your_host 和 your_table 替换为我们实际数据库的用户名、密码、数据库名称、主机和表名。上述代码将建立与 MySQL 数据库的连接，执行 SELECT 查询语句，并获取查询结果。用户可以根据自己的需求修改 SQL 查询语句，来获取数据库中特定的数据。

7.7.4　使用包 DBI

在 R 语言中，可以使用包 DBI 来操作 MySQL 数据库中的数据，包 DBI 中的常用函数如下。

- ❑　dbConnect()：建立与 MySQL 数据库的连接。
- ❑　dbDisconnect()：关闭与 MySQL 数据库的连接。
- ❑　dbGetQuery()：执行 SQL 查询并获取结果。
- ❑　dbSendQuery()：向 MySQL 数据库发送查询语句。
- ❑　dbFetch()：从结果集中获取下一行数据。
- ❑　dbClearResult()：清除查询结果。
- ❑　dbListTables()：列出 MySQL 数据库中的所有表。
- ❑　dbWriteTable()：将数据框或数据表写入到 MySQL 数据库中的表。
- ❑　dbRemoveTable()：从 MySQL 数据库中删除指定的表。
- ❑　dbExistsTable()：检查 MySQL 数据库中是否存在指定的表。
- ❑　dbListFields()：列出 MySQL 数据库表中的所有字段。
- ❑　dbColumnInfo()：获取 MySQL 数据库表中特定字段的信息。

在使用包 DBI 之前，需要先使用如下命令安装包 DBI，并且确保已经正确配置了与 MySQL 数据库的连接信息。

```
install.packages("DBI")
```

实例 7-14：使用包 DBI 操作 MySQL 数据库表中的数据(源码路径：R-codes\7\DBI.R)

实例文件 DBI.R 的具体实现代码如下：

```
# 安装和加载 DBI 包
install.packages("DBI")
library(DBI)

# 建立与 MySQL 数据库的连接
con <- dbConnect(
  drv = RMySQL::MySQL(),
  dbname = "your_database",
  host = "your_host",
  port = 3306,
  user = "your_username",
  password = "your_password"
```

```
)

# 执行查询并获取结果
result <- dbGetQuery(con, "SELECT * FROM your_table")

# 输出结果
print(result)

# 关闭数据库连接
dbDisconnect(con)
```

在上述代码中，将建立与 MySQL 数据库的连接，执行 SELECT 查询语句，并获取结果。用户可以根据自己的需求修改 SQL 查询语句来获取特定的数据。需要确保将 your_database、your_host、your_username 和 your_password 替换为用户的实际数据库名称、主机、用户名和密码。另外，将 your_table 替换为要查询的表名。

7.7.5　包 dplyr 和包 dbplyr

在 R 语言中，包 dplyr 和包 dbplyr 提供了一种直观且灵活的方法来操作数据库，其中包 dbplyr 是对包 dplyr 的扩展。包 dplyr 和包 dbplyr 的区别如下。

❑ 数据源类型：dplyr 主要用于对内存中的数据框进行操作，而 dbplyr 主要用于对外部数据库的数据进行操作，如 MySQL、PostgreSQL 等。dbplyr 提供了一种将数据库查询转化为延迟评估(lazy evaluation)的方法，从而允许在数据库服务器上执行操作，而不是将整个数据加载到内存中。

❑ 数据操作：dplyr 提供了一组简洁而一致的函数，用于对数据框进行选择、过滤、排序、汇总等操作，方便进行数据处理和转换。dbplyr 在 dplyr 的基础上提供了类似的函数，但是它会将这些操作转化为数据库查询语句，在数据库服务器上执行相应的操作，而不是在 R 环境中进行计算。

❑ 性能和扩展性：由于 dbplyr 将操作转化为数据库查询语句，在处理大型数据集时可以利用数据库的优化功能，提供更高的性能和扩展性。对于大型数据集，dbplyr 可以只将需要的部分数据加载到内存中进行计算，节省内存资源。

❑ 数据库兼容性：dbplyr 支持多种数据库系统，可以通过相应的包(如 RMySQL、RPostgreSQL、RSQLite 等)连接到不同的数据库，并在这些数据库上执行相应的操作。这使得在不同的数据库系统之间切换变得更加方便。

总而言之，dplyr 和 dbplyr 提供了一套简洁而一致的函数来进行数据操作和处理，但 dbplyr 针对外部数据库提供了额外的功能和优势，可以利用数据库的性能和扩展性。如果数据存储在外部数据库中，并且需要对其进行操作和分析，使用 dbplyr 可能更为适合。如果数据较小或完全存储在内存中，可以直接使用 dplyr 进行数据处理。

包 dbplyr 中的常用函数如下。

- ❑ select()：选择指定的列。
- ❑ filter()：根据条件筛选行。
- ❑ arrange()：按指定列的值排序。
- ❑ mutate()：创建新的列或修改现有列。
- ❑ group_by()：按指定列进行分组。
- ❑ summarize()：按组计算汇总统计。
- ❑ join()：连接两个或多个表。
- ❑ distinct()：去除重复的行。
- ❑ rename()：重命名列名。
- ❑ slice()：选择指定的行。
- ❑ sample_n()：随机抽样指定数量的行。
- ❑ sample_frac()：随机抽样指定比例的行。
- ❑ transmute()：创建新的列，删除或保留指定的列。

包 dplyr 中的常用函数如下。

- ❑ tbl()：创建一个 dbplyr 连接。
- ❑ in_schema()：指定数据库模式。
- ❑ db_create_table()：创建数据库表。
- ❑ db_insert_into()：向数据库表插入数据。
- ❑ db_update()：更新数据库表中的数据。
- ❑ db_delete_from()：从数据库表中删除数据。
- ❑ db_drop_table()：删除数据库表。
- ❑ db_schema()：查看数据库模式信息。
- ❑ db_table_exists()：检查数据库表是否存在。

例如下面的代码(源码路径：R-codes\7\lia.R)将建立与 MySQL 数据库的连接，并使用包 dplyr 和包 dbplyr 进行数据操作。

```
# 安装和加载所需包
install.packages(c("dplyr", "dbplyr"))
library(dplyr)
library(dbplyr)
```

```
# 建立与 MySQL 数据库的连接
con <- DBI::dbConnect(RMySQL::MySQL(),
                      dbname = "your_database",
                      host = "your_host",
                      port = 3306,
                      user = "your_username",
                      password = "your_password")

# 创建 dbplyr 连接
db <- tbl(con, "your_table")

# 使用 dplyr 操作 MySQL 数据
result <- db %>%
  select(name, age, major) %>%
  filter(age > 25) %>%
  arrange(desc(age)) %>%
  head(10) %>%
  collect()

# 输出结果
print(result)

# 关闭数据库连接
DBI::dbDisconnect(con)
```

在上述代码中使用了常见的 dplyr 操作，如选择字段、筛选、排序和限制结果行数，并使用 collect()函数将结果从数据库中提取到 R 中。

7.8 从网页抓取数据

网络爬虫又名"网络蜘蛛"，是通过网页的链接地址来寻找网页，从网站某一个页面开始，读取网页的内容，找到在网页中的其他链接地址，然后通过这些链接地址寻找下一个网页，这样一直循环下去，直到按照某种策略把互联网上所有的网页都抓取完为止的技术。

扫码看视频

7.8.1 R 语言和网络爬虫

我们可以使用 R 语言编写网络爬虫程序，在 R 语言中，抓取网页数据的常用包有以下几种。

- □ 包 rvest：提供了一组功能强大的函数，用于抓取和解析网页数据。
- □ 包 httr：是一个功能强大的 HTTP 客户端库，用于发送 HTTP 请求和处理响应。

❑ 包 XML：XML 包提供了一组函数，用于解析 XML 和 HTML 文档。

❑ 包 jsonlite：用于解析和处理 JSON 数据。

其中在本章前面的内容中，已经讲解过后两个包(XML 和 jsonlite)的知识。

虽然 R 语言在网络爬虫领域的效率不如 Python 或其他专门的爬虫框架，但它仍然具有一些优势，主要表现在以下方面。

❑ 数据处理和分析能力：R 语言在数据处理和分析方面功能非常强大，拥有丰富的数据处理和统计分析包(如 dplyr、tidyverse、ggplot2 等)，可以方便地对爬取的数据进行清洗、转换和分析。

❑ 可视化能力：R 语言具有出色的可视化能力，可以使用 ggplot2 等包绘制各种高质量的图表和数据可视化结果，帮助更好地理解和展示爬取的数据。

❑ 数据整合和分析流程：R 语言可以与各种数据库(如 MySQL、PostgreSQL 等)和数据分析平台(如 Hadoop、Spark 等)无缝集成，方便进行数据整合和分析流程的构建。

❑ R 包支持：R 语言拥有丰富的包和扩展生态系统，提供了许多与网络爬虫相关的包(如 rvest、httr、xml2 等)，可以帮助实现网页数据抓取和解析。

❑ 学术和统计社区：R 语言在学术界和统计领域非常流行，因此有大量的文档、教程和示例代码可供参考，可以快速上手和解决问题。

总之，虽然 R 语言在网络爬虫方面的生态系统相对较小，但在数据处理、分析和可视化等方面具有独特的优势，使其在某些场景下成为一个强大的工具。

7.8.2　使用包 rvest 抓取数据

在 R 语言中，可以使用包 rvest 抓取网页中的数据。包 rvest 常用的函数有以下几种。

❑ read_html()：从网页 URL 或本地 HTML 文件中读取 HTML 内容，并返回一个解析后的 HTML 文档对象。

❑ html_nodes()：根据 CSS 选择器选择网页中的节点，并返回一个包含选定节点的列表。

❑ html_text()：提取节点中的文本内容，并返回一个包含文本内容的字符向量。

❑ html_attr()：提取节点中的指定属性值，并返回一个包含属性值的字符向量。

❑ html_table()：抓取网页中的表格数据，并返回一个数据框。

组合使用上述函数可以实现从网页中抓取所需数据的操作。需要注意的是，在使用这些函数之前，需要先使用函数 read_html()读取网页内容，并将其存储为一个 HTML 文档对象。然后，使用其他函数对该 HTML 文档对象进行节点选择、数据提取等操作。

实例 7-15：使用包 rvest 抓取网页中的数据(源码路径：R-codes\7\zhua.R)

实例文件 zhua.R 的具体实现代码如下：

```
library(rvest)

# 指定目标网页的 URL
url <- "https://www.example.com"

# 发送 HTTP 请求并读取网页内容
page <- read_html(url)

# 抓取网页中的标题
title <- page %>% html_nodes("title") %>% html_text()

# 抓取网页中的所有链接
links <- page %>% html_nodes("a") %>% html_attr("href")

# 打印结果
cat("网页标题:", title, "\n")
cat("网页链接:", links, "\n")
```

在上述代码中，首先使用函数 read_html()读取指定网页中的内容，然后使用函数 html_nodes()和 CSS 选择器来选择网页中的元素。在本实例中选择了 <title> 元素作为网页标题，选择了所有 <a> 元素的链接。接着使用函数 html_text()和函数 html_attr()提取元素的文本内容和属性值。最后，打印输出抓取结果。程序执行后会输出：

```
网页标题: Example Domain
网页链接: https://www.iana.org/domains/example
```

7.8.3 使用包 httr 抓取数据

在 R 语言中，可以使用包 httr 抓取网页中的数据，其中常用的函数有以下几种。

❑ GET()：发送 HTTP GET 请求并获取网页内容。

❑ POST()：发送 HTTP POST 请求并获取网页内容。

❑ content()：解析 HTTP 响应内容，并返回相应的数据对象。

❑ html_content()：解析 HTML 内容，并返回一个 HTML 文档对象。

❑ jsonlite::fromJSON()：将 JSON 字符串解析为 R 中的数据对象。

通过组合使用上述函数，可以从网页中抓取所需数据。需要注意的是，在使用这些函数之前，需要先发送 HTTP 请求获取网页内容，然后对响应内容进行解析和处理。

实例 7-16：抓取电影排行榜信息(源码路径：R-codes\7\bbs.R)

实例文件 bbs.R 的具体实现代码如下：

```r
library(httr)
library(rvest)

# 发送 HTTP GET 请求并获取网页内容
url <- "https://www.imdb.com/chart/top"
response <- GET(url)

# 解析 HTML 内容
page <- read_html(content(response, as = "text"))

# 抓取电影排名和标题
rank <- page %>%
  html_nodes(".lister-list tr") %>%
  html_node(".posterColumn span[name='ir']") %>%
  html_text() %>%
  as.integer()

title <- page %>%
  html_nodes(".lister-list tr") %>%
  html_node(".titleColumn a") %>%
  html_text()

# 创建数据框
data <- data.frame(Rank = rank, Title = title)

# 打印前几行数据
head(data)
```

对上述代码的具体说明如下。

(1) library(httr)和 library(rvest)：这两行代码用于加载 httr 和 rvest 包，以便在后续代码中使用相关函数。

(2) url <- "https://www.imdb.com/chart/top"：将目标网页的 URL 保存在变量 url 中，这里使用了 IMDb 电影排行榜的网址作为示例。

(3) response <- GET(url)：发送 HTTP GET 请求，访问指定的 URL，并将返回的 HTTP 响应保存在变量 response 中。

(4) page <- read_html(content(response, as = "text"))：将 HTTP 响应的内容解析为 HTML 文档对象，使用 content()函数将响应内容提取出来，并使用 read_html()函数将内容解析为 HTML 文档对象，保存在变量 page 中。

(5) rank <- page %>% html_nodes(".lister-list tr") %>% html_node(".posterColumn span[name='ir']") %>% html_text() %>% as.integer()：这段代码使用了管道操作符%>%和 rvest 包提供的函数，依次进行数据抓取和处理。首先使用 html_nodes()函数选取目标元素的父节点，然后使用 html_node()函数选取目标元素，再使用 html_text()函数提取元素的文本内容，最后使用 as.integer()函数将文本内容转换为整数类型。这段代码用于抓取电影排名。

(6) title <- page %>% html_nodes(".lister-list tr") %>% html_node(".titleColumn a") %>% html_text()：这段代码类似于前一行，用于抓取电影的标题。

(7) data <- data.frame(Rank = rank, Title = title)：将抓取到的电影排名和标题创建为一个数据框，使用 data.frame()函数将两个向量合并。

(8) head(data)：打印数据框的前几行数据，默认情况下是前 6 行。

程序执行后会输出：

```
  Rank              Title
1 NA The Shawshank Redemption
2 NA            The Godfather
3 NA          The Dark Knight
4 NA     The Godfather Part II
5 NA             12 Angry Men
6 NA          Schindler's List
```

7.8.4　使用包 XML 抓取数据

在本章前面的内容中，曾经讲解过包 XML 的基本知识和具体用法。在 R 语言中，也可以使用包 XML 来解析和提取 HTML 或 XML 文档的内容。例如下面的代码(源码路径：R-codes\7\xmlzhua.R)，演示了使用包 XML 抓取网页数据的过程。

```
library(XML)

# 定义目标网页的 URL
url <- "xxxx"

# 发送 HTTP GET 请求并获取网页内容
doc <- htmlParse(url)

# 抓取网页标题
title <- xpathSApply(doc, "//title", xmlValue)[1]

# 抓取链接列表
links <- xpathSApply(doc, "//a/@href", xmlValue)
```

```
# 打印结果
cat("网页标题:", title, "\n")
cat("链接列表:\n")
cat(links, sep = "\n")
```

在上述代码中,需要确保将 url 变量替换为要抓取的实际网页 URL。使用函数 htmlParse()
将网页内容解析为 XML 文档对象。然后使用函数 xpathSApply() 从 XML 文档中提取特定的
数据,例如网页标题和链接列表。最后使用 cat() 函数打印结果。

7.8.5 使用包 jsonlite 抓取数据

在 R 语言中,也可以使用包 jsonlite 来解析和提取网页中的内容。例如下面的实例,使
用第三方网站(OMDb)提供的 API 来获取电影数据,然后使用 jsonlite 包解析返回的 JSON
数据。

实例 7-17:抓取某部电影的信息(源码路径:R-codes\7\film.R)

实例文件 film.R 的具体实现代码如下:

```
library(jsonlite)

# 发送 HTTP GET 请求并获取电影数据
api_key <- "YOUR_API_KEY"  # 替换为自己的 API 密钥
movie_title <- "The Shawshank Redemption"
url <- paste0("http://www.omdbapi.com/?apikey=", api_key, "&t=", movie_title)
response <- jsonlite::fromJSON(url)

# 提取电影信息
title <- response$Title
year <- response$Year
director <- response$Director
actors <- response$Actors

# 打印电影信息
cat("Title:", title, "\n")
cat("Year:", year, "\n")
cat("Director:", director, "\n")
cat("Actors:", actors, "\n")
```

在上述代码中,使用 OMDb API 来获取电影 *The Shawshank Redemption* 的信息。我们需
要替换 YOUR_API_KEY 为用户在 OMDb 网站注册的 API 密钥。然后,构造请求 API 访问
的 URL,并使用函数 fromJSON() 从返回的 JSON 数据中提取所需的电影信息。

第 8 章

数据处理

　　数据处理(Data Processing)是指对原始数据进行转换、清洗、整理和组织的过程。它的主要目的是将数据整理成适合后续分析和建模的形式。在本章前面的内容中，已经讲解过 R 语言数据结构，涉及数据操作方面的知识。本章将进一步讲解使用 R 语言实现数据处理的知识。

8.1　R 语言和数据处理

R 语言在数据处理和分析方面具有许多优势，使其成为数据科学和统计学领域的流行工具。

扫码看视频

8.1.1　R 语言的优势

R 语言在数据处理和数据分析方面拥有自己的优势，具体说明如下。

- ❑ 丰富的数据处理功能：R 语言提供了广泛的数据处理功能，包括数据清洗、转换、合并、重塑和透视等。它具有强大的向量化操作和数据框操作功能，可以高效地处理大规模数据集。
- ❑ 多样的统计和机器学习算法：R 语言拥有丰富的统计和机器学习算法，包括线性回归、逻辑回归、决策树、随机森林、支持向量机、聚类分析等。这些算法通过 R 语言的众多包和库提供，使得数据分析师和科学家能够轻松地应用这些算法进行数据建模和预测分析。
- ❑ 数据可视化能力：R 语言拥有强大的数据可视化功能，可以创建丰富多样的图表和图形，包括散点图、柱状图、折线图、箱线图、热图等。它的图形库(如 ggplot2)提供了灵活且美观的图形语法，使得用户能够以直观的方式呈现和解释数据。
- ❑ 大型社区支持：R 语言拥有庞大的用户社区和活跃的开发者社区，用户可以轻松获取各种问题的解答、分享经验和获取扩展功能。这意味着你可以从其他用户的经验中获益，并利用他们开发的各种包和工具来加速你的分析工作。
- ❑ 可扩展性：R 语言具有强大的扩展性，允许用户根据自己的需求编写自定义函数和包。用户可以根据自己的工作流程和分析要求，定制和优化自己的代码和功能，以满足特定的数据处理和分析需求。
- ❑ 免费和开源：R 语言是免费和开源的，任何人都可以自由使用和修改它。这使得 R 成为许多学术界、研究机构和企业的首选工具，无需支付高昂的许可费用。

总体而言，R 语言在数据处理和分析方面具有广泛的功能和灵活性，能够满足不同领域的数据分析需求。它的优势不仅在于其功能的丰富性，还在于其活跃的社区支持和开放的生态系统。

8.1.2 数据处理和数据分析的区别

数据处理和数据分析是数据科学中两个关键的概念，它们在数据处理过程中具有不同的职责和目标。

❑ 数据处理(Data Processing)是指对原始数据进行转换、清洗、整理和组织的过程。数据处理涉及数据清洗(去除异常值、处理缺失值)、数据转换(格式转换、数据类型转换)、数据集成(合并多个数据源)和数据存储等操作。数据处理的目标是确保数据的准确性、一致性和完整性，以便后续的数据分析和建模能够基于可靠的数据进行。

❑ 数据分析(Data Analysis)是指对处理后的数据进行探索、理解和提取有价值的信息的过程。它的主要目的是揭示数据中的模式、趋势、关联和洞察，并通过统计方法、机器学习算法等进行数据建模、预测和决策支持。数据分析包括描述性统计分析、探索性数据分析、推断统计分析、机器学习和预测分析等。数据分析的目标是从数据中提取知识和见解，为业务决策和问题解决提供支持。

数据处理和数据分析是数据科学中不可分割的两个环节。数据处理是数据分析的基础，确保数据的质量和可用性，而数据分析则是利用处理后的数据进行深入探索和发现有意义的信息。数据处理关注数据的整理和准备，数据分析关注数据的发现和解释。两者相辅相成，共同构成了数据科学的重要组成部分。

8.2 内置数据处理函数

在 R 语言中提供了丰富的内置数据处理函数，用于对数据进行操作，例如对数据实现查看、编辑、筛选、合并、分组、汇总、排序和转换功能。

扫码看视频

8.2.1 查看、筛选和编辑数据

在 R 语言中提供了多个内置函数来查看和编辑数据，其中常用的函数如下。

❑ head()：用于查看数据框的前几行，默认显示前 6 行。

❑ tail()：用于查看数据框的后几行，默认显示后 6 行。

❑ View()：用于在查看器中以表格形式查看数据框。

❑ str()：用于查看数据框的结构，包括变量的类型和属性。

- ❑ summary()：用于生成数据框的摘要统计信息，包括均值、中位数、最小值、最大值等。
- ❑ dim()：用于获取数据框的维度，即行数和列数。
- ❑ names()：用于获取数据框的名称。
- ❑ colnames()：用于获取数据框的列名。
- ❑ rownames()：用于获取数据框的行名。
- ❑ nrow()：用于获取数据框的行数。
- ❑ ncol()：用于获取数据框的列数。
- ❑ subset()：用于根据指定条件从数据框中筛选子集。
- ❑ transform()：用于在数据框中添加新的变量或修改已有的变量。
- ❑ edit()：用于在编辑器中编辑数据框。
- ❑ fix()：用于在数据框的数据编辑窗口中编辑数据。
- ❑ replace()：用于替换数据框中的特定值。
- ❑ aggregate()：用于按照指定的条件对数据框进行聚合操作。

假设有一个包含学生信息的数据框，包括学生的姓名、年龄和成绩。如果想使用 R 语言内置的函数来查看和编辑这些数据，可以通过下面的实例实现。

实例 8-1：查看、筛选和编辑学生的信息(源码路径：R-codes\8\bian.R)

实例文件 bian.R 的具体实现代码如下：

```r
# 创建学生数据框
students <- data.frame(
  Name = c("Alice", "Bob", "Charlie", "David"),
  Age = c(20, 21, 19, 22),
  Score = c(85, 92, 78, 80)
)
# 查看前几行数据
head(students)

# 查看数据框的结构
str(students)

# 查看数据框的摘要统计信息
summary(students)

# 获取数据框的维度
dim(students)

# 获取数据框的列名
```

```
names(students)

# 筛选年龄大于等于 20 的学生
subset(students, Age >= 20)

# 在数据框中添加新的变量 Grade
students$Grade <- c("A", "B", "C", "B")

# 使用编辑器编辑数据框
edit(students)

# 替换成绩为 90 的学生成绩为 95
students$Score[students$Score == 90] <- 95
```

在上述代码中，使用了 R 语言内置的函数来查看数据框的前几行、结构、摘要统计信息，获取数据框的维度和列名，筛选子集，添加新的变量，编辑数据，替换特定值等。执行效果如图 8-1 所示。

图 8-1　执行效果

8.2.2　合并数据

在 R 语言中提供了多个合并数据的内置函数，其中常用的函数如下。

(1)　merge()：按照指定的键将两个或多个数据框按行合并，可以通过参数 by 指定用于合并的列名。例如：

```
merged_data <- merge(data1, data2, by = "key_column")
```

(2)　cbind()：按列合并两个或多个数据框，合并的数据框必须具有相同的行数或通过广播规则进行匹配。例如：

```
combined_data <- cbind(data1, data2)
```

(3)　rbind()：按行合并两个或多个数据框，合并的数据框必须具有相同的列数或通过广播规则进行匹配。例如：

```
merged_data <- rbind(data1, data2)
```

(4)　join()：使用包 dplyr 中的 join() 函数进行数据框的合并，支持多种类型的合并操作，如内连接、左连接、右连接和全连接等。例如：

```
library(dplyr)
merged_data <- join(data1, data2, by = "key_column", type = "inner")
```

(5)　bind_rows()：使用包 dplyr 中的函数 bind_rows()按行合并两个或多个数据框。合并的数据框必须具有相同的列数或通过广播规则进行匹配。例如：

```
library(dplyr)
merged_data <- bind_rows(data1, data2)
```

上述函数提供了不同的合并数据的方式，我们可以根据具体的需求选择合适的函数。需要注意的是，在合并数据时，要确保合并的列具有相同的名称或进行适当的重命名，以便正确匹配和合并数据。

假设有两个数据框，一个包含学生的姓名和成绩信息，另一个包含学生的姓名、年龄和性别信息。例如下面的实例，功能是使用 R 语言内置的函数来合并这两个数据框。

实例 8-2：合并学生的信息(源码路径：R-codes\8\he.R)

实例文件 he.R 的具体实现代码如下：

```
# 创建学生成绩数据框
scores <- data.frame(
```

```
  Name = c("Alice", "Bob", "Charlie", "David"),
  Score = c(85, 92, 78, 80)
)

# 创建学生信息数据框
students <- data.frame(
  Name = c("Alice", "Bob", "Charlie", "David"),
  Age = c(20, 21, 19, 22),
  Gender = c("Female", "Male", "Male", "Male")
)

# 使用 merge() 函数按照姓名合并数据框
merged_data <- merge(scores, students, by = "Name")
print(merged_data)

# 使用 cbind() 函数按列合并数据框
combined_data <- cbind(scores, students)
print(combined_data)
```

函数 rbind()在合并数据框时要求数据框具有相同的列数，而在上述代码中，学生成绩数据框和学生信息数据框的列数不同，因此无法使用函数 rbind()来合并它们。正确的做法是使用函数 merge()按照指定的键合并数据框，或者使用函数 cbind()按列合并数据框。程序执行后会输出：

```
   Name Score   Name Age Gender
1  Alice    85  Alice  20 Female
2    Bob    92    Bob  21   Male
3 Charlie   78 Charlie 19   Male
4  David    80  David  22   Male
```

在 R 语言中，包 dplyr 提供了更强大的数据处理功能，包括数据合并、筛选、变换等操作，如果需要更灵活和更高级的数据处理功能，建议使用包 dplyr 进行数据合并。当使用包 dplyr 进行数据合并时，可以使用 left_join()、right_join()、inner_join()、full_join()等函数实现，这些函数提供了更灵活和更直观的数据合并方式。

假设你正在玩的一个虚拟宠物游戏有两个数据框，一个包含宠物的基本信息，另一个包含宠物的技能信息。例如下面的实例，功能是使用包 dplyr 合并这两个数据框以获取完整的宠物信息。

实例 8-3：获取完整的宠物信息(源码路径：R-codes\8\qianghe.R)

实例文件 qianghe.R 的具体实现代码如下：

```
# 创建宠物信息数据框
```

```
pet_info <- data.frame(
  PetID = c(1, 2, 3, 4),
  Name = c("Fluffy", "Buddy", "Whiskers", "Max"),
  Age = c(3, 2, 4, 5),
  Species = c("Cat", "Dog", "Cat", "Dog")
)

# 创建宠物技能信息数据框
pet_skills <- data.frame(
  PetID = c(1, 2, 4),
  Skill = c("Jump", "Fetch", "Roll Over"),
  Level = c(2, 3, 1)
)

# 导入 dplyr 包
library(dplyr)

# 使用 left_join() 函数按照 PetID 列左连接合并数据框
merged_data <- left_join(pet_info, pet_skills, by = "PetID")
print(merged_data)

# 使用 right_join() 函数按照 PetID 列右连接合并数据框
merged_data <- right_join(pet_info, pet_skills, by = "PetID")
print(merged_data)

# 使用 inner_join() 函数按照 PetID 列内连接合并数据框
merged_data <- inner_join(pet_info, pet_skills, by = "PetID")
print(merged_data)

# 使用 full_join() 函数按照 PetID 列全连接合并数据框
merged_data <- full_join(pet_info, pet_skills, by = "PetID")
print(merged_data)
```

在上述代码中，使用包 dplyr 中的函数 left_join()、right_join()、inner_join() 和 full_join() 来按照 PetID 列合并宠物信息数据框和技能信息数据框。通过指定参数 by 为 PetID 指定合并的键。这些函数提供了不同类型的合并操作，例如左连接、右连接、内连接和全连接。根据具体需求，选择适合的函数来合并数据框。通过使用 dplyr 包的这些函数，你可以轻松地合并和处理数据，更方便地获取完整的宠物信息。程序执行后会输出：

```
   PetID  Name       Age    Species    Skill    Level
1  1      Fluffy     3      Cat        Jump     2
2  2      Buddy      2      Dog        Fetch    3
3  3      Whiskers   4      Cat        <NA>     NA
4  4      Max        5      Dog Roll   Over     1
```

```
   PetID    Name       Age     Species     Skill     Level
1  1        Fluffy     3       Cat         Jump      2
2  2        Buddy      2       Dog         Fetch     3
3  4        Max        5       Dog Roll    Over      1

   PetID    Name       Age     Species     Skill     Level
1  1        Fluffy     3       Cat         Jump      2
2  2        Buddy      2       Dog         Fetch     3
3  4        Max        5       Dog Roll    Over      1

   PetID    Name       Age     Species     Skill     Level
1  1        Fluffy     3       Cat         Jump      2
2  2        Buddy      2       Dog         Fetch     3
3  3        Whiskers   4       Cat         <NA>      NA
4  4        Max        5       Dog Roll    Over      1
```

8.2.3 分组和汇总

在 R 语言中，可以使用内置函数实现数据的分组和汇总功能，其主要函数如下。

❑ aggregate()：用于按照指定的因子变量对数据进行分组并执行指定的聚合函数(例如求和、平均值、最大值等)。

❑ tapply()：用于按照指定的因子变量对数据进行分组，并对每个组应用指定的函数。

❑ by()：用于按照指定的因子变量对数据进行分组，并对每个组应用指定的函数。类似于 tapply() 函数，但返回的结果以列表的形式呈现。

❑ split()：用于按照指定的因子变量对数据进行分组，并将每个组的数据拆分成一个列表。

例如下面的演示代码(源码路径：R-codes\8\fen.R)，功能是使用上述函数对数据实现分组和汇总。

```
# 创建示例数据框
df <- data.frame(
  Group = c("A", "B", "A", "B", "A"),
  Value = c(10, 15, 8, 12, 6)
)

# 使用 aggregate() 函数按照 Group 列分组，并计算每个组的平均值
agg_result <- aggregate(Value ~ Group, data = df, FUN = mean)
print(agg_result)

# 使用 tapply() 函数按照 Group 列分组，并计算每个组的和
tapply_result <- tapply(df$Value, df$Group, FUN = sum)
print(tapply_result)
```

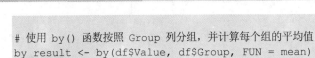

```
# 使用 by() 函数按照 Group 列分组，并计算每个组的平均值
by_result <- by(df$Value, df$Group, FUN = mean)
print(by_result)

# 使用 split() 函数按照 Group 列分组，并将每个组的数据拆分成一个列表
split_result <- split(df$Value, df$Group)
print(split_result)
```

程序执行后会输出：

```
  Group Value
1   A   8.0
2   B   13.5

 A  B
24 27

df$Group: A
[1] 8
------------------------------------------------------------
df$Group: B
[1] 13.5

$A
[1] 10  8  6

$B
[1] 15 12
```

另外，还可以使用包 dplyr 中的函数 group_by()、summarize()、mutate()、filter()等实现更灵活、更直观的数据分组和汇总操作。例如下面的演示代码(源码路径: R-codes\8\baofen.R)，功能是使用包 dplyr 中的函数对数据实现分组和汇总。

```
library(dplyr)

# 使用 group_by() 函数按照 Group 列分组
grouped_data <- group_by(df, Group)

# 使用 summarise() 函数计算每个组的平均值和总和
summary_data <- summarise(grouped_data, Avg = mean(Value), Sum = sum(Value))
print(summary_data)

# 使用 mutate() 函数计算每个组的相对于平均值的偏差
mutated_data <- mutate(df, Deviation = Value - mean(Value))
print(mutated_data)
```

```
# 使用 filter() 函数筛选出 Group 列为 "A" 的数据
filtered_data <- filter(df, Group == "A")
print(filtered_data)
```

程序执行后会输出：

```
# A tibble: 2 × 3
  Group   Avg   Sum
  <chr> <dbl> <dbl>
1 A         8    24
2 B      13.5    27

  Group Value Deviation
1     A    10      -0.2
2     B    15       4.8
3     A     8      -2.2
4     B    12       1.8
5     A     6      -4.2

  Group Value
1     A    10
2     A     8
3     A     6
```

8.2.4 排序

在 R 语言中，可以使用内置函数实现数据排序功能，其中常用的内置函数如下。

❑ sort()：用于对向量、数组或数据框的元素进行排序，默认按升序排序。

❑ order()：用于获取排序后的元素的索引，可以用于对多个变量进行排序。

❑ rank()：用于为向量、数组或数据框的元素分配排名。

例如下面的演示代码(源码路径：R-codes\8\pai.R)，功能是使用上述函数对数据实现排序。

```
# 创建示例向量和数据框
x <- c(5, 2, 7, 1, 3)
df <- data.frame(
  Name = c("John", "Alice", "Bob", "Sarah", "David"),
  Age = c(25, 30, 22, 28, 35)
)

# 使用 sort() 函数对向量进行排序
sorted_x <- sort(x)
print(sorted_x)
```

```
# 使用 order() 函数获取排序后的向量的索引
sorted_index <- order(x)
print(sorted_index)

# 使用 rank() 函数为向量分配排名
rank_x <- rank(x)
print(rank_x)

# 使用 arrange() 函数按照 Age 列对数据框进行排序
arranged_df <- arrange(df, Age)
print(arranged_df)

# 使用 reorder() 函数对 Name 列进行重新排序
reordered_name <- reorder(df$Name, df$Age)
print(reordered_name)
```

程序执行后会输出：

```
[1] 1 2 3 5 7
[1] 4 2 5 1 3

  Name Age
1  Bob  22
2 John  25
3 Sarah 28
4 Alice 30
5 David 35

[1] John  Alice Bob   Sarah David

Alice   Bob David John Sarah
  30    22   35   25    28
Levels: Bob John Sarah Alice David
```

除此之外，还可以使用包 dplyr 中的函数 arrange()按照指定的变量对数据框进行排序，这类似于 SQL 中的 ORDER BY 子句。也可以使用包 base 或 ggplot2 中的函数 reorder()对因子变量进行排序，并返回重新排序的因子变量。

8.2.5 转换

在 R 语言中，可以使用内置函数实现数据转换功能，其中常用的内置函数如下。

❑ reshape()：用于在宽格式和长格式之间进行数据重塑。

❑ melt()(reshape2 包中的函数)：将宽格式数据框转换为长格式。

❑ cast()(reshape2 包中的函数)：将长格式数据框转换为宽格式。

❑ gather()(tidyr 包中的函数)：将宽格式数据框转换为长格式。

❑ spread()(tidyr 包中的函数)：将长格式数据框转换为宽格式。

❑ aggregate()：用于根据指定的因子变量对数据进行聚合。

❑ dplyr 包中的函数 select()、filter()、mutate()、arrange()：可用于对数据进行选择、筛选、添加新变量和排序等操作。

在 R 语言中，数据重塑是一种常见的数据转换操作，用于在宽格式(wide format)和长格式(long format)之间进行转换。数据重塑允许我们重新组织数据，以更适合分析和可视化的方式呈现。例如下面的实例，演示了实现数据重塑的基本用法。

实例 8-4：修改销售数据的格式(源码路径：R-codes\8\xiu.R)

实例文件 xiu.R 的具体实现流程如下。

(1) 创建数据框 sales_data，包含每个月的销售数据，代码如下：

```
sales_data <- data.frame(
  Month = c("January", "February", "March", "April"),
  Product_A = c(100, 120, 80, 150),
  Product_B = c(80, 90, 100, 110),
  Product_C = c(60, 70, 80, 90)
)
```

(2) 使用函数 gather()将这个数据框从宽格式转换为长格式，并添加一个新的列来表示产品名称。代码如下：

```
library(tidyr)

# 将宽格式数据框转换为长格式
long_sales_data <- gather(sales_data, key = "Product", value = "Sales", -Month)

# 添加新的列来表示产品名称
long_sales_data$Product_Name <- substr(long_sales_data$Product, 9,
nchar(long_sales_data$Product))

# 删除原来的 Product 列
long_sales_data <- select(long_sales_data, -Product)

# 查看转换后的结果
print(long_sales_data)
```

在上述代码中，使用函数 gather()将数据从宽格式转换为长格式，这样可以更方便地进行数据分析和可视化操作。并且通过添加新的列 Product_Name，将产品的名称从原始的键中提取出来。运行上述代码后，数据框 sales_data 将被转换为如下长格式数据框 long_sales_data：

```
     Month      Sales   Product_Name
1    January    100         A
2    February   120         A
3    March      80          A
4    April      150         A
5    January    80          B
6    February   90          B
7    March      100         B
8    April      110         B
9    January    60          C
10   February   70          C
11   March      80          C
12   April      90          C
```

8.3 apply 函数族

apply 函数族是 R 语言中数据处理的一组核心函数，通过使用 apply 函数，可以实现对数据的循环、分组、过滤、类型控制等操作。

扫码看视频

8.3.1 apply 函数族中的函数

在 R 语言的 apply 函数族中包括以下几个常用的函数。

- apply()：对矩阵、数组或数据框的行或列应用函数。
- lapply()：对列表的每个元素应用函数，并返回一个列表。
- sapply()：对列表的每个元素应用函数，并尝试简化结果为向量或矩阵。
- vapply()：对列表的每个元素应用函数，并指定返回值的类型。
- mapply()：对多个向量或列表的对应元素应用函数。

通过使用上述 apply 函数族函数，能够简化数据处理和分析过程，并提高开发效率。

8.3.2 函数 apply()

在 R 语言中，函数 apply()用于在矩阵、数组或数据框的行或列上应用指定的函数。该函数是 apply 函数族中的一个成员，能够简化数据处理和分析过程。函数 apply()的语法格式如下：

```
apply(X, MARGIN, FUN, ...)
```

- X：要应用函数的矩阵、数组或数据框。

❑ MARGIN：一个整数或整数向量，指定应用函数的维度。MARGIN = 1 表示按行应用函数，MARGIN = 2 表示按列应用函数。

❑ FUN：要应用的函数。

❑ ...：将其他参数传递给 FUN 函数。

例如下面的实例，分别对矩阵、数据框和数组进行处理。

实例 8-5：对矩阵、数据框和数组进行统计和求和处理(源码路径：R-codes\8\app.R)

实例文件 app.R 的具体实现代码如下：

```
# 创建一个矩阵
mat <- matrix(1:9, nrow = 3, ncol = 3)

# 对矩阵的行求和
row_sums <- apply(mat, 1, sum)
print(row_sums)

# 对矩阵的列求和
col_sums <- apply(mat, 2, sum)
print(col_sums)

# 创建一个数据框
df <- data.frame(
  Name = c("Alice", "Bob", "Charlie"),
  Age = c(25, 30, 35),
  Height = c(160, 175, 170)
)

# 对数据框的数值列进行统计计算
column_stats <- apply(df[, c("Age", "Height")], 2, summary)
print(column_stats)

# 创建一个三维数组
arr <- array(1:24, dim = c(2, 3, 4))

# 对数组的第三维度应用函数
arr_sum <- apply(arr, 3, sum)
print(arr_sum)
```

在上述代码中，使用函数 apply()对矩阵、数据框和数组的行、列或指定维度应用了不同的函数，例如求和、统计计算等。我们可以根据具体需求传递不同的函数，并通过设置参数 MARGIN 指定应用的维度。程序执行后会输出：

```
[1] 12 15 18
```

```
[1]  6 15 24

        Age     Height
Min.    25.0    160.0000
1st Qu. 27.5    165.0000
Median  30.0    170.0000
Mean    30.0    168.3333
3rd Qu. 32.5    172.5000
Max.    35.0    175.0000

[1]  21  57  93 129
```

8.3.3   函数 lapply()

在 R 语言中，函数 lapply()用于对列表(list)中的每个元素应用指定的函数，并返回一个结果列表。lapply()是 apply 函数族中的一员，能够简化对列表的元素进行迭代处理的操作。函数 lapply()的基本语法格式如下：

```
lapply(X, FUN, ...)
```

- ❑   X：要应用函数的列表。
- ❑   FUN：要应用的函数。
- ❑   ...：将其他参数传递给 FUN 函数。

下面是一段简单的代码(源码路径：R-codes\8\yan.R)，演示了使用函数 lapply()的过程。

```
# 创建一个列表
my_list <- list(a = 1:3, b = 4:6, c = 7:9)

# 对列表的每个元素应用函数，求平方
result <- lapply(my_list, function(x) x^2)

# 打印结果列表
print(result)
```

在上述代码中，创建了一个名为 my_list 的列表，其中包含了三个元素。然后，使用函数 lapply()对列表中的每个元素应用了一个匿名函数，该函数将每个元素的平方作为结果。最后，打印输出结果列表。函数 lapply()返回一个与原始列表相同长度的新列表，其中每个元素都是应用了函数的结果。在上述代码中，列表 result 包含了每个元素平方后的结果。程序执行后会输出：

```
$a
[1] 1 4 9
```

```
$b
[1] 16 25 36

$c
[1] 49 64 81
```

注意： 函数 lapply()返回的结果列表中的元素可能具有不同的长度，这取决于应用函数的返回值。如果应用的函数返回的是标量值，则结果列表中的每个元素都是长度为 1 的向量。如果应用的函数返回的是向量或其他对象，则结果列表中的每个元素的长度可能会有所不同。函数 lapply()在处理列表数据时非常有用，可以方便地对列表中的每个元素进行相同的操作，并将结果整理为一个新的列表。这在数据处理、数据转换和统计计算等场景中很常见。

8.3.4　函数 sapply()

在 R 语言中，函数 sapply()是函数 lapply()的一个变种，用于对列表(list)中的每个元素应用指定的函数，并尝试简化结果为向量或矩阵。与函数 lapply()不同的是，sapply()会尝试根据结果的性质自动简化结果，例如将长度为 1 的列表元素转换为标量值，将长度相同的列表元素转换为向量或矩阵。

使用函数 sapply()的语法格式如下：

```
sapply(X, FUN, ..., simplify = TRUE)
```

❑　X：要应用函数的列表。
❑　FUN：要应用的函数。
❑　... ：将其他参数传递给 FUN 函数。
❑　simplify：一个逻辑值，用于指定是否尝试简化结果，默认为 TRUE。

函数 sapply()在处理列表数据时非常有用，特别是在期望简化结果为向量或矩阵的情况下。它可以方便地对列表中的每个元素应用相同的操作，并尝试将结果自动简化为适当的数据结构。

下面是一段简单的代码(源码路径：R-codes\8\sapply.R)，演示了使用函数 sapply()的过程。

```
# 创建一个列表
my_list <- list(a = 1:3, b = 4:6, c = 7:9)

# 对列表的每个元素应用函数，求平方
result <- sapply(my_list, function(x) x^2)
```

```
# 打印结果向量
print(result)
```

在上述代码中，创建了一个名为 my_list 的列表，其中包含了三个元素。然后，使用函数sapply()对列表中的每个元素应用了一个匿名函数,该函数将每个元素的平方作为结果。由于 simplify 参数默认为 TRUE，函数 sapply()会尝试简化结果为向量，因此返回了一个包含每个元素平方值的向量。程序执行后会输出：

```
     a  b  c
[1,] 1 16 49
[2,] 4 25 64
[3,] 9 36 81
```

注意：函数 sapply() 返回的结果可能会根据应用函数的返回值类型而有所不同。如果应用函数返回的是标量值，则结果向量的长度为列表的长度。如果应用函数返回的是向量或其他对象，则结果向量的长度可能会根据结果的性质而有所不同。

8.3.5 函数 vapply()

在 R 语言中，函数 vapply()是一种类型安全的sapply()函数的替代方法,用于对列表(list)中的每个元素应用指定的函数，并且要求指定返回值的类型。与 sapply()不同的是，函数 vapply() 要求明确指定返回值的类型,并在运行时检查结果是否符合要求。使用函数 vapply()的语法格式如下：

```
vapply(X, FUN, FUN.VALUE, ..., USE.NAMES = TRUE)
```

❑ X：要应用函数的列表。
❑ FUN：要应用的函数。
❑ FUN.VALUE：指定返回值类型的一个示例。
❑ ... ：将其他参数传递给 FUN 函数。
❑ USE.NAMES：一个逻辑值，用于指定是否保留结果中的命名，默认为 TRUE。

假设有一个包含学生成绩信息的数据框(data frame)，包括学生的姓名、科目和成绩。在下面的实例中，使用函数 vapply()来处理数据，计算每个科目的平均成绩。

实例 8-6：计算平均成绩(源码路径：R-codes\8\ave.R)

实例文件 ave.R 的具体实现代码如下：

```
# 创建一个包含学生成绩信息的数据框
scores_df <- data.frame(
```

```
Name = c("Alice", "Bob", "Charlie", "David", "Emily"),
Subject = c("Math", "English", "Math", "Science", "English"),
Score = c(85, 92, 78, 88, 90)
)

# 定义一个函数，计算科目的平均成绩
calculate_mean <- function(scores) {
 return(mean(scores))
}

# 使用 vapply() 函数计算每个科目的平均成绩
mean_scores <- vapply(
 unique(scores_df$Subject),
 function(subject) {
   scores <- scores_df$Score[scores_df$Subject == subject]
   calculate_mean(scores)
 },
 numeric(1)
)

# 打印每个科目的平均成绩
print(mean_scores)
```

在上述代码中，首先创建了一个名为 scores_df 的数据框，其中包含了学生的成绩信息。然后，定义函数 calculate_mean()，用于计算给定成绩向量的平均值。接下来，使用函数 vapply()遍历列 scores_df$Subject 中的每个科目，并应用一个匿名函数。在匿名函数中，筛选出属于当前科目的成绩，然后调用函数 calculate_mean()计算平均成绩。我们使用 numeric(1) 指定返回值的类型长度为 1 的数值型向量。最后，将每个科目的平均成绩打印出来。程序执行后会输出：

```
Math English Science
81.5   91.0    88.0
```

本实例展示了如何使用函数 vapply()处理数据框中的数据，通过结合函数 vapply()和自定义的处理函数，可以高效地对数据进行处理和计算，获取我们所需的结果。在实际应用中，可以根据需要定义不同的处理函数，并利用函数 vapply()在大规模的数据集上进行计算和分析工作。

8.3.6　函数 mapply()

在 R 语言中，函数 mapply()用于同时对多个向量进行函数的映射操作，可以将一个函数应用于多个向量的对应元素上。使用函数 mapply()的语法格式如下：

```
mapply(FUN, ..., MoreArgs = NULL, SIMPLIFY = TRUE, USE.NAMES = TRUE)
```

- ❏ FUN：要应用的函数。
- ❏ ... ：要应用函数的多个向量，可以是两个或多个。
- ❏ MoreArgs：一个列表，用于传递额外的参数给函数 FUN。
- ❏ SIMPLIFY：一个逻辑值，用于指定是否尝试简化结果，默认为 TRUE。
- ❏ USE.NAMES：一个逻辑值，用于指定是否使用参数向量的名称作为结果的名称，默认为 TRUE。

假设我们有一个数据框(data frame)，其中包含了多个学生的成绩信息，每个学生的成绩信息包括姓名、科目和成绩。在下面的实例中，使用函数 mapply() 来处理数据，计算每个学生的总成绩。

实例 8-7：计算每个学生的总成绩(源码路径：R-codes\8\zong.R)

实例文件 zong.R 的具体实现代码如下：

```
# 创建一个包含学生成绩信息的数据框
scores_df <- data.frame(
  Name = c("Alice", "Bob", "Charlie"),
  Math = c(85, 92, 78),
  English = c(90, 88, 95),
  Science = c(80, 85, 88)
)

# 定义一个函数，计算学生的总成绩
calculate_total_score <- function(math, english, science) {
  return(math + english + science)
}

# 使用 mapply() 函数计算每个学生的总成绩
total_scores <- mapply(
  calculate_total_score,
  scores_df$Math,
  scores_df$English,
  scores_df$Science
)

# 添加总成绩列到数据框中
scores_df$TotalScore <- total_scores

# 打印包含总成绩的数据框
print(scores_df)
```

在上述代码中，首先创建了一个名为 scores_df 的数据框，其中包含了学生的成绩信息，包括数学、英语和科学成绩。然后定义函数 calculate_total_score()，用于计算每个学生的总成绩，即将数学、英语和科学成绩相加。接下来，使用函数 mapply() 将函数 calculate_total_score()应用于 scores_df$Math、scores_df$English 和 scores_df$Science 的对应元素上，计算每个学生的总成绩。最后，将计算得到的总成绩添加为一个新列 TotalScore 到数据框中，并将包含总成绩的数据框打印出来。程序执行后会输出：

```
     Name  Math  English  Science  TotalScore
1   Alice    85       90       80         255
2     Bob    92       88       85         265
3 Charlie    78       95       88         261
```

本实例展示了使用函数 mapply()处理数据框数据的方法，并在多个向量之间进行逐元素操作。通过结合函数 mapply()和自定义的处理函数，可以方便地对多个向量进行逐元素计算，从而获取我们所需的结果。在实际应用中，可以根据需要定义不同的处理函数，并利用函数 mapply()在大规模的数据集上进行处理和分析。

第 9 章

绘制可视化图

可视化图是指通过图形、图表、图像等形式将数据以可视化的方式呈现出来的工具，是数据可视化的重要组成部分。通过图形化展示数据，可以帮助用户更好地理解和解释数据，发现数据中的模式、趋势和关联。本章将进一步讲解使用 R 语言绘制可视化图的知识。

9.1 R 语言绘图系统

R 语言提供了众多绘图包和库,以满足不同类型的数据可视化需求。

扫码看视频

9.1.1 常用的绘图包

- graphics:这是 R 语言的基础绘图包,提供了基本的绘图功能,如散点图、折线图、柱状图、箱线图等。
- ggplot2:这是一个功能强大且广泛使用的绘图包,基于图形语法理念。它可以创建高度定制的图形,支持多种图形类型,如散点图、折线图、柱状图、箱线图等。
- plotly:这是一个交互式绘图包,支持创建交互式图形,包括散点图、线图、柱状图、热力图等。它可以在网页上显示并允许用户进行交互操作。
- lattice:这是一个用于绘制多变量数据可视化的包,它提供了一套基于网格布局的绘图函数,可以绘制散点图矩阵、平行坐标图、等高线图等。
- ggvis:这是另一个基于图形语法的绘图包,专注于数据驱动的可视化。它提供了灵活的函数和管道操作符,支持交互式操作和动态视图。
- gganimate:这个包用于创建动态和过渡效果的图形,可以为 ggplot2 图形添加动画效果。
- gridExtra:这个包提供了一些函数,用于在 R 语言绘图系统中创建复杂的图形布局,包括网格布局和多面板布局。

> 注意:上面列出的只是 R 语言中比较常用的绘图包,其实 R 语言还有其他绘制图形的包,例如 tidyverse 中的包 ggpubr、cowplot、grid 等。每种绘图包都有其独特的特点和功能,可以根据具体的数据和绘图需求选择合适的绘图包实现数据可视化。

9.1.2 基本绘图函数 plot()

graphics 是 R 语言的基础绘图包函数,其中 plot()是包 graphics 中的一个重要绘图函数,用于绘制各种类型的图形,包括散点图、折线图、柱状图、箱线图等。它具丰富的功能和灵活的参数设置,可以满足绘制不同数据类型和样式的图形需求。函数 plot()的基本功能如下。

- 绘制散点图:通过传递 x 轴和 y 轴的数据,可以绘制散点图,以展示两个变量之间的关系。

❑ 绘制折线图：通过传递 x 轴和 y 轴的数据，并设置 type 参数为 l，可以绘制折线图，以展示随着 x 轴变化，y 轴的变化趋势。

❑ 绘制柱状图：通过传递 x 轴和 y 轴的数据，并设置 type 参数为 b 或 h，可以绘制柱状图，以展示不同类别或组之间的数值比较。

❑ 绘制箱线图：通过传递数据向量或数据框，并设置 type 参数为 boxplot，可以绘制箱线图，以展示数据的分布情况和异常值。

❑ 添加标题和标签：通过设置 main 参数指定标题，xlab 和 ylab 参数指定 x 轴和 y 轴的标签，可以为图形添加标题和标签，以提供更多信息。

❑ 自定义图形样式：通过设置各种可选参数，如 col(颜色)、pch(点的形状)、lty(线条类型)等，可以自定义图形的样式，使图形更加美观和易读。

除了上述功能之外，plot()函数还具有许多其他参数和选项，可以用于进一步定制绘图，如设置坐标轴范围、添加网格线、调整图形尺寸等。它是 R 语言中最常用和最基础的绘图函数之一，为数据可视化提供了强大的工具和灵活性。

函数 plot()的语法格式如下：

```
plot(x, y, type = "p", ...)
```

❑ x：x 轴上的数据。可以是一个数值向量或一个数据框，如果是数据框，则会使用数据框中的列来绘制多个曲线或散点图。

❑ y：y 轴上的数据。可以是一个数值向量，或者如果 x 是数据框，则 y 可以是数据框中的列名。

❑ type：绘图类型。可以是以下参数之一：p(散点图, 默认值), l(折线图), b(折线图和散点图), o(折线图和散点图, 但是折线不连接最后一个点和第一个点), h(阶梯线图), s(阶梯线图), n(不绘制)。

❑ ...：其他可选参数，用于控制图形的样式、标题、坐标轴等。

实例 9-1：绘制简易散点图(源码路径：R-codes\9\san.R)

实例文件 san.R 的具体实现代码如下：

```
# 生成数据
x <- 1:10
y <- x^2

# 绘制散点图
plot(x, y, type = "p", main = "散点图", xlab = "X轴", ylab = "Y轴")
```

在上述代码中，首先生成了一组数据，x 取值为 1 到 10，y 为 x 的平方。然后使用函数 plot()绘制散点图，通过设置参数 type 为 p，表示绘制散点图。通过设置参数 main 指定标题，参数 xlab 和参数 ylab 分别用于设置 x 轴和 y 轴的标签。程序执行效果如图 9-1 所示。

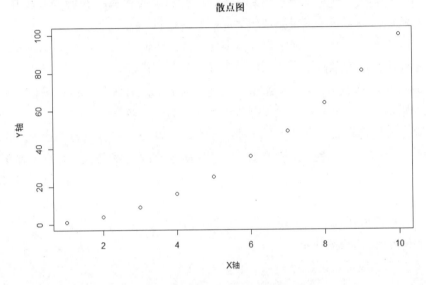

图 9-1　使用函数 plot()绘制的散点图

注意：在实际应用中，可以根据具体的需求调整函数 plot()的参数，来绘制不同类型的图形，同时还可以通过其他可选参数来控制图形的样式和布局。

9.2　单变量绘图

单变量绘图(Univariate Plotting)是一种数据可视化技术，用于探索和呈现单个变量的分布、统计特征和模式。它将数据在单个维度上进行可视化，帮助我们理解变量的分布、中心趋势、离散程度和异常值等信息。常见的单变量绘图方法包括直方图、密度图、箱线图、条形图、饼形图等。

扫码看视频

9.2.1　绘制直方图

在 R 语言中，可以通过以下三种方法绘制直方图。

1. 函数 hist()

可以使用函数 hist()绘制直方图，显示数值型变量的分布情况，并将数据划分为多个等宽的区间，统计每个区间内数据的频数或频率，并绘制柱状图。使用函数 hist()的语法格式如下：

```
hist(x, breaks = "Sturges", freq = TRUE, main = "", xlab = "", ylab = "")
```

❑ x：要绘制直方图的数值型向量或数据框中的数值型列。

❑ breaks：指定直方图的区间个数或区间的分割方式。默认值为 Sturges，表示使用斯特吉斯公式确定区间个数。也可以指定一个整数值来确定区间个数，或者提供自定义的区间分割点。

❑ freq：逻辑值，指定是否绘制频数(默认为 TRUE)或频率(占总数的比例，设置为 FALSE)。

❑ main：图形的主标题。

❑ xlab：x 轴的标签。

❑ ylab：y 轴的标签。

例如下面的代码(源码路径：R-codes\9\zhi.R)，使用函数 hist()绘制了一个简单的直方图。

```
# 创建一个随机数向量
x <- rnorm(1000)

# 绘制直方图
hist(x, breaks = "Sturges", freq = TRUE, main = "Histogram", xlab = "Values", ylab = "Frequency")
```

运行上述代码将生成一个包含 1000 个随机数的向量，并使用 hist()函数绘制直方图。直方图将以频数形式显示数据的分布情况，并显示主标题、x 轴标签和 y 轴标签。程序执行效果如图 9-2 所示。

2. 函数 barplot()

函数 barplot()可以绘制直方图，也可以用于展示直方图。函数 barplot()适用于离散型数据的可视化，可以显示不同类别的计数或频率。使用函数 barplot()的语法格式如下：

```
barplot(H,xlab,ylab,main, names.arg,col,beside)
```

❑ H：向量或矩阵，包含图表用的数字值，每个数值表示矩形条的高度。

❑ xlab：x 轴标签。

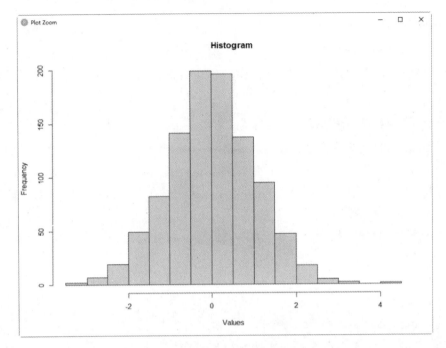

图 9-2　使用函数 hist()绘制的直方图

- ❑ ylab：y 轴标签。
- ❑ main：图表标题。
- ❑ names.arg：每个矩形条的名称。
- ❑ col：每个矩形条的颜色。

例如下面的代码(源码路径：R-codes\9\zhi2.R)，使用函数 barplot()绘制了 2020 年 7 月 1 日中国、美国和印度的新冠疫情确诊人数统计图。为了更好地表达信息，我们可以在图表上添加标题、颜色及每个矩形条的名称。

```
cvd19 = c(83534,2640626,585493)

barplot(cvd19,
     main="新冠疫情条形图",
     col=c("#ED1C24","#22B14C","#FFC90E"),
     names.arg=c("中国","美国","印度"),
     family = 'Arial'  # 中文字体
)
```

程序执行效果如图 9-3 所示。

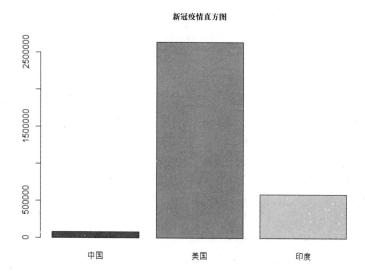

图 9-3　使用函数 barplot()绘制的直方图

3. 包 ggplot2

在 R 语言中，也可以使用包 ggplot2 绘制直方图，它提供了一套灵活而强大的绘图语法，用于创建高质量的图形。例如下面的代码(源码路径：R-codes\9\zhi3.R)，使用包 ggplot2 绘制了一个简单的直方图，展示了某个班级学生的考试成绩分布情况。

```
# 创建一个学生考试成绩向量
scores <- c(85, 92, 78, 80, 95, 88, 75, 82, 90, 87, 93, 79, 84, 88, 91)

# 加载 ggplot2 包
library(ggplot2)

# 创建 ggplot 对象，并指定数据和 x 变量
p <- ggplot(data.frame(scores = scores), aes(x = scores))

# 添加直方图图层，并设置 binwidth、填充颜色和边框颜色
p + geom_histogram(binwidth = 5, fill = "steelblue", color = "white") +
  labs(title = "考试成绩分布直方图", x = "成绩", y = "人数") +
  theme(text = element_text(family = "SimHei"))  # 设置字体为黑体
```

在上述代码中，首先创建了一个包含学生考试成绩的向量 scores，并加载 ggplot2 包。接下来，使用函数 ggplot()创建了一个 ggplot 对象，并使用函数 aes()指定数据和变量 x。然后，使用函数 geom_histogram()添加直方图图层，并通过参数 binwidth 设置分组的宽度，使

用 fill 设置填充颜色，使用 color 设置边框颜色。最后，使用函数 labs()设置图形的标题和轴标签，并通过函数 theme()设置字体为黑体(SimHei)。程序执行效果如图 9-4 所示。

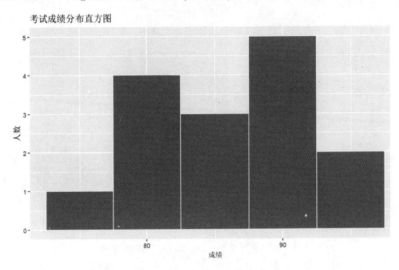

图 9-4　使用函数 ggplot()绘制的直方图

9.2.2　绘制条形图

当条形图用于单变量绘图时，它展示了一个分类变量的频数或比例分布。每个分类变量对应一个条形，条形的高度表示该分类变量的频数或比例。这样的条形图被称为频数条形图或比例条形图，用于显示单个变量的分布情况。在 R 语言中有多种绘制条形图的方法，其中常用的方法如下。

1. 基本绘图函数

可以使用基本绘图函数(如前面介绍的 barplot())绘制简单的条形图，通过指定数据向量或矩阵作为输入，函数会自动计算条形的高度和宽度。例如下面的演示代码(源码路径：R-codes\9\tiao.R)：

```
# 创建一个随机数据向量
data <- c(10, 15, 20, 25, 30)

# 绘制条形图
barplot(data, main = "条形图", xlab = "类别", ylab = "值")
```

程序执行效果如图 9-5 所示。

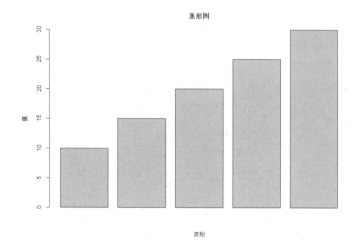

图 9-5　使用函数 barplot()绘制的条形图

2. 包 ggplot2

可以使用包 ggplot2 创建更灵活和美观的条形图，利用其中的函数 geom_bar()绘制条形图，可以通过设置参数调整条形的颜色、填充等。函数 geom_bar()的语法格式如下：

```
geom_bar(
  mapping = NULL,
  data = NULL,
  stat = "count",
  position = "stack",
  ...,
  width = NULL,
  fill = NA,
  color = NA,
  alpha = NA,
  ...
)
```

❑　mapping：指定变量与图形属性之间的映射关系，通常使用 aes()函数进行设置。

❑　data：指定要使用的数据集。

❑　stat：指定用于计算条形高度的统计方法，默认为 count，表示计数。其他可选的统计方法有 identity、bin 等。

❑　position：指定条形的位置摆放方式，默认为 stack，表示堆叠。其他可选的摆放方式有 dodge、fill 等。

❑　width：指定条形的宽度，可以是固定值或一个比例值。

❑ fill：指定条形的填充颜色。

❑ color：指定条形的边框颜色。

❑ alpha：指定条形的透明度。

❑ ...：其他参数，用于设置条形图的其他属性，如标题、轴标签等。

除了上述参数外，函数 geom_bar()还可以接受其他常用的参数，如位置调整参数、标签设置参数等，用于进一步定制条形图的样式和属性。

在使用函数 geom_bar()前，需要先创建一个 ggplot 对象，并使用函数 aes()设置变量与图形属性之间的映射关系。例如下面的演示代码(源码路径：R-codes\9\tiao2.R)，使用包 ggplot2 绘制了条形图。

```
# 加载 ggplot2 包
library(ggplot2)

# 创建一个数据框
df <- data.frame(category = c("A", "B", "C", "D", "E"),
                 value = c(10, 15, 20, 25, 30))

# 使用 ggplot2 包绘制条形图
ggplot(df, aes(x = category, y = value)) +
  geom_bar(stat = "identity", fill = "steelblue") +
  labs(title = "条形图", x = "类别", y = "值")
```

程序执行效果如图 9-6 所示。

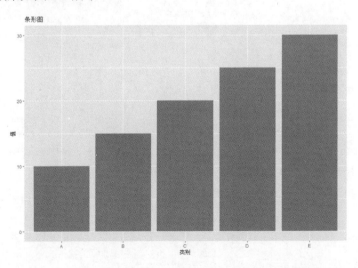

图 9-6　使用包 ggplot2 中的函数 geom_bar()绘制的条形图

3. 包 lattice

我们可以使用包 lattice 中的函数 barchart()绘制条形图，使用此函数的语法格式如下：

```
barchart(
  formula,
  data = NULL,
  groups = NULL,
  horizontal = FALSE,
  stack = FALSE,
  auto.key = FALSE,
  ...
)
```

❑ formula：指定绘图公式，格式为 y ~ x | group，其中 y 表示数值变量，x 表示分类变量，group 表示分组变量。可以使用"|"符号指定分组变量，也可以省略分组变量。

❑ data：指定要使用的数据集。

❑ groups：指定用于分组的变量，可选参数。

❑ horizontal：是否绘制水平条形图，默认为 FALSE，即垂直条形图。

❑ stack：是否堆叠条形图，默认为 FALSE，即并排显示条形。

❑ auto.key：是否自动添加图例，默认为 FALSE，即不添加图例。

❑ ...：其他参数，用于设置条形图的其他属性，如标题、轴标签等。

需要注意的是，在函数 barchart()的公式参数中，可以使用符号"|"指定分组变量，这使得绘制分组的条形图变得简单。例如，使用 barchart(y ~ x | group)可以根据分组变量 group 绘制不同的条形图。例如下面的演示代码(源码路径：R-codes\9\tiao3.R)，使用包 lattice 绘制了条形图。

```
# 加载 lattice 包
library(lattice)

# 创建一个数据框
df <- data.frame(category = c("A", "B", "C", "D", "E"),
                 value = c(10, 15, 20, 25, 30))

# 绘制条形图
barchart(value ~ category, data = df, main = "条形图", xlab = "类别", ylab = "值")
```

以上是几种常用的绘制条形图的方法。用户可以根据具体的需求选择适合的方法，并根据需要添加其他设置，如标题、轴标签、颜色等。程序执行效果如图 9-7 所示。

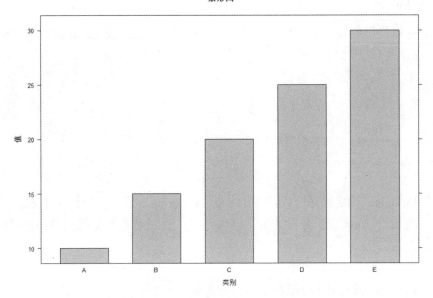

图 9-7 使用包 lattice 中的函数 barchart() 绘制的条形图

9.2.3 绘制饼形图

在 R 语言中，有以下两种绘制饼形图的方法。

1. 包 graphics

在 R 语言基本绘图包中，函数 pie() 用于绘制饼形图，基本语法格式如下：

```
pie(x, labels = NULL, main = NULL, col = NULL, ...)
```

❑ x：一个包含数值的向量，表示各个扇区的大小。

❑ labels：可选参数，一个包含标签的向量，用于给每个扇区添加标签。

❑ main：可选参数，饼图的标题。

❑ col：可选参数，指定扇区的颜色。

❑ ...：其他参数，用于设置饼图的其他属性，如边界线宽度、透明度等。

例如下面的演示代码(源码路径：R-codes\9\bing.R)：

```
# 创建一个数据向量
values <- c(30, 20, 15, 10, 25)

# 创建标签向量
```

```
labels <- c("A", "B", "C", "D", "E")

# 绘制饼图
pie(values, labels = labels, main = "饼图")
```

程序执行效果如图 9-8 所示。

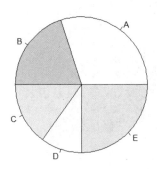

图 9-8　使用函数 pie()绘制的饼形图

2. 包 ggplot2

在 R 语言中，可以使用包 ggplot2 创建更加灵活和个性化的饼形图。此时可以使用函数 ggplot()创建绘图对象，并结合函数 geom_bar()和函数 coord_polar()来绘制饼形图。例如下面的演示代码(源码路径：R-codes\9\bing2.R)：

```
library(ggplot2)

# 创建一个数据框
df <- data.frame(category = c("A", "B", "C"),
              value = c(30, 20, 50))

# 使用 ggplot2 创建饼图
ggplot(data = df, aes(x = "", y = value, fill = category)) +
  geom_bar(stat = "identity", width = 1) +
  coord_polar("y") +
  labs(title = "饼图")
```

程序执行效果如图 9-9 所示。

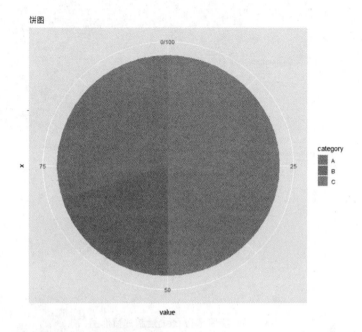

图 9-9　使用包 ggplot2 中的函数 geom_bar()和函数 coord_polar()绘制的饼形图

9.2.4　绘制箱线图

在 R 语言中，绘制箱线图的常用方法如下。

1. 包 graphics 中的函数 boxplot()

在 R 语言中，可以使用包 graphics 中的函数 boxplot()绘制箱线图，此函数的语法格式如下：

```
boxplot(x, data = NULL, ...)
```

❑　x：一个向量或数据框，包含要绘制箱线图的数值变量。

❑　data：数据框，包含要使用的变量。如果设置了 data 参数，则可以使用变量名来引用数据框中的变量，而不需要使用$符号。

❑　...：其他可选参数，用于设置图形的标题、标签、颜色等。

例如下面的演示代码(源码路径：R-codes\9\xiang.R)：

```
# 创建一个包含多个组的数据框
df <- data.frame(group = rep(c("A", "B", "C"), each = 100),
                 value = rnorm(300))
```

```
# 绘制箱线图
boxplot(value ~ group, data = df,
        main = "箱线图", xlab = "组", ylab = "值")
```

在上述代码中，首先创建了一个包含多个组的数据框 df，其中每个组有 100 个观测值。然后使用函数 boxplot() 绘制箱线图，通过 value ~ group 设置了值和组的关系，参数 data 设置了数据框。还可以通过参数 main 设置标题，用参数 xlab 和 ylab 分别设置 x 轴和 y 轴的标签。程序执行效果如图 9-10 所示。

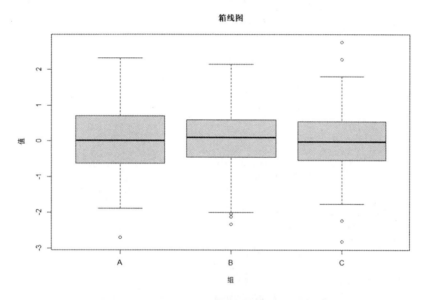

图 9-10　使用包 graphics 中的函数 boxplot() 绘制的箱线图

2. 包 ggplot2 和包 lattice

除了 R 语言的核心包 graphics 外，还可以使用其他绘图包绘制箱线图，例如包 ggplot2 和包 lattice，它们提供了更加灵活和定制化的绘图功能，可以绘制更复杂的箱线图。例如，在包 ggplot2 中，可以使用函数 geom_boxplot() 绘制箱线图。例如下面的演示代码(源码路径：R-codes\9\xiang2.R)：

```
library(ggplot2)

# 创建一个包含多个组的数据框
df <- data.frame(group = rep(c("A", "B", "C"), each = 100),
                 value = rnorm(300))
```

```
# 使用 ggplot2 绘制箱线图
ggplot(df, aes(x = group, y = value)) +
  geom_boxplot() +
  labs(title = "箱线图", x = "组", y = "值")
```

在上述代码中，使用函数 ggplot() 创建绘图对象，通过函数 aes() 设置 x 轴和 y 轴的变量，并使用函数 geom_boxplot() 添加箱线图的几何对象，通过函数 labs() 设置标题和坐标轴的标签。程序执行效果如图 9-11 所示。

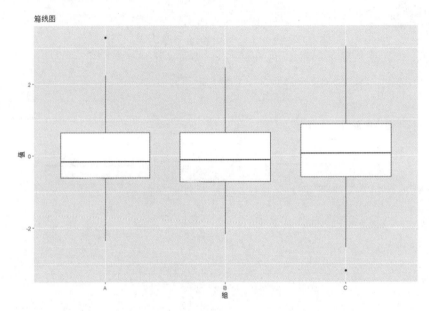

图 9-11　使用包 ggplot2 中的函数 geom_boxplot() 绘制的箱线图

9.2.5　绘制密度图

在 R 语言中，可以使用包 graphics 或包 ggplot2 来绘制密度图。

1. 包 graphics

可以使用包 graphics 中的函数 density() 和函数 plot() 绘制密度图，其中函数 density() 用于估计数据的概率密度，具体语法格式如下：

```
density(x, bw = "nrd0", adjust = 1, kernel = c("gaussian", "epanechnikov",
"rectangular", "triangular", "biweight", "cosine"), n = 512, from = min(x), to =
max(x), ...)
```

- ❑   x：用于估计概率密度函数的数值向量。
- ❑   bw：用于控制平滑程度的带宽参数。默认值为 nrd0，表示使用基于样本标准差的带宽估计。
- ❑   adjust：带宽调整参数。默认值为 1。
- ❑   kernel：用于估计概率密度函数的核函数类型。可以选择的核函数有：gaussian(默认)、epanechnikov、rectangular、triangular、biweight 和 cosine。
- ❑   n：用于估计概率密度函数的点的数量。
- ❑   from：指定密度估计的起始点。
- ❑   to：指定密度估计的结束点。
- ❑   ...：其他可选参数。

例如下面的代码(源码路径：R-codes\9\mi.R)，演示了使用函数 density()和函数 plot()绘制密度图的过程。

```
# 创建一个随机数据集
set.seed(123)
data <- rnorm(100)

# 使用 density 函数计算密度估计
density_data <- density(data)

# 绘制核密度图
plot(density_data, main = "数据密度图", xlab = "数据值", ylab = "密度",
    col = "darkblue", lwd = 2, las = 1)
```

在上述代码中，首先使用函数 rnorm()生成一个随机的 100 个正态分布的数据。然后，使用函数 density()计算数据的密度估计，返回一个密度对象。最后，通过函数 plot()绘制核密度图。我们设置参数 main 为数据密度图，设置参数 xlab 为数据值，ylab 参数为密度，设置参数 col 为 darkblue，设置参数 lwd 为 2，设置参数 las 为 1，分别表示标题、坐标轴标签、线条颜色、线条宽度和坐标轴方向。程序执行效果如图 9-12 所示。

2. 包 ggplot2

在 R 语言中，也可以使用包 ggplot2 以更加灵活的方式绘制密度图，此时需要通过函数 geom_density()来实现。函数 geom_density()的语法格式如下：

```
geom_density(
  mapping = NULL,
  data = NULL,
  stat = "density",
```

```
position = "identity",
...,
na.rm = FALSE,
show.legend = NA,
inherit.aes = TRUE
)
```

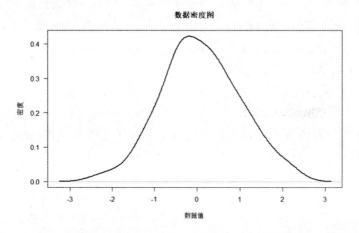

图 9-12 使用包 graphics 中的函数 density()和 plot()绘制的密度图

❑ mapping：用于定义映射关系的参数，包括 x、y、color、fill、linetype 等。

❑ data：数据框，指定绘图所使用的数据。

❑ stat：指定所使用的统计方法，常用的是 density。

❑ position：指定条形的摆放位置，默认为 identity，即不进行调整。

❑ ...：其他图形属性参数，如颜色、线型、大小等。

❑ na.rm：逻辑值，表示是否忽略默认值，默认为 FALSE。

❑ show.legend：逻辑值，表示是否显示图例，默认为 NA，表示自动判断。

❑ inherit.aes：逻辑值，表示是否继承父级绘图对象的 aes 参数，默认为 TRUE。

函数 geom_density()用于绘制一条或多条密度曲线，通过对数据进行核密度估计来展示数据的分布情况。在使用 geom_density()函数时，通常需要先使用函数 ggplot()创建一个基础图形对象，并通过函数 aes()来设置 x 轴对应的变量。然后，可以通过函数 geom_density()添加密度曲线层，并可以进一步设置其他图形属性参数来调整密度曲线的外观。

实例 9-2：绘制密度曲线图(源码路径：R-codes\9\mi2.R)

实例文件 mi2.R 的具体实现代码如下：

```
library(ggplot2)

# 创建一个随机数据集
set.seed(123)
data <- rnorm(100)

# 创建数据框
df <- data.frame(Value = data)

# 绘制密度图
ggplot(df, aes(x = Value)) +
 geom_density(fill = "lightblue", color = "darkblue") +
 labs(title = "数据密度图", x = "数据值", y = "密度")
```

在上述代码中，首先加载包 ggplot2。然后，生成一个随机的 100 个正态分布的数据，并将其放入一个数据框中。接下来，使用函数 ggplot()创建一个基础图形对象，并设置参数 x 为数据框中的变量名。通过函数 geom_density()添加密度图层，其中设置参数 fill 为 lightblue 表示填充颜色，设置参数 color 为 darkblue 表示边界线的颜色。最后，使用函数 labs()设置标题和坐标轴标签。程序执行效果如图 9-13 所示。

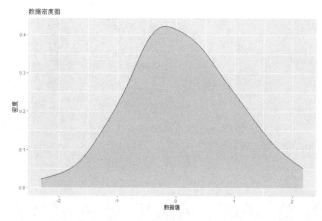

图 9-13　使用包 ggplot2 中的函数 geom_density()绘制的密度图

9.3　双变量绘图

双变量绘图(Bivariate Plotting)是一种数据可视化技术，用于研究和揭示两个变量之间的关系、相关性和模式。它通常用于探索两个变量之间的线性关系、散点分布、类别间差异等信息。常见的双变量绘图方法包括散点图、折线图、条形图(双变量)、箱线图等。

扫码看视频

9.3.1 绘制双变量条形图

当条形图用于双变量绘图时，它同时表示了两个变量之间的关系。一个变量作为条形图的分类变量，另一个变量用于确定条形的高度。这样的条形图被称为分组条形图或堆叠条形图，用于比较不同分类变量下的不同数值变量之间的差异或关系。

在 R 语言中，可以通过以下 3 种方法绘制双变量条形图。

1. 函数 barplot()

函数 barplot()是 R 语言的基础绘图函数，可以用于绘制简单的条形图。在使用函数 barplot()绘制双变量条形图时，将两个变量的值传递给函数 barplot()的参数 height，并使用参数 beside = TRUE 来实现两个变量的并排条形图。

> **实例 9-3：使用函数 barplot()绘制双变量条形图(源码路径：R-codes\9\shuang.R)**

实例文件 shuang.R 的具体实现代码如下：

```
# 创建示例数据
data <- data.frame(
  Category = c("A", "B", "C", "D", "E"),
  Variable1 = c(10, 15, 8, 12, 9),
  Variable2 = c(7, 11, 13, 6, 10)
)

# 绘制双变量条形图
barplot(
  height = t(data[, c("Variable1", "Variable2")]),
  beside = TRUE,
  names.arg = data$Category,
  xlab = "Category",
  ylab = "Value",
  col = c("blue", "red"),
  legend.text = c("Variable1", "Variable2"),
  args.legend = list(x = "topright")
)
```

在上述代码中，首先创建了一个示例数据集，包含了一个类别变量和两个数值变量。然后，使用函数 barplot()绘制双变量条形图。通过将两个变量的值传递给 height 参数，并使用参数 beside = TRUE 来实现两个变量的并排条形图。使用参数 names.arg 指定类别标签，用参数 xlab 和参数 ylab 设置轴标签，用参数 col 设置条形颜色，用参数 legend.text 设置图例标签，用参数 args.legend 设置图例的位置。

　　程序执行后获得一个双变量条形图，其中每个类别下有两个并排的条形，分别表示两个变量的值。图例位于图的右上方。程序执行后的效果如图 9-14 所示。

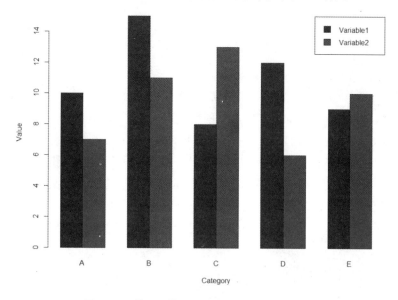

图 9-14　使用函数 barplot()绘制的双变量条形图

2. 包 ggplot2

　　可以使用包 ggplot2 中的函数 geom_bar()，并结合参数 position = "dodge"来实现两个变量的并排条形图。例如下面的代码(源码路径：R-codes\9\shuang2.R)，演示了使用包 ggplot2 中的函数 geom_bar()绘制双变量条形图的过程。

```
library(ggplot2)

# 创建示例数据
data <- data.frame(
  Category = c("A", "B", "C", "D", "E"),
  Variable1 = c(10, 15, 8, 12, 9),
  Variable2 = c(7, 11, 13, 6, 10)
)

# 将数据转换为长格式
data_long <- tidyr::pivot_longer(data, cols = c(Variable1, Variable2), names_to = "Variable", values_to = "Value")

# 绘制双变量条形图
ggplot(data_long, aes(x = Category, y = Value, fill = Variable)) +
```

```
geom_bar(stat = "identity", position = "dodge") +
xlab("Category") +
ylab("Value") +
labs(fill = "Variable") +
theme_minimal()
```

在上述代码中，首先创建了一个示例数据集，包含了一个类别变量和两个数值变量。然后，使用函数 tidyr::pivot_longer()将数据转换为长格式，以便于使用 ggplot2 绘图。接下来，使用函数 ggplot()创建一个基础图形对象，并使用 aes()函数设置 x 轴为 Category，设置 y 轴为 Value，填充颜色为 Variable。然后，使用函数 geom_bar()绘制条形图，通过设置 stat = "identity"和 position = "dodge"来确保每个类别下的两个变量条形图并排显示。最后，使用其他函数和参数来设置轴标签、图例和主题样式。执行以上代码后将获得一个双变量条形图，其中每个类别下有两个并排的条形，分别表示两个变量的值。图例显示了变量的颜色对应关系，并且使用了简洁的主题样式。程序执行效果如图 9-15 所示。

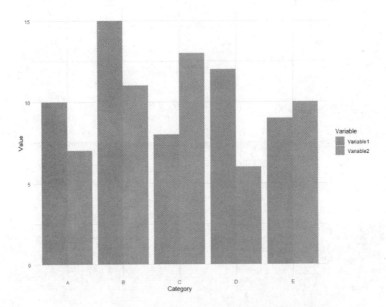

图 9-15　使用函数 geom_bar()绘制的双变量条形图

3. 包 plotly

plotly 是一个交互式可视化包，可以生成交互式图表。可以使用包 plotly 中的函数 plot_ly()创建一个基础图形对象，并使用函数 add_trace()添加两个变量的条形图，通过设置参数 barmode = "group"来实现并排显示。使用函数 plot_ly()的语法格式如下：

```
plot_ly(data = NULL, x = NULL, y = NULL, type = "scatter", mode = "markers",
    marker = list(), line = list(), color = NULL, colors = NULL, opacity = NULL,
    size = NULL, text = NULL, hoverinfo = "text", ...)
```

❑　　data：数据框或数据集，包含绘图所需的数据。

❑　　x：x 轴变量，可以是数值、日期、因子等类型。

❑　　y：y 轴变量，可以是数值、日期、因子等类型。

❑　　type：图表类型，可选值包括 scatter(散点图)、bar(条形图)、box(箱线图)等。

❑　　mode：绘图模式，用于控制数据点的显示方式，常用的取值有 markers(散点)和 lines(线条)。

❑　　marker：控制数据点的样式，如颜色、大小等。

❑　　line：控制线条的样式，如颜色、宽度等。

❑　　color：用于指定颜色变量，根据该变量为数据点或线条着色。

❑　　colors：用于指定自定义颜色序列，可以是一个颜色向量或一个颜色函数。

❑　　opacity：设置数据点或线条的透明度。

❑　　size：设置数据点的大小。

❑　　text：用于指定数据点或线条的文本标签。

❑　　hoverinfo：控制鼠标悬停时显示的信息。

❑　　...：其他参数，用于设置图表的布局、坐标轴标签、图例等。

使用函数 plot_ly()可以创建各种类型的交互式图表，我们可以根据需要传递不同的参数和设置不同的选项，根据具体的数据和绘图需求进行相应的调整和定制。例如下面的代码(源码路径：R-codes\9\shuang3.R)，演示了使用函数 plot_ly()绘制双变量条形图的过程。

```
library(plotly)

# 创建示例数据
data <- data.frame(
  category = c("A", "B", "C", "D"),
  value1 = c(10, 15, 8, 12),
  value2 = c(5, 9, 6, 10)
)

# 使用 plot_ly()绘制双变量条形图
plot <- plot_ly(data, x = ~category) %>%
  add_trace(y = ~value1, name = "Value 1", type = "bar") %>%
  add_trace(y = ~value2, name = "Value 2", type = "bar") %>%
  layout(title = "双变量条形图示例")
```

```
# 显示图表
plot
```

上述代码首先加载了 plotly 包，然后创建了一个包含两个变量的示例数据框。接下来，使用函数 plot_ly() 创建了一个基本的绘图对象，并使用函数 add_trace() 添加了两个条形图的数据系列。每个条形图都通过参数 y 指定了相应的变量，通过参数 name 指定了数据系列的名称，通过 type = "bar" 指定了条形图类型。最后，使用函数 layout() 设置了图表的标题。通过运行 plot 对象，可以显示交互式的双变量条形图。程序执行效果如图 9-16 所示。

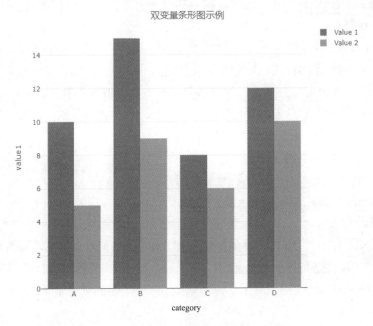

图 9-16　使用函数 plot_ly() 绘制的双变量条形图

9.3.2　绘制双变量散点图

在 R 语言中可以使用多种方法来绘制散点图，其中常用的方法有以下 3 种。

1. 函数 plot()

函数 plot() 是 R 语言中最基本的绘图函数之一，可用于绘制散点图。在绘制时传递两个数值向量作为参数，分别表示散点的 x 轴和 y 轴坐标。例如下面的演示代码(源码路径：R-codes\9\san1.R)：

```
x <- c(1, 2, 3, 4, 5)
```

```
y <- c(2, 4, 6, 8, 10)
plot(x, y, pch = 16, col = "blue", main = "Scatter Plot")
```

程序执行效果如图 9-17 所示。

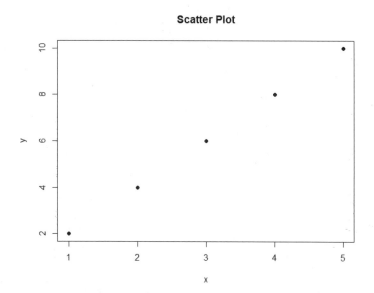

图 9-17　使用函数 plot()绘制的散点图

2. 包 ggplot2

我们可以使用包 ggplot2 中的函数 geom_point()绘制散点图，函数 geom_point()的语法格式如下：

```
geom_point(mapping = NULL, data = NULL, ..., na.rm = FALSE, show.legend = NA,
inherit.aes = TRUE)
```

❑　mapping：指定数据变量与图形属性的映射，包括 x、y、color、size 等。

❑　data：要绘制的数据框。

❑　...: 其他可选的参数，用于修改散点图的外观属性，如颜色、大小等。

❑　na.rm：一个逻辑值，表示是否在绘制过程中忽略默认值。

❑　show.legend：指定是否显示图例，可选值为 TRUE、FALSE 或 NA。

❑　inherit.aes：一个逻辑值，表示是否继承父图层的美学属性。

在使用函数 geom_point()绘制散点图时，首先使用 ggplot2 的语法创建一个绘图对象，然后使用函数 geom_point()添加散点图层。例如下面的演示代码(源码路径: R-codes\9\san2.R)：

```
library(ggplot2)
df <- data.frame(x = c(1, 2, 3, 4, 5), y = c(2, 4, 6, 8, 10))
ggplot(df, aes(x, y)) + geom_point(color = "blue") + ggtitle("Scatter Plot")
```

程序执行效果如图 9-18 所示。

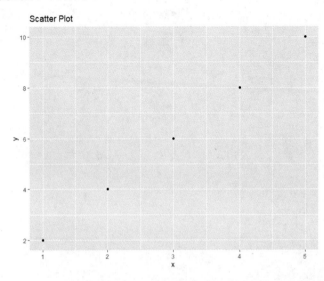

图 9-18 使用包 ggplot2 中的函数 geom_point()绘制的散点图

3. 包 lattice

在 R 语言中，也可以使用包 lattice 中的函数 xyplot()绘制散点图。函数 xyplot()能够绘制散点图、折线图和其他类型的二维图形。可以使用函数 xyplot()传递两个数值向量作为参数，并指定 type = "p"来创建散点图。使用函数 xyplot()的语法格式如下：

```
xyplot(formula, data, ...)
```

❑ formula：指定绘图公式，通常由响应变量和预测变量组成，使用类似于公式的语法，例如 y ~ x 表示 y 作为响应变量，x 作为预测变量。

❑ data：指定用于绘图的数据框或数据集。

❑ ...：其他可选的参数，用于自定义绘图的外观和属性。

例如下面的演示代码(源码路径：R-codes\9\san3.R)：

```
library(lattice)

# 创建数据框
df <- data.frame(x = c(1, 2, 3, 4, 5),
            y = c(2, 4, 6, 8, 10))
```

```
# 绘制散点图
xyplot(y ~ x, data = df, type = "p", col = "blue", main = "Scatter Plot")
```

在上面的代码中创建了一个数据框 df，其中包含了 x 和 y 的值。然后，使用函数 xyplot()绘制散点图，其中 y ~ x 指定 y 作为响应变量，x 作为预测变量。type = "p"表示绘制散点图，col = "blue"指定散点的颜色为蓝色，main = "Scatter Plot"设置图形的标题为 Scatter Plot。程序执行效果如图 9-19 所示。

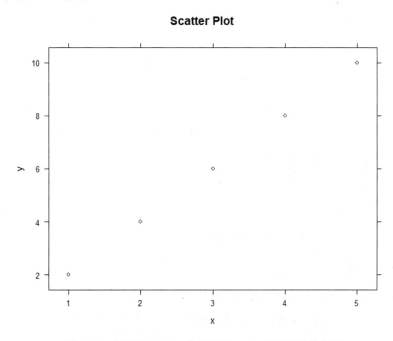

图 9-19　使用包 lattice 中的函数 xyplot()绘制的散点图

9.3.3　绘制双变量折线图

在 R 语言中有多种绘制折线图的方法，其中常用的方法如下：

1. 函数 plot()

可以使用 R 语言中的基础绘图函数 plot()绘制折线图，例如下面的演示代码(源码路径：R-codes\9\zhe1.R)：

```
# 创建数据
x <- c(1, 2, 3, 4, 5)
```

```
y <- c(2, 4, 6, 8, 10)

# 绘制折线图
plot(x, y, type = "l", lwd = 2, col = "blue", xlab = "X", ylab = "Y", main = "Line
Plot")
```

程序执行效果如图 9-20 所示。

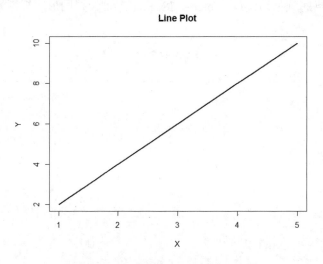

图 9-20　使用函数 plot()绘制的折线图

2. 包 ggplot2

可以使用包 ggplot2 中的函数 geom_line()绘制折线图,函数 geom_line()的语法格式如下:

```
geom_line(
  mapping = NULL,
  data = NULL,
  stat = "identity",
  position = "identity",
  ...
)
```

❑　mapping:设置图形属性的映射,包括 x 轴和 y 轴变量、颜色、线型等。

❑　data:指定要使用的数据框。

❑　stat:统计转换方法,默认为 identity,表示不进行统计转换。

❑　position:确定图形元素的位置,默认为 identity,表示不进行位置调整。

❑　...:其他可选参数,用于设置线条的颜色、线型、宽度等。

例如下面的演示代码(源码路径:R-codes\9\zhe2.R):

```
library(ggplot2)

# 创建数据框
df <- data.frame(x = c(1, 2, 3, 4, 5),
                 y = c(2, 4, 6, 8, 10))

# 绘制折线图
ggplot(df, aes(x, y)) +
  geom_line(color = "blue") +
  labs(x = "X", y = "Y", title = "Line Plot")
```

在上面的代码中创建了数据框 df，将 x 作为 x 轴变量，y 作为 y 轴变量。通过函数 geom_line()绘制折线图，并设置线条的颜色为蓝色。函数 labs()用于设置图形的标题和轴标签。程序执行效果如图 9-21 所示。

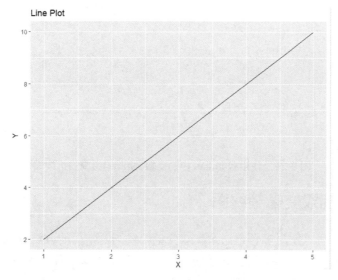

图 9-21　使用包 ggplot2 中的函数 geom_line()绘制的折线图

3. 包 lattice

在 R 语言中，可以使用包 lattice 中的函数 xyplot()绘制折线图。例如下面的演示代码(源码路径：R-codes\9\zhe3.R)：

```
library(lattice)

# 创建数据框
df <- data.frame(x = c(1, 2, 3, 4, 5),
                 y = c(2, 4, 6, 8, 10))
```

```
# 绘制折线图
xyplot(y ~ x, data = df, type = "l", col = "blue", xlab = "X", ylab = "Y", main =
"Line Plot")
```

程序执行效果如图 9-22 所示。

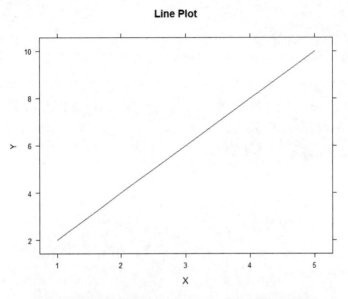

图 9-22   使用包 lattice 中的函数 xyplot()绘制的折线图

9.3.4   绘制双变量箱线图

在 R 语言中，可以使用多种方法绘制双变量箱线图，常用的方法有以下三种。

(1) 使用包 ggplot2 绘制双变量箱线图。例如下面的演示代码(源码路径：R-codes\9\shuangx.R)：

```
library(ggplot2)

# 创建数据框
df <- data.frame(category = rep(c("A", "B"), each = 100),
          value = c(rnorm(100), rnorm(100, mean = 2)))

# 绘制双变量箱线图
ggplot(df, aes(x = category, y = value)) +
 geom_boxplot() +
 xlab("Category") +
 ylab("Value") +
```

```
ggtitle("Double Variable Boxplot with ggplot2")
```

在上述代码中，首先创建一个数据框 df，其中包含了一个分类变量 category 和一个数值变量 value。然后，使用函数 ggplot() 设置绘图的数据和映射关系，使用函数 geom_boxplot() 绘制箱线图，使用函数 xlab() 和函数 ylab() 分别设置 x 轴和 y 轴的标签，使用函数 ggtitle() 设置图表的标题。程序执行效果如图 9-23 所示。

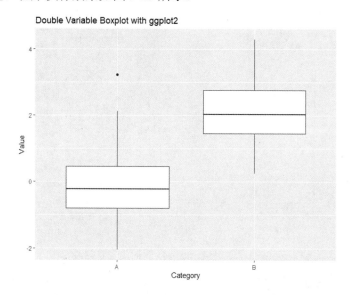

图 9-23　使用包 ggplot2 中的函数 geom_boxplot() 绘制的双变量箱线图

(2) 使用包 lattice 绘制双变量箱线图。例如下面的演示代码(源码路径：R-codes\9\ shuangx2.R)：

```
library(lattice)

# 创建数据框
df <- data.frame(category = rep(c("A", "B"), each = 100),
            value = c(rnorm(100), rnorm(100, mean = 2)))

# 绘制双变量箱线图
bwplot(value ~ category, data = df,
     xlab = "Category", ylab = "Value",
     main = "Double Variable Boxplot with lattice")
```

在上述代码中，使用 lattice 包绘制了双变量箱线图。首先创建一个数据框 df，其中包含了一个分类变量 category 和一个数值变量 value。然后，使用函数 bwplot() 设置绘图的数据和映射关系，其中使用公式表示变量关系，~左侧是数值变量，右侧是分类变量。最后分别使用函数 xlab() 和函数 ylab() 设置 x 轴和 y 轴的标签，使用参数 main 设置图表的标题。程序执行效果如图 9-24 所示。

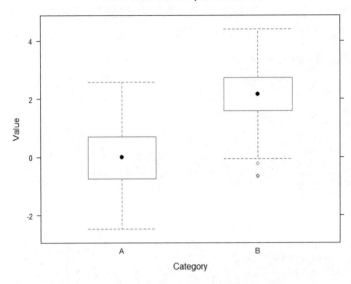

图 9-24　使用包 lattice 绘制的双变量箱线图

（3）使用包 graphics 中的函数 boxplot() 绘制双变量箱线图。例如下面的演示代码(源码路径：R-codes\9\shuangx3.R)：

```
# 创建数据框
df <- data.frame(category = rep(c("A", "B"), each = 100),
              value = c(rnorm(100), rnorm(100, mean = 2)))

# 绘制双变量箱线图
boxplot(value ~ category, data = df,
      xlab = "Category", ylab = "Value",
      main = "Double Variable Boxplot with base R")
```

在上述代码中，使用函数 boxplot() 绘制了双变量箱线图。首先，创建一个数据框 df，其中包含一个分类变量 category 和一个数值变量 value。然后，使用函数 boxplot() 设置绘图的数据和映射关系，其中使用公式表示变量关系，~左侧是数值变量，右侧是分类变量。最后分别使用函数 xlab() 和函数 ylab 设置 x 轴和 y 轴的标签，使用参数 main 设置图表的标题。程序执行效果如图 9-25 所示。

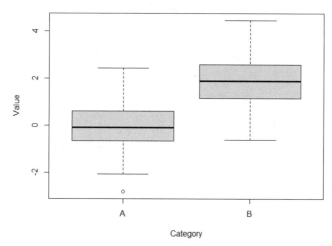

图 9-25　使用包 graphics 中的函数 boxplot()绘制的双变量箱线图

9.4　绘制多变量图

扫码看视频

多变量图是用于可视化比较多个变量之间关系的图表。它们能够同时展示多个变量之间的关联、分布、趋势和差异等信息，帮助我们更全面地理解数据。常见的多变量图有气泡图(Bubble Plot)、平行坐标图(Parallel Coordinate Plot)、热力图(Heatmap)和散点矩阵图(Scatterplot Matrix)。

9.4.1　绘制多变量气泡图

在 R 语言中有多种绘制气泡图的方法，常用的方法有以下几种。

1. 函数 plot()和函数 symbols()

可以使用 R 基础绘图包中的函数 plot()和函数 symbols()绘制气泡图，使用函数 symbols()的语法格式如下：

```
symbols(x, y, circles = NULL, squares = NULL, rectangles = NULL, add = FALSE, inches = TRUE, bg = NULL, fg = par("fg"), xlim = NULL, ylim = NULL)
```

❑　x：一个数值向量，表示符号的 x 坐标。
❑　y：一个数值向量，表示符号的 y 坐标。

- ❑ circles：一个数值向量，表示圆形符号的直径。
- ❑ squares：一个数值向量，表示正方形符号的边长。
- ❑ rectangles：一个数值向量，表示矩形符号的宽度和高度。格式为 c(width, height)。
- ❑ add：一个逻辑值，表示是否将符号添加到已有的图形中。
- ❑ inches：一个逻辑值，表示圆形和正方形的尺寸是否以英寸为单位。如果为 FALSE，则以用户单位(默认为用户单位)为准。
- ❑ bg：符号的背景颜色。可以是颜色名称或十六进制颜色代码。
- ❑ fg：符号的前景颜色，即边框颜色。可以是颜色名称或十六进制颜色代码。
- ❑ xlim：x 轴的范围限制。
- ❑ ylim：y 轴的范围限制。

例如下面的演示代码(源码路径：R-codes\9\pao1.R)：

```
# 创建示例数据
x <- 1:10
y <- 1:10
size <- 1:10

# 绘制气泡图
plot(x, y, type = "n")  # 创建空白画布
symbols(x, y, circles = size, inches = 0.2, add = TRUE)  # 添加气泡
```

程序执行效果如图 9-26 所示。

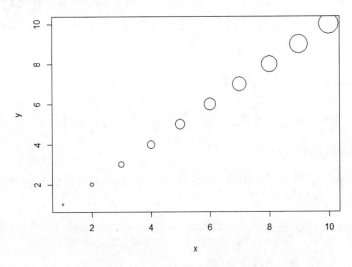

图 9-26 使用函数 plot()和 symbols()绘制的气泡图

2. 包 ggplot2

可以使用包 ggplot2 中的函数 geom_point() 绘制气泡图，通过参数 size 来控制气泡的大小。例如下面的演示代码(源码路径：R-codes\9\pao2.R)：

```
library(ggplot2)

# 创建示例数据
df <- data.frame(x = 1:10, y = 1:10, size = 1:10)

# 绘制气泡图
ggplot(df, aes(x, y, size = size)) +
 geom_point()
```

程序执行效果如图 9-27 所示。

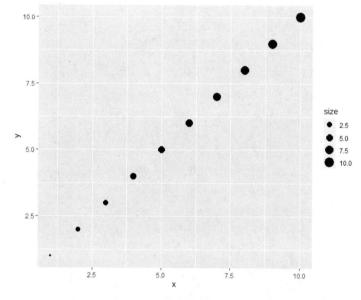

图 9-27　使用包 ggplot2 中的函数 geom_point() 绘制的气泡图

3. 包 plotly

可以使用包 plotly 中的函数 plot_ly() 绘制气泡图，通过参数 marker 设置气泡的属性，例如大小、颜色等。例如下面是一个使用函数 plot_ly() 绘制气泡图的例子，展示了汽车的品牌、平均马力和平均价格之间的关系。

实例 9-4： 展示汽车品牌、平均马力和平均价格之间的关系(源码路径：R-codes\9\ pao3.R)

实例文件 pao3.R 的具体实现代码如下：

```
# 安装并加载所需的包
install.packages("plotly")
library(plotly)

# 创建示例数据框
car_brands <- c("Toyota", "Honda", "Ford", "Chevrolet", "BMW")
average_horsepower <- c(150, 170, 180, 200, 250)
average_price <- c(25000, 28000, 30000, 32000, 45000)
data <- data.frame(car_brands, average_horsepower, average_price)

# 使用 plot_ly() 函数创建气泡图
plot_ly(data, x = ~average_horsepower, y = ~average_price, text = ~car_brands,
        type = "scatter", mode = "markers",
        marker = list(size = sqrt(average_horsepower), sizemode = "diameter")) %>%
 layout(title = "汽车品牌：平均马力 vs. 平均价格",
        xaxis = list(title = "平均马力"),
        yaxis = list(title = "平均价格"))
```

在上述代码中，气泡的大小是根据平均马力的平方根确定的。将 sizemode 参数设置为 diameter 来控制气泡的大小。用户可以根据需要自定义数据、标签和样式选项。程序执行效果如图 9-28 所示。

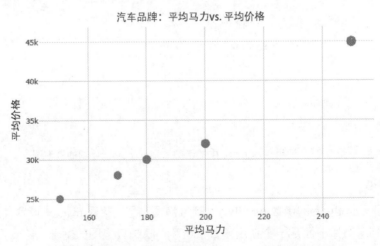

图 9-28　使用包 plotly 中的函数 plot_ly()绘制的气泡图

9.4.2 绘制多变量热力图

在 R 语言中，可以通过以下方法绘制热力图。

1. 函数 heatmap()

函数 heatmap()可以根据输入的数据矩阵绘制热力图，它将矩阵中的每个值映射到颜色渐变，并通过颜色的变化展示数据的差异。使用函数 heatmap()的语法格式如下：

```
heatmap(x,
     Rowv = NULL,
     Colv = if (symm) "Rowv" else NULL,
     distfun = dist,
     hclustfun = hclust,
     reorderfun = function(d, w) reorder(d, w),
     add.expr,
     symm = FALSE,
     revC = identical(Colv, "Rowv"),
     scale = c("row", "column", "none"),
     na.rm = TRUE,
     其他参数,
     ...)
```

- ❑ x：要绘制热力图的数据矩阵。
- ❑ Rowv 和 Colv：用于控制行和列的聚类方式，可以传入行或列的聚类结果对象，或使用默认值 NULL。
- ❑ distfun 和 hclustfun：用于计算距离和进行聚类的函数，默认为 dist 和 hclust。
- ❑ reorderfun：用于重新排序行和列的函数，默认为 reorder。
- ❑ add.expr：可以传入要添加到热力图的表达式。
- ❑ symm：表示数据矩阵是否对称，默认为 FALSE。
- ❑ scale：表示是否要对数据进行缩放，默认为 none。
- ❑ na.rm：表示是否移除含有默认值的行或列，默认为 TRUE。
- ❑ 其他参数：用于设置热力图的标题、标签、边距等。

例如下面的演示代码(源码路径：R-codes\9\re.R)：

```
# 创建一个随机的数据矩阵
set.seed(123)
data <- matrix(rnorm(100), nrow = 10)

# 绘制热力图
heatmap(data,
```

```
        col = colorRampPalette(c("#0000ff", "#FF0000", "#39ff14"))(100),
        main = "Heatmap Example",
        xlab = "Columns",
        ylab = "Rows")
```

在上述代码中，首先创建一个随机的数据矩阵 data，它包含了 10 行和 10 列的随机数。然后，我们使用 heatmap()函数来绘制热力图，其中参数 data 指定了要绘制的数据矩阵，参数 col 使用了一个颜色渐变函数 colorRampPalette()来定义热力图的颜色，用参数 main 指定了图的标题，参数 xlab 和参数 ylab 分别指定了 x 轴和 y 轴的标签。程序执行效果如图 9-29 所示。

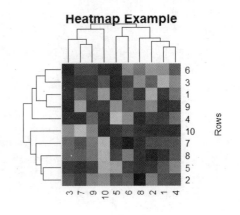

图 9-29　使用函数 heatmap()绘制的热力图

2. 包 ggplot2

使用包 ggplot2 中的函数 geom_tile()绘制热力图，它将数据矩阵的每个单元格作为一个矩形块进行可视化处理。使用函数 geom_tile()的语法格式如下：

```
geom_tile(mapping = NULL, data = NULL, stat = "identity",
        position = "identity", ..., width = NULL, height = NULL)
```

❑　mapping：指定图形属性映射，如 x 轴和 y 轴的变量、颜色、大小等。
❑　data：数据框，包含绘图所需的变量。
❑　stat：统计变换，默认为 identity，表示使用原始数据。
❑　position：位置调整方法，默认为 identity，表示不进行位置调整。
❑　width：矩形瓷砖的宽度。
❑　height：矩形瓷砖的高度。

除了上述参数外，函数 geom_tile()还可以接受其他 ggplot2 函数的参数，例如颜色、填充、标签等。例如下面的演示代码(源码路径：R-codes\9\re2.R)：

```
library(ggplot2)

# 创建一个示例数据框
data <- expand.grid(x = 1:10, y = 1:10)
data$value <- rnorm(100)

# 使用 ggplot2 绘制热力图
ggplot(data, aes(x = x, y = y, fill = value)) +
```

```
geom_tile() +
scale_fill_gradient(low = "blue", high = "red")
```

程序执行效果如图 9-30 所示。

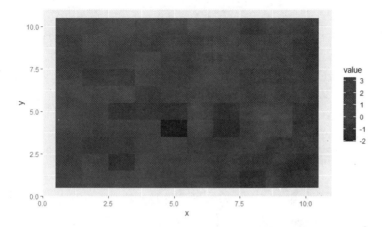

图 9-30　使用包 ggplot2 中的函数 geom_tile()绘制的热力图

3. 包 gplots

我们可以使用包 gplots 中的函数 heatmap.2()绘制热力图，此函数是 gplots 包中的一个扩展函数，它提供了更多的定制选项和功能，如调整行列标签、颜色映射等。例如下面的演示代码(源码路径：R-codes\9\re3.R)：

```
library(gplots)

# 创建数据矩阵
data <- matrix(c(1, 2, 3, 4, 5, 6, 7, 8, 9), nrow = 3, ncol = 3)

# 绘制热力图
heatmap.2(data, trace = "none", dendrogram = "none", col = heat.colors(256), main
= "Heatmap Example")
```

在上述代码中，首先使用 matrix 创建了一个简单的数据矩阵，然后使用函数 heatmap.2()绘制热力图。需要注意的是，参数 col 设置了颜色映射，参数 trace 设置为 none 表示不显示边框线，参数 dendrogram 设置为 none 表示不显示树状图。通过修改数据矩阵和其他参数，可以根据我们的需求自定义热力图。程序执行效果如图 9-31 所示。

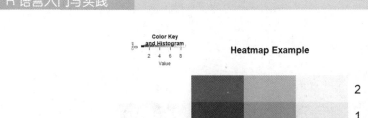

图 9-31　使用包 gplots 中函数 heatmap.2()绘制的热力图

9.5　文件数据的可视化

扫码看视频

在数据分析和可视化应用中，在很多时候，将要处理的数据保存在文本文件中，例如 CSV 文件、Excel 文件、XML 文件、JSON 文件、MySQL 数据库文件等。本节将详细讲解可视化处理上述文本文件数据的知识。

9.5.1　CSV 文件数据的可视化

假设现在有一个名为 rainfall.csv 的 CSV 文件，在里面保存了某个城市的每月降雨量数据。例如下面的实例，基于文件 rainfall.csv 中的数据绘制了每月降雨量数据的条形图。

实例 9-5：某城市每月降雨量数据的条形图(源码路径：R-codes\9\csvtiao.R)

(1)　文件 rainfall.csv 中的数据如下：

```
Month,Amount
January,50
February,45
March,60
April,70
May,80
June,90
July,100
August,85
September,75
October,65
November,55
December,50
```

(2)　编写文件 csvtiao.R，读取文件 rainfall.csv 中的数据，并根据数据绘制条形图。具体实现代码如下：

```
# 导入 ggplot2 包
library(ggplot2)

# 从 CSV 文件中读取数据
data <- read.csv("rainfall.csv")

# 使用 ggplot 函数创建基础图形对象，并设置 x 轴和 y 轴变量
p <- ggplot(data, aes(x = Month, y = Amount))

# 添加条形图层，并设置颜色和填充
p + geom_bar(stat = "identity", fill = "steelblue") +
  # 设置图形标题和轴标签
  labs(title = "Monthly Rainfall", x = "Month", y = "Amount (mm)")
```

对上述代码的具体说明如下。

(1) 首先加载包 ggplot2，然后使用函数 read.csv() 从文件 rainfall.csv 中读取数据并存储在变量 data 中。

(2) 使用函数 ggplot() 创建一个基础图形对象，并通过函数 aes() 设置 x 轴和 y 轴变量。

(3) 使用函数 geom_bar() 添加条形图层，并使用参数 stat = "identity" 确保条形图按照数据的实际值绘制，使用参数 fill 设置条形的颜色和填充样式。

(4) 使用函数 labs() 设置图形的标题和轴标签。

执行上述代码后将生成一个以月份为 x 轴，降雨量为 y 轴的条形图，图形标题为 Monthly Rainfall，x 轴标签为 Month，y 轴标签为 Amount(mm)。程序执行效果如图 9-32 所示。

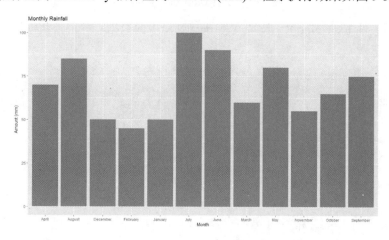

图 9-32　根据 CSV 文件数据绘制的条形图

9.5.2 Excel 文件数据的可视化

假设现在有一个名为 data.xlsx 的 Excel 文件,在里面保存了某上市公司员工的考评成绩。例如下面的实例,基于文件 data.xlsx 中的数据绘制了员工考核成绩统计饼形图。

实例 9-6:员工考核成绩统计饼形图(源码路径:R-codes\9\Excelbing.R)

(1) 文件 data.xlsx 中的数据如图 9-33 所示,其中 Category 列表示成绩等级的名称,Amount 列表示符合这一等级的员工人数。

图 9-33 文件 data.xlsx 中的数据

(2) 编写文件 Excelbing.R,读取文件 data.xlsx 中的数据,并根据数据绘制饼形图。具体实现代码如下:

```
# 导入 readxl 包和 ggplot2 包
library(readxl)
library(ggplot2)

# 从 Excel 文件中读取数据
data <- read_excel("data.xlsx")

# 使用 ggplot 函数创建基础图形对象,并设置饼图数据和标签
p <- ggplot(data, aes(x = "", y = Amount, fill = Category))

# 添加饼图层,并设置标签和配色方案
p + geom_bar(stat = "identity") +
  coord_polar(theta = "y") +
```

```
scale_fill_brewer(palette = "Set3") +
labs(title = "Category Distribution", fill = "Category")
```

对上述代码的具体说明如下。

(1) 加载包 readxl 和 ggplot2，然后使用函数 read_excel()从 data.xlsx 文件中读取数据并存储在变量 data 中。

(2) 使用函数 ggplot()创建一个基础图形对象，并通过函数 aes()设置饼图的数据和标签。

(3) 使用函数 geom_bar()添加饼图层，并使用参数 stat = "identity"确保饼图按照数据的实际值绘制。

(4) 使用函数 coord_polar()将图形转换为极坐标形式，以绘制饼图。

(5) 通过函数 scale_fill_brewer()设置饼图的配色方案，使用参数 palette = "Set3"选择预定义的配色方案。

(6) 使用函数 labs()设置图形的标题和填充标签。

程序执行效果如图 9-34 所示。

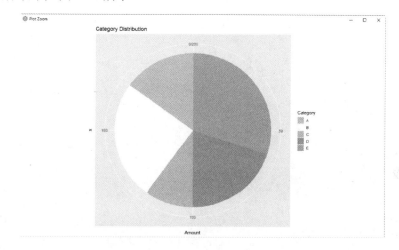

图 9-34　根据 Excel 文件数据绘制的饼形图

9.5.3　XML 文件数据的可视化

假设现在有一个名为 sales_data.xml 的 XML 文件，在里面保存了某上市公司员工的考评成绩。例如下面的实例，基于文件 sales_data.xml 中的数据绘制了商品销售数据散点图。

实例 9-7：商品销售数据散点图(源码路径：R-codes\9\xmlsan.R)

(1) 在文件 sales_data.xml 中保存了商品销售数据，具体内容如下：

```
<sales>
  <product>
    <name>商品 A</name>
    <price>10</price>
    <quantity>50</quantity>
  </product>
  <product>
    <name>商品 B</name>
    <price>40</price>
    <quantity>24</quantity>
  </product>
  <product>
    <name>商品 C</name>
    <price>35</price>
    <quantity>70</quantity>
  </product>
</sales>
```

(2) 编写文件 xmlsan.R，读取文件 sales_data.xml 中的数据，并根据数据绘制散点图。
具体实现代码如下：

```
# 加载 XML 包
library(XML)

# 读取 XML 文件
sales_data <- xmlParse("sales_data.xml")

# 提取商品名称、价格和销售数量
product_names <- xpathSApply(sales_data, "//name", xmlValue)
product_prices <- as.numeric(xpathSApply(sales_data, "//price", xmlValue))
product_quantities <- as.numeric(xpathSApply(sales_data, "//quantity", xmlValue))

# 创建散点图
plot(product_prices, product_quantities,
    main = "商品销售数据散点图",
    xlab = "价格",
    ylab = "销售数量",
    pch = 16,
    xlim = c(0, 50),
    ylim = c(0, 100),
    col = "blue")
```

```
# 添加商品名称标签
text(product_prices, product_quantities, product_names, pos = 4)
```

对上述代码的具体说明如下。

①　使用函数 library()加载 XML 包，以便在 R 中处理 XML 数据。

②　使用函数 xmlParse()读取 sales_data.xml 文件，并将其存储在 sales_data 变量中。

③　使用 XPath 表达式"//name"、"//price"和"//quantity"来提取 XML 中商品的名称、价格和销售数量。函数 xpathSApply()用于在 XML 文档中应用 XPath 表达式，并使用 xmlValue()函数提取节点的值。

④　使用函数 plot()创建散点图，传入商品价格和销售数量作为 x 和 y 轴数据。分别设置了图形的标题、x 轴和 y 轴标签，使用蓝色的点表示散点，并使用参数 pch 设置点的形状为 16(实心圆)。通过参数 xlim 设置 x 轴的最小值和最大值，通过参数 ylim 设置 y 轴的最小值和最大值。在这里，我们将 x 轴的范围设置为 0 到 50，y 轴的范围设置为 0 到 100。

⑤　使用函数 text()在散点图上添加商品名称标签，将商品名称显示在对应的点上，并使用参数 pos 设置标签的位置为 4。

程序执行效果如图 9-35 所示。

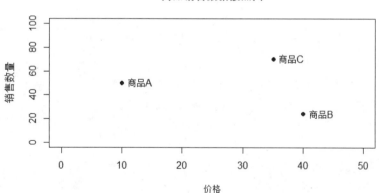

图 9-35　根据 XML 文件数据绘制的散点图

9.5.4　JSON 文件数据的可视化

假设现在有一个名为 stock_data.json 的 JSON 文件，在里面保存了某股票的近 60 天收盘价。例如下面的实例，基于文件 stock_data.json 中的数据绘制了这只股票的日线走势折线图。

实例 9-8： 股票日线走势图(源码路径：R-codes\9\jsonzhe.R)

(1) 在文件 stock_data.json 中保存了某股票的近 60 天收盘价，具体内容如下：

```
{
  "close": [50.2, 51.5, 52.7, 53.1, 54.6, 53.9, 55.2, 56.8, 57.3, 58.1, 59.6, 58.9,
60.2, 61.7, 62.5, 63.2, 64.8, 65.3, 66.1, 67.5, 68.3, 69.1, 70.4, 71.8, 72.5, 73.2,
74.6, 75.1, 76.3, 77.6, 78.9, 79.7, 80.2, 81.5, 82.9, 83.6, 84.2, 85.7, 86.4, 87.9,
88.7, 89.3, 90.6, 91.8, 92.5, 93.2, 94.6, 95.3, 96.1, 97.4, 98.8, 99.5, 100.3, 101.7,
102.9, 103.6, 104.2, 105.7]
}
```

(2) 编写文件 jsonzhe.R，读取文件 stock_data.json 中的数据，并根据数据绘制折线图。
具体实现代码如下：

```r
library(jsonlite)
library(ggplot2)

# 读取 JSON 文件
data <- fromJSON("stock_data.json")

# 提取收盘价数据
close_prices <- data$close

# 创建日期序列
dates <- seq(as.Date("2023-01-01"), by = "day", length.out = length(close_prices))

# 创建数据框
df <- data.frame(Date = dates, Close = close_prices)

# 绘制日线折线图
ggplot(df, aes(x = Date, y = Close)) +
  geom_line() +
  labs(title = "Stock Daily Closing Prices",
       x = "Date",
       y = "Closing Price")
```

对上述代码的具体说明如下。

① 使用包 jsonlite 中的函数 fromJSON()读取保存股票收盘价的 JSON 文件，并将数据
存储在变量 data 中。

② 从 data 中提取收盘价数据，并使用函数 seq()创建与收盘价数据相对应的日期序列。

③ 将日期序列和收盘价数据组合成一个数据框 df，其中 Date 列表示日期，列 Close
表示收盘价。

④　使用包 ggplot2 绘制日线折线图，其中函数 aes()用于设置 Date 为 x 轴变量，Close
为 y 轴变量。用函数 geom_line()绘制折线图，用函数 labs()设置标题和坐标轴标签。

程序执行效果如图 9-36 所示。

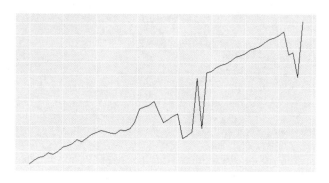

图 9-36　根据 JSON 文件数据绘制的折线图

9.5.5　MySQL 数据库数据的可视化

假设在 MySQL 数据库中有一个名为 rshop 的数据
库，含有一个名为 sales 的表，保存着某商品最近 12 个
月的销量数据。例如下面的实例，基于 MySQL 数据库中
的数据绘制商品的销量统计图。

		id	month	quantity
☐ ✎ 编辑 ⅔ 复制 ⊖ 删除	1	January	100
☐ ✎ 编辑 ⅔ 复制 ⊖ 删除	2	February	120
☐ ✎ 编辑 ⅔ 复制 ⊖ 删除	3	March	80
☐ ✎ 编辑 ⅔ 复制 ⊖ 删除	4	April	150
☐ ✎ 编辑 ⅔ 复制 ⊖ 删除	5	May	130
☐ ✎ 编辑 ⅔ 复制 ⊖ 删除	6	June	90
☐ ✎ 编辑 ⅔ 复制 ⊖ 删除	7	July	110
☐ ✎ 编辑 ⅔ 复制 ⊖ 删除	8	August	140
☐ ✎ 编辑 ⅔ 复制 ⊖ 删除	9	September	160
☐ ✎ 编辑 ⅔ 复制 ⊖ 删除	10	October	120
☐ ✎ 编辑 ⅔ 复制 ⊖ 删除	11	November	100
☐ ✎ 编辑 ⅔ 复制 ⊖ 删除	12	December	180

实例 9-9：商品月销量条形图(源码路径：R-codes\
9\sqltiao.R)

(1)　在 MySQL 数据库中保存了某商品最近 12 个月
的销量数据，如图 9-37 所示。

(2)　编写文件 sqltiao.R，读取 MySQL 数据库中的数
据，并根据数据绘制条形图。具体实现代码如下：

图 9-37　MySQL 数据库中的数据

```
# 安装所需的包
install.packages("RMySQL")
install.packages("ggplot2")

# 加载所需的包
library(RMySQL)
library(ggplot2)

# 建立与MySQL数据库的连接
```

```
con <- dbConnect(MySQL(), user = "your_username", password = "your_password", dbname
= "your_database_name", host = "your_host",port=3306)

# 提取销量数据
query <- "SELECT month, quantity FROM sales"
sales_data <- dbGetQuery(con, query)

# 关闭与 MySQL 数据库的连接
dbDisconnect(con)

# 绘制条形图
ggplot(sales_data, aes(x = month, y = quantity)) +
  geom_bar(stat = "identity", fill = "steelblue") +
  labs(title = "Monthly Sales", x = "Month", y = "Quantity")
```

在上述代码中，需要将 your_username，your_password，your_database_name 和 your_host
替换为用户的实际数据库连接信息。程序执行效果如图 9-38 所示。

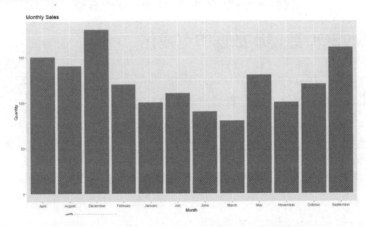

图 9-38　根据 MySQL 数据库数据绘制的条形图

第 10 章

R 语言和人工智能

　　人工智能(Artificial Intelligence, AI)是指计算机系统模拟和展现人类智能的能力。它涉及设计和开发,是能够感知、理解、学习、推理、决策和交互的计算机系统。R 语言作为一种编程语言和环境,具有广泛地应用于数据分析、统计建模和机器学习的能力。它提供了丰富的库和包,包括 Caret、Tensorflow、Keras、mlr 等,使得在 R 语言环境下开发和应用人工智能技术成为可能。本章将详细讲解使用 R 语言开发人工智能程序的知识。

10.1　机器学习

机器学习是一种通过算法和统计模型来使计算机系统从数据中学习的方法，目的是让计算机系统能够根据经验提高性能，并自动适应新数据，而无需明确编程指示。机器学习算法根据输入数据的特征和输出标签之间的关系，学习并构建模型，然后使用这些模型进行预测、分类、聚类等任务。机器学习可分为监督学习(有标签数据)、无监督学习(无标签数据)和半监督学习(部分标签数据)等不同类型。

扫码看视频

10.1.1　机器学习相关包

R 语言提供了丰富的统计和数据处理功能，使其成为进行数据预处理、特征工程和模型评估的强大工具。此外，R 语言还具有数据可视化的能力，可以帮助分析人员更好地理解和解释模型的结果和预测。对于机器学习来说，R 语言提供多个功能包，其中常用的包有以下几种。

- ❑　caret：提供了一套统一的界面，用于训练和评估各种机器学习算法。
- ❑　randomForest：实现了随机森林算法，用于分类和回归问题。
- ❑　e1071：包含了支持向量机(SVM)和其他机器学习算法的实现。
- ❑　glmnet：用于弹性网络(Elastic Net)回归和分类的包。
- ❑　xgboost：提供了梯度提升树算法的实现，用于解决分类和回归问题。

此外，R 语言还有许多其他用于数据预处理、特征工程、模型评估和可视化的包，可以帮助我们完成整个机器学习流程。

10.1.2　包 caret

在包 caret 中提供了许多成员函数和工具，用于在机器学习中进行分类和回归模型的训练、评估和预测。包 caret 中常用成员函数的功能和语法格式如下。

(1)　函数 train()：用于训练机器学习模型的主要函数。它接受特征矩阵和目标变量作为输入，并根据指定的算法、控制参数和交叉验证方法进行模型训练。语法格式如下：

```
train(formula, data, method, trControl, ...)
```

以上语法格式中的参数说明如下。

- ❑　formula：指定目标变量和特征变量的公式。

- ❑ data：包含目标变量和特征变量的数据集。
- ❑ method：指定要使用的机器学习算法。
- ❑ trControl：定义训练过程中的控制参数。
- ❑ …：其他传递给特定算法的参数。

(2) trainControl()：用于定义训练过程中的控制参数，如交叉验证方法、重抽样策略、性能度量等。语法格式如下：

```
trainControl(method, ...)
```

以上语法格式中的参数说明如下。

- ❑ method：指定训练过程中使用的交叉验证方法。
- ❑ …：其他参数，用于指定交叉验证的具体设置，如折数、重复次数等。

(3) trainControl()$method：设置训练过程中使用的交叉验证方法。语法格式如下：

```
trainControl(method = "cv", ...)
```

以上语法格式中的参数说明如下。

- ❑ method：指定交叉验证方法的名称。

实例 10-1：分类模型的训练和评估(源码路径：R-codes\10\caret01.R)

实例文件 caret01.R 的具体实现代码如下：

```
# 安装和加载 caret 包
install.packages("caret")
library(caret)

# 加载示例数据集
data(iris)

# 定义控制参数
ctrl <- trainControl(method = "cv",      # 交叉验证
                number = 5)              # 5 折交叉验证

# 训练模型
model <- train(Species ~ .,              # 预测变量和特征
        data = iris,                     # 数据集
        method = "rf",                   # 随机森林算法
        trControl = ctrl)                # 控制参数

# 输出模型结果
print(model)
```

```
# 预测新样本
new_data <- data.frame(Sepal.Length = 5.1,
                       Sepal.Width = 3.5,
                       Petal.Length = 1.4,
                       Petal.Width = 0.2)
prediction <- predict(model, new_data)
print(prediction)
```

在上述代码中，使用内置数据集 iris 进行分类模型的训练和预测工作。选择使用随机森林算法作为我们的模型，并使用 5 折交叉验证来评估模型性能。最后，使用训练好的模型对新的样本进行预测。程序执行后会输出：

```
Random Forest

150 samples
  4 predictor
  3 classes: 'setosa', 'versicolor', 'virginica'
No pre-processing
Resampling: Cross-Validated (5 fold)
Summary of sample sizes: 120, 120, 120, 120, 120
Resampling results across tuning parameters:

  mtry  Accuracy   Kappa
  2     0.9333333  0.9
  3     0.9333333  0.9
  4     0.9333333  0.9

Accuracy was used to select the optimal model using the
 largest value.
The final value used for the model was mtry = 2.

[1] setosa
Levels: setosa versicolor virginica
```

(4) trainControl()$summaryFunction：用于计算交叉验证结果的摘要统计函数。语法格式如下：

```
trainControl(summaryFunction, ...)
```

以上语法格式中的参数说明如下。

❑ summaryFunction：指定用于计算交叉验证结果的摘要统计函数。

(5) trainControl()$search：设置是否在指定的超参数空间中搜索最佳模型。语法格式如下：

```
trainControl(search, ...)
```

以上语法格式中的参数说明如下。

- search：设置是否在指定的超参数空间中搜索最佳模型。

（6）trainControl()$tuneGrid：指定超参数搜索的网格，包括超参数和对应的候选值。语法格式如下：

```
trainControl(tuneGrid, ...)
```

以上语法格式中的参数说明如下。

- tuneGrid：指定超参数搜索的网格。

（7）trainControl()$preProcess：设置是否对数据进行预处理，如中心化、标准化、PCA等。语法格式如下：

```
trainControl(preProcess, ...)
```

以上语法格式中的参数说明如下。

- preProcess：设置是否对数据进行预处理。

（8）trainControl()$selectionFunction：设置选择最佳模型的策略，可以是性能度量最大化或最小化。语法格式如下：

```
trainControl(selectionFunction, ...)
```

以上语法格式中的参数说明如下。

- selectionFunction：设置选择最佳模型的策略。

（9）trainControl()$finalModel：设置是否在所有训练数据上使用最佳超参数重新训练最终模型。语法格式如下：

```
trainControl(finalModel, ...)
```

以上语法格式中的参数说明如下。

- finalModel：设置是否在所有训练数据上使用最佳超参数重新训练最终模型。

（10）trainControl()$verboseIter：设置是否显示迭代过程中的详细信息。语法格式如下：

```
trainControl(verboseIter, ...)
```

以上语法格式中的参数说明如下。

- verboseIter：设置是否显示迭代过程中的详细信息。

上面介绍的是包 caret 中的一些常用成员函数和工具，用于在机器学习中进行模型训练、评估和预测。通过使用这些函数，可以控制训练过程、调整超参数、选择最佳模型，并获得有关模型性能的详细信息。需要注意的是，上面只是列出了函数的基本功能和语法格式，具体的参数和选项可以通过查阅 caret 包的文档来进一步了解和使用。

实例文件 caret02.R 的具体实现代码如下：

```r
# 导入所需的包
library(caret)

# 加载示例数据集 iris
data(iris)

# 设置交叉验证参数
ctrl <- trainControl(method = "cv", number = 5)

# 训练分类模型(支持向量机)
model <- train(Species ~ ., data = iris, method = "svmRadial", trControl = ctrl)

# 输出训练模型的结果
print(model)

# 使用训练好的模型进行预测
predictions <- predict(model, newdata = iris)

# 输出预测结果
print(predictions)

# 评估模型性能
confusionMatrix(predictions, iris$Species)
```

在上述代码中，首先加载了包 caret，并导入了经典的鸢尾花数据集 iris。然后，设置了交叉验证参数，通过函数 trainControl()来指定交叉验证方法和折数。接下来，使用函数 train()训练一个分类模型(这里使用了支持向量机算法 svmRadial)。训练完成后，打印输出模型的结果，包括选择的最佳参数和模型性能评估指标。然后，使用训练好的模型对同样的数据集进行预测，并将预测结果输出。最后，使用函数 confusionMatrix()评估模型的性能，生成混淆矩阵。程序执行后会输出：

```
Support Vector Machines with Radial Basis Function Kernel

150 samples
  4 predictor
  3 classes: 'setosa', 'versicolor', 'virginica'

No pre-processing
Resampling: Cross-Validated (5 fold)
Summary of sample sizes: 120, 120, 120, 120, 120
```

```
Resampling results across tuning parameters:

  C    Accuracy   Kappa
  0.25 0.9466667  0.92
  0.50 0.9600000  0.94
  1.00 0.9600000  0.94


Tuning parameter 'sigma' was held constant at a value of 0.4851155
Accuracy was used to select the optimal model using the
 largest value.
The final values used for the model were sigma = 0.4851155 and C
= 0.5.
```

输出预测结果
```
> print(predictions)
  [1] setosa     setosa     setosa     setosa     setosa
  [6] setosa     setosa     setosa     setosa     setosa
 [11] setosa     setosa     setosa     setosa     setosa
 [16] setosa     setosa     setosa     setosa     setosa
 [21] setosa     setosa     setosa     setosa     setosa
 [26] setosa     setosa     setosa     setosa     setosa
 [31] setosa     setosa     setosa     setosa     setosa
 [36] setosa     setosa     setosa     setosa     setosa
 [41] setosa     setosa     setosa     setosa     setosa
 [46] setosa     setosa     setosa     setosa     setosa
 [51] versicolor versicolor versicolor versicolor versicolor
 [56] versicolor versicolor versicolor versicolor versicolor
 [61] versicolor versicolor versicolor versicolor versicolor
 [66] versicolor versicolor versicolor versicolor versicolor
 [71] versicolor versicolor versicolor versicolor versicolor
 [76] versicolor versicolor virginica  versicolor versicolor
 [81] versicolor versicolor versicolor virginica  versicolor
 [86] versicolor versicolor versicolor versicolor versicolor
 [91] versicolor versicolor versicolor versicolor versicolor
 [96] versicolor versicolor versicolor versicolor versicolor
[101] virginica  virginica  virginica  virginica  virginica
[106] virginica  versicolor virginica  virginica  virginica
[111] virginica  virginica  virginica  virginica  virginica
[116] virginica  virginica  virginica  virginica  versicolor
[121] virginica  virginica  virginica  virginica  virginica
[126] virginica  virginica  virginica  virginica  virginica
[131] virginica  virginica  virginica  versicolor virginica
[136] virginica  virginica  virginica  virginica  virginica
[141] virginica  virginica  virginica  virginica  virginica
[146] virginica  virginica  virginica  virginica  virginica
Levels: setosa versicolor virginica
>
```

```
> # 评估模型性能
Confusion Matrix and Statistics

          Reference
Prediction   setosa versicolor virginica
  setosa       50        0          0
  versicolor    0       48          3
  virginica     0        2         47

Overall Statistics

               Accuracy : 0.9667
                 95% CI : (0.9239, 0.9891)
    No Information Rate : 0.3333
    P-Value [Acc > NIR] : < 2.2e-16

                  Kappa : 0.95

 Mcnemar's Test P-Value : NA

Statistics by Class:

                     Class: setosa   Class: versicolor
Sensitivity                 1.0000             0.9600
Specificity                 1.0000             0.9700
Pos Pred Value              1.0000             0.9412
Neg Pred Value              1.0000             0.9798
Prevalence                  0.3333             0.3333
Detection Rate              0.3333             0.3200
Detection Prevalence        0.3333             0.3400
Balanced Accuracy           1.0000             0.9650
                     Class: virginica
Sensitivity                 0.9400
Specificity                 0.9800
Pos Pred Value              0.9592
Neg Pred Value              0.9703
Prevalence                  0.3333
Detection Rate              0.3133
Detection Prevalence        0.3267
Balanced Accuracy           0.9600
```

包 caret 支持许多不同的机器学习算法，包括决策树、支持向量机、神经网络等，可以根据具体问题选择适当的算法。

实例 10-3：决策树模型训练和预测(源码路径：R-codes\10\caret03.R)

实例文件 caret03.R 的具体实现代码如下：

```
# 导入所需的包
library(caret)

# 加载示例数据集 iris
data(iris)

# 创建训练集和测试集
set.seed(123)
trainIndex <- createDataPartition(iris$Species, p = 0.7, list = FALSE)
trainData <- iris[trainIndex, ]
testData <- iris[-trainIndex, ]

# 训练决策树模型
model <- train(Species ~ ., data = trainData, method = "rpart")

# 输出训练模型的结果
print(model)

# 使用训练好的模型进行预测
predictions <- predict(model, newdata = testData)

# 输出预测结果
print(predictions)

# 评估模型性能
confusionMatrix(predictions, testData$Species)
```

在上述代码中，首先加载包 caret，并导入经典的鸢尾花数据集 iris。然后，使用函数 createDataPartition()将数据集划分为训练集和测试集，其中 70%的数据作为训练集，30%的数据作为测试集。接下来，使用函数 train()训练决策树模型(method = "rpart")，使用训练集 trainData 进行训练。训练完成后，打印输出模型的结果，包括选择的最佳参数和模型性能评估指标。然后，使用训练好的模型对测试集 testData 进行预测，并将预测结果输出。最后，使用函数 confusionMatrix()评估模型的性能，生成混淆矩阵。

10.1.3　包 randomForest

Random Forest 是一种基于集成学习(Ensemble Learning)的机器学习算法,广泛应用于回归和分类问题。Random Forest 算法的基本原理是通过构建多个决策树(也称为弱学习器),然后将它们集成为一个强大的模型。每个决策树都是基于从原始数据集中随机抽取的子集进行训练,这种随机抽样称为 bootstrap aggregating 或者 bagging。此外,每个决策树的分裂过程也是随机进行的,它从一个随机选择的特征子集中选择最佳分裂。

在 R 语言中，包 randomForest 提供了实现 Random Forest 算法的功能。下面列出了包 randomForest 中常用的函数和参数的具体说明。

- ❑ randomForest()：核心函数，用于构建 Random Forest 模型。接受一系列参数，包括输入数据集、目标变量、决策树的数量等。
- ❑ 参数 formula：用于指定目标变量和自变量之间的关系，采用公式的形式，类似于 "目标变量 ~ 自变量 1 + 自变量 2 + ..."。
- ❑ 参数 data：输入的数据集，包含目标变量和自变量。
- ❑ 参数 ntree：指定构建的决策树数量。较大的值可以提高模型的性能，但也会增加计算时间。
- ❑ 参数 mtry：指定每棵决策树在每次分裂时随机选择的特征数量，较小的值可以提高模型的多样性，但也可能导致过拟合。
- ❑ 参数 importance：控制是否计算变量的重要性度量。当设置为 TRUE 时，模型会计算每个变量的重要性，可以通过 varImpPlot()函数可视化。
- ❑ predict()：用于对新的数据进行预测，可以根据已训练的 Random Forest 模型生成预测结果。
- ❑ varImpPlot()：用于可视化变量的重要性，绘制了每个变量的重要性度量图，帮助理解模型中哪些特征对预测结果的贡献更大。
- ❑ plot()：用于绘制 Random Forest 模型的相关图表，如 OOB 误差曲线(out-of-bag error curve)和变量重要性图。
- ❑ OOB 误差(out-of-bag error)：Random Forest 模型在构建过程中可以通过包外样本计算模型的误差，用于评估模型的性能。

使用包 randomForest 构建 Random Forest 模型的一般流程如下。

(1) 准备数据集：将数据集整理成适合输入 randomForest 函数的形式，包括目标变量和自变量。

(2) 构建模型：调用 randomForest 函数，指定参数如 ntree、mtry 等，构建 Random Forest 模型。

(3) 模型训练：randomForest 函数将使用数据集来训练多个决策树，并进行特征选择和分裂。

(4) 模型评估：可以通过绘制 OOB 误差曲线来评估模型的性能。可以使用 varImpPlot 函数查看变量的重要性。

(5) 模型预测：使用 predict 函数对新的数据进行预测，得到预测结果。

实例 10-4： Random Forest 模型的创建、预测和可视化评估(源码路径：R-codes\10\randomForest.R)

实例文件 randomForest.R 的具体实现代码如下：

```r
# 加载 randomForest 包
library(randomForest)

# 读取数据集
data(iris)

# 将数据集拆分为训练集和测试集
set.seed(123)
train_index <- sample(1:nrow(iris), nrow(iris)*0.7)
train_data <- iris[train_index, ]
test_data <- iris[-train_index, ]

# 构建 Random Forest 模型
model <- randomForest(Species ~ ., data = train_data, ntree = 100, mtry = 2)

# 查看模型摘要
print(model)

# 预测测试集数据
predictions <- predict(model, test_data)

# 比较预测结果和实际结果
accuracy <- sum(predictions == test_data$Species) / nrow(test_data)
print(paste("Accuracy:", accuracy))

# 创建可视化变量
varImpPlot(model)
# 展示可视化变量的重要性，并保存为 PNG 文件
png("variable_importance.png")
varImpPlot(model)
dev.off()
```

在上述代码中，使用了经典的鸢尾花数据集(iris)，首先将数据集拆分为训练集和测试集。然后调用函数 randomForest()构建 Random Forest 模型，其中目标变量是 Species，自变量是其他特征。我们指定参数 ntree 为 100，参数 mtry 为 2。接下来，使用训练好的模型对测试集进行预测，并计算预测的准确率。最后使用函数 varImpPlot()创建可视化图，可视化展示变量的重要性，并将可视化图保存为本地图像文件 variable_importance.png。程序执行后的效果如图 10-1 所示。

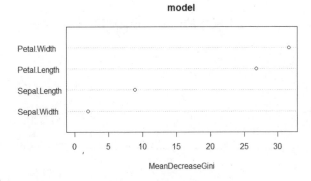

图 10-1　可视化效果

在上述实例代码中，执行 varImpPlot(model)会生成变量重要性的可视化图，对该图的具体说明如下。

❑　横坐标：通常表示特征的重要性值。在 varImpPlot()函数生成的图中，横坐标表示特征的重要性程度，即特征对于模型的贡献程度。横坐标上的数值越大，表示该特征对于模型的影响越大。

❑　纵坐标：通常表示特征的名称或标识符。在 varImpPlot()函数生成的图中，纵坐标表示随机森林模型中的特征名称。每个特征名称对应一个圆圈，圆圈的位置表示了特征的重要性。

通过观察横坐标和纵坐标，我们可以快速了解模型中各个特征对于模型的重要程度，并根据需要进行进一步分析和解释。

10.1.4　包 e1071

e1071 是 R 语言中的一个重要的机器学习包，提供了一些常用的机器学习算法和工具，主要用于实现分类、回归和聚类等任务。包 e1071 中的主要成员如下。

❑　naiveBayes()：用于实现朴素贝叶斯分类器的函数。朴素贝叶斯算法基于贝叶斯定理和特征条件独立性假设，适用于文本分类、垃圾邮件过滤等问题。

❑　tune()：用于模型参数调优的函数，可以通过交叉验证来选择最优的模型参数，可以与 SVM、朴素贝叶斯等算法结合使用，帮助找到最佳的参数配置。

❑　scale()：用于数据标准化的函数。标准化是将数据转换为均值为 0、标准差为 1 的标准正态分布的过程。e1071 包中的 scale()函数可以帮助对数据进行标准化，以提高模型性能。

❑　svm()：用于构建支持向量机模型的函数。可以通过 svm()函数指定不同的核函数(如线性核、多项式核、径向基核等)，以及其他参数，如惩罚参数 C、松弛变量容忍度等。

- ❑ predict()：用于对新的数据进行预测。可以使用已训练好的模型对新样本进行分类或回归预测。predict()函数可以与 svm()、naiveBayes()等函数一起使用。

- ❑ kmeans()：提供了 k-means 聚类算法的实现，k-means 是一种无监督学习算法，用于将数据集划分为预定数量的簇。

- ❑ tune.control()：用于设置模型参数调优的控制选项。可以通过函数 tune.control()设置交叉验证的折数、重复次数等参数。

注意：上面仅仅列举了包 e1071 中的一些常用函数和功能，这些函数可以帮助我们构建和训练不同的机器学习模型，如支持向量机、朴素贝叶斯分类器和 k-means 聚类器。使用 e1071 包，可以在 R 程序中实现分类、回归和聚类等任务。

实例 10-5：文本聚类分析和可视化(源码路径：R-codes\10\e1071.R)

实例文件 e1071.R 的具体实现代码如下：

```
# 加载所需包
library(tm)       # 文本挖掘包
library(e1071)    # e1071 包用于聚类

# 示例文本数据
texts <- c(
  "我喜欢读书",
  "书是我最好的朋友",
  "阅读是一种伟大的爱好",
  "我喜欢阅读小说",
  "我更喜欢书而不是电影",
  "电影给我带来娱乐",
  "我喜欢看动作电影",
  "阅读和写作是我的激情"
)

# 创建语料库对象
corpus <- Corpus(VectorSource(texts))

# 对文本进行预处理
corpus <- tm_map(corpus, content_transformer(tolower))  # 将文本转换为小写
corpus <- tm_map(corpus, removePunctuation)  # 去除标点符号
corpus <- tm_map(corpus, removeNumbers)  # 去除数字
corpus <- tm_map(corpus, removeWords, stopwords("english"))  # 去除停用词
corpus <- tm_map(corpus, stripWhitespace)  # 去除空白字符
```

```
# 创建词项-文档矩阵
tdm <- DocumentTermMatrix(corpus)

# 将矩阵转换为标准矩阵
text_matrix <- as.matrix(tdm)

# 执行 k-means 聚类
kmeans_result <- kmeans(text_matrix, centers = 2)

# 输出聚类结果
for (i in 1:length(texts)) {
  cat("文本:", texts[i], "\t簇别:", kmeans_result$cluster[i], "\n")
}

# 可视化聚类结果
plot(text_matrix, col = kmeans_result$cluster, pch = 19)
```

对上述代码的具体说明如下。

(1) 加载所需的 R 包，其中 tm 包用于文本挖掘，e1071 包用于聚类分析。

(2) 定义一个包含示例文本数据的字符向量，这些文本涉及阅读、书籍和电影的主题。

(3) 使用函数 VectorSource()将文本数据转换为语料库对象，以便进行后续的文本预处理和分析。

(4) 对文本进行预处理，包括将文本转换为小写、去除标点符号、去除数字、去除停用词(使用英语停用词表)以及去除空白字符。

(5) 根据预处理后的语料库对象创建词项-文档矩阵，其中每行代表一个文档，每列代表一个词项，矩阵中的元素表示该词项在对应文档中的出现频率。

(6) 将词项-文档矩阵转换为标准矩阵，以便进行聚类分析。

(7) 使用 k-means 聚类算法对标准矩阵进行聚类，将文本数据分为两个簇。

(8) 输出每个文本与其所属簇的对应关系。

(9) 使用散点图可视化文本数据在二维空间中的分布，根据聚类结果将数据点着色，并以不同的符号表示不同的簇。

程序执行后会输出如下聚类结果，并绘制聚类结果可视化散点图，如图 10-2 所示。

```
文本: 我喜欢读书      簇别: 2
文本: 书是我最好的朋友     簇别: 2
文本: 阅读是一种伟大的爱好      簇别: 2
文本: 我喜欢阅读小说      簇别: 2
文本: 我更喜欢书而不是电影      簇别: 1
文本: 电影给我带来娱乐      簇别: 1
文本: 我喜欢看动作电影      簇别: 1
```

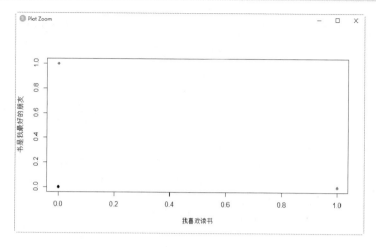

图 10-2　聚类可视化效果

10.1.5　包 glmnet

glmnet 是 R 语言中用于拟合稀疏线性模型的包。它提供了一种弹性网络(Elastic Net)方法，可以在变量选择和参数估计之间进行权衡。在使用包 glmnet 前需要先安装它，可以使用以下命令进行安装：

```
install.packages("glmnet")
```

1. 函数

- ❑　glmnet()：拟合弹性网络模型的主要函数。
- ❑　cv.glmnet()：执行弹性网络模型的交叉验证并选择最佳正则化参数。
- ❑　predict()：根据已拟合的 glmnet 模型进行预测。
- ❑　plot()：可视化 glmnet 模型的结果，如系数路径图等。

2. 对象(数据结构)

- ❑　glmnet.fit：glmnet 模型拟合的结果对象，包含模型的系数、截距和正则化参数等信息。
- ❑　cv.glmnet：交叉验证的结果对象，包含交叉验证的误差、最佳正则化参数等信息。

除了上述的主要成员外，包 glmnet 还提供了其他辅助函数和工具，用于实现评估模型、结果解释和绘图等功能。用户可以查阅包 glmnet 的官方文档，或使用函数 help()来获取更详细的信息和用法举例。

实例 10-6： 拟合稀疏线性模型并可视化(源码路径：R-codes\10\glmnet.R)

实例文件 glmnet.R 的具体实现代码如下：

```r
# 加载所需包
library(glmnet)

# 创建示例数据
x1 <- rnorm(100)
x2 <- rnorm(100)
x3 <- rnorm(100)
y <- 2*x1 + 3*x2 - 1*x3 + rnorm(100)

# 构建特征矩阵
X <- cbind(x1, x2, x3)

# 使用 glmnet 拟合稀疏线性模型
fit <- glmnet(X, y, alpha = 1, lambda = seq(0.01, 1, by = 0.01))

# 绘制系数路径图
plot(fit, xvar = "lambda", label = TRUE)

# 选择最佳正则化参数
best_lambda <- fit$lambda.min

# 根据最佳正则化参数提取系数
coef <- coef(fit, s = best_lambda)
selected_vars <- which(coef != 0)

# 打印选定的变量
cat("选定的变量:", selected_vars, "\n")
```

在上述代码中，使用了一个简单的数据集，包含3个特征变量和一个目标变量。然后使用包 glmnet 来拟合稀疏线性模型，并通过绘制系数路径图来选择最佳正则化参数。接下来，根据最佳正则化参数提取系数，并通过函数 which()找到系数不为零的变量的索引。程序执行后的效果如图 10-3 所示。

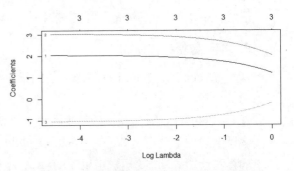

图 10-3　拟合稀疏线性模型可视化效果

10.1.6　包 xgboost

xgboost 是一个基于梯度提升树(Gradient Boosting Tree)算法的 R 语言包，在机器学习和数据科学领域广泛应用。xgboost 实现了梯度提升树算法，通过集成多个决策树来构建强大的预测模型。它能够处理分类和回归问题，并具有很好的准确性和泛化能力。xgboost 采用了优化的算法和数据结构，以提供高效的计算和训练速度。它支持并行计算、特征并行化和分布式计算等功能，能够处理大规模数据集和高维特征。

包 xgboost 中的主要成员函数和对象如下。

❑ Xgboost()函数：用于构建 xgboost 模型的主要函数，包括设置参数、训练模型和进行预测等功能。

❑ xgb.DMatrix 对象：用于存储数据的特殊对象，可以将数据转换为 xgboost 所需的格式，提供高效的数据存储和操作。

❑ xgb.train()函数：用于训练 xgboost 模型的函数，支持自定义的目标函数和评估函数，以及各种控制参数的设置。

❑ xgb.plot.tree()函数：用于可视化 xgboost 模型中的决策树结构，可以展示决策树的分支、节点和叶子节点等信息。

❑ xgb.importance()函数：用于计算特征的重要性，返回特征重要性的排名和得分，帮助理解模型中各个特征的贡献程度。

❑ xgb.c()函数：用于进行交叉验证，评估模型的性能并选择最佳的参数设置，可以得到交叉验证的结果和模型的性能指标。

> **实例 10-7：房价预测和可视化**(源码路径：R-codes\10\xgboost01.R)

实例文件 xgboost01.R 的具体实现代码如下：

```
# 加载波士顿房价数据集
data(Boston)

# 将数据集拆分为特征矩阵和目标变量
X <- as.matrix(Boston[, -14])  # 特征矩阵
y <- Boston$medv  # 目标变量

# 构建 xgboost 回归模型
xgb_model <- xgboost(data = X, label = y, nrounds = 10, objective =
"reg:squarederror")

# 可视化特征的重要性
```

```
importance <- xgb.importance(feature_names = colnames(X), model = xgb_model)
xgb.plot.importance(importance_matrix = importance)

# 预测房价
pred <- predict(xgb_model, X)

# 绘制实际房价与预测房价的散点图
df <- data.frame(Actual = y, Predicted = pred)
ggplot(df, aes(x = Actual, y = Predicted)) + geom_point() + geom_abline(color = "red")
+ labs(x = "Actual Price", y = "Predicted Price")
```

在上述代码中，使用了波士顿房价数据集，将数据集拆分为特征矩阵和目标变量。然后使用函数 xgboost()构建了一个回归模型，设置了树的迭代轮数(nrounds)和目标函数(objective)。接下来，使用函数 xgb.importance()计算了特征的重要性，并使用函数 xgb.plot.importance()可视化了特征的重要性。最后，预测了房价，并绘制了实际房价与预测房价的散点图。程序执行效果如图 10-4 所示。

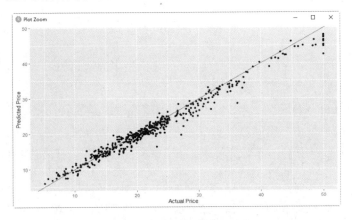

图 10-4　房价预测可视化效果

10.2　深度学习

在 R 语言中，可以使用相关的深度学习包构建和训练深度神经网络模型，其中常用的深度学习包有 keras 和 tensorflow。

扫码看视频

10.2.1　包 keras

keras 是一个在 R 语言中广泛使用的高级神经网络 API，它提供了一种简洁、灵活的接口,用于构建和训练深度学习模型。以下是 keras 包的一些主要功能和成员。

- ❑ 网络模型构建:keras 提供了一组简单的函数和类,用于构建神经网络模型。用户可以使用 Sequential 模型来逐层堆叠神经网络层,也可以使用函数式 API 来构建更复杂的网络结构。keras 支持各种常见的层类型,包括全连接层、卷积层、池化层、循环层等。

- ❑ 模型训练:keras 提供了丰富的训练函数和工具,用于配置和执行模型的训练过程。用户可以选择不同的优化器(如 SGD、Adam 等)和损失函数(如交叉熵、均方误差等),并指定训练的批次大小、迭代次数等参数。keras 还支持常见的训练技巧,如学习率衰减、早停法等。

- ❑ 模型评估:keras 提供了一系列函数和指标,用于评估训练好的模型的性能。可以使用函数 evaluate()计算模型在测试数据上的准确率、损失值等。此外,keras 还支持自定义评估指标,并提供了常用的评估方法(如交叉验证)。

- ❑ 模型保存和加载:keras 可以将训练好的模型保存为文件,以便后续使用。例如可以使用函数 save_model_hdf5()将模型保存为 HDF5 格式,也可以使用函数 save_model_tf()将模型保存为 TensorFlow SavedModel 格式。加载已保存的模型时,可以使用函数 load_model()加载并恢复模型的结构和权重。

- ❑ 预训练模型:keras 支持使用预训练的模型来加速和改进深度学习任务。可以使用 keras 提供的预训练模型(如 VGG、ResNet 等),或者加载其他框架(如 TensorFlow、Caffe 等)中的预训练模型权重。这些预训练模型通常在大规模数据集上进行训练,可以用于特征提取、迁移学习等任务。

- ❑ 数据处理工具:keras 提供了一些常用的数据处理工具,用于对输入数据进行预处理和增强。可以使用 ImageDataGenerator 类进行图像数据增强,或使用 Sequence 类自定义数据生成器。keras 还提供了一些常用的数据集,如 MNIST、CIFAR-10 等,可供快速测试和实验。

在 R 语言中,使用 keras 之前需要先安装 keras 及其相关依赖项,安装 keras 的步骤如下。

(1) 确保已经安装了 Python 和 TensorFlow,keras 是一个 Python 库,它需要 Python 和 TensorFlow 作为后端。可以在 Python 官方网站(https://www.python.org)下载和安装 Python,然后使用以下 pip 命令安装 TensorFlow:

```
pip install tensorflow
```

(2) 在 R 中安装包 reticulate。

reticulate 是一个 R 包,用于在 R 中调用 Python 代码和库。可以使用以下命令在 R 中安装 reticulate 包：

```
install.packages("reticulate")
```

（3）　在 R 中使用 reticulate 包加载 Python 环境。在加载之前，可以使用函数 use_python() 指定 Python 环境路径。例如，如果用户的 Python 环境在默认位置，则可以使用以下代码加载 Python 环境：

```
library(reticulate)
use_python()
```

（4）　在 R 中安装包 keras，可以使用以下命令安装：

```
install.packages("keras")
```

（5）　安装 keras 的后端。

在默认情况下，keras 使用 TensorFlow 作为后端，因此已经在第一步中安装了 TensorFlow。如果想使用其他后端，例如 CNTK 或 Theano，可以按照它们的安装指南进行安装。

（6）　安装完成后，就可以在 R 中使用 keras 库了。记得在使用 keras 之前，先加载它的包：

```
library(keras)
```

现在，可以开始使用 Keras 构建和训练深度学习模型了。

实例 10-8：使用多层感知器(MLP)模型对手写数字进行分类(源码路径：R-codes\ 10\keras.R)

实例文件 keras.R 的具体实现代码如下：

```
library(keras)

# 导入 MNIST 手写数字数据集
mnist <- dataset_mnist()
train_images <- mnist$train$x
train_labels <- mnist$train$y
test_images <- mnist$test$x
test_labels <- mnist$test$y

# 数据预处理
train_images <- array_reshape(train_images, c(nrow(train_images), 784))
test_images <- array_reshape(test_images, c(nrow(test_images), 784))
train_images <- train_images / 255
test_images <- test_images / 255
```

```
# 创建 MLP 模型
model <- keras_model_sequential()
model %>%
  layer_dense(units = 256, activation = 'relu', input_shape = c(784)) %>%
  layer_dropout(rate = 0.4) %>%
  layer_dense(units = 128, activation = 'relu') %>%
  layer_dropout(rate = 0.3) %>%
  layer_dense(units = 10, activation = 'softmax')

# 编译模型
model %>% compile(
  optimizer = 'adam',
  loss = 'sparse_categorical_crossentropy',
  metrics = c('accuracy')
)

# 训练模型
history <- model %>% fit(
  train_images,
  train_labels,
  epochs = 20,
  batch_size = 128,
  validation_split = 0.2
)

# 可视化训练过程
plot(history)

# 在测试集上评估模型性能
test_loss <- model %>% evaluate(test_images, test_labels)[[1]]
test_accuracy <- model %>% evaluate(test_images, test_labels)[[2]]
cat("测试集损失:", test_loss, "\n")
cat("测试集准确率:", test_accuracy, "\n")
```

在上述代码中，使用包 keras 来构建一个包含多个全连接层的 MLP 模型，并使用手写数字数据集 MNIST 进行训练和测试。在代码中对数据进行了预处理，定义了模型的架构，并编译了模型。然后使用训练数据对模型进行训练，同时在每个 epoch 上计算验证集的性能指标。最后，通过绘制训练过程的损失和准确率曲线进行可视化，并在测试集上评估模型的性能。程序执行后会输出下面的训练和测试过程，并绘制训练过程的损失和准确率曲线图，如图 10-5 所示。

```
375/375 [==============================] - 11s 26ms/step - loss: 0.4618 - accuracy:
0.8586 - val_loss: 0.1663 - val_accuracy: 0.9518
Epoch 2/20
375/375 [==============================] - 9s 23ms/step - loss: 0.2056 - accuracy:
```

```
0.9389 - val_loss: 0.1273 - val_accuracy: 0.9624
Epoch 3/20
////省略部分结果
Epoch 19/20
375/375 [==============================] - 7s 19ms/step - loss: 0.0434 - accuracy:
0.9858 - val_loss: 0.0784 - val_accuracy: 0.9801
Epoch 20/20
375/375 [==============================] - 7s 18ms/step - loss: 0.0436 - accuracy:
0.9860 - val_loss: 0.0811 - val_accuracy: 0.9799
```

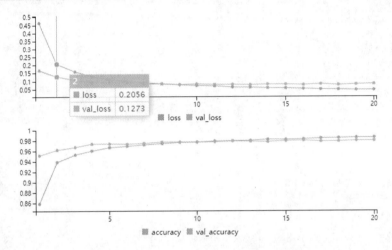

图 10-5　训练过程的损失和准确率曲线图

10.2.2　包 tensorflow

TensorFlow 是谷歌公司发布的一个开源的深度学习框架，提供了丰富的工具和库，用于构建和训练各种类型的神经网络模型。TensorFlow 是一个广泛使用的深度学习框架，它支持各种机器学习任务，包括图像分类、自然语言处理、机器翻译等。TensorFlow 的主要功能如下。

- 构建深度学习模型：tensorflow 包提供了丰富的函数和工具，可以用于构建各种类型的深度学习模型，包括卷积神经网络(CNN)、循环神经网络(RNN)、生成对抗网络(GAN)等。
- 模型训练和优化：tensorflow 包支持使用梯度下降等优化算法对深度学习模型进行训练，并提供了各种损失函数、优化器和评估指标。
- 模型部署和推理：tensorflow 包可以帮助用户将训练好的深度学习模型部署到生产环境中，并进行实时推理和预测。

❑ 可视化工具：tensorflow 包提供了可视化工具，可以帮助用户可视化深度学习模型的结构、训练过程和结果，以便更好地理解和分析模型。

在 R 语言中，可以使用包 tensorflow 来调用 TensorFlow 实现深度学习任务。包 tensorflow 提供了高级的接口和函数，可以方便地构建神经网络模型，并进行训练和预测。包 tensorflow 中的主要成员如下。

❑ 函数(Functions)：包 tensorflow 中的函数用于构建、训练和评估深度学习模型，包括层函数(例如 tf_dense()、tf_conv2d())、优化器函数(例如 tf_optimizer_adam()、tf_optimizer_sgd()) 、 损 失 函 数 (例 如 tf_loss_categorical_crossentropy() 、 tf_loss_mean_squared_error())等。

❑ 数据结构(Data Structures)：包 tensorflow 提供了用于处理和表示数据的数据结构，例如张量(Tensor)、数据集(Dataset)等。

❑ 可视化工具(Visualization Tools)：包 tensorflow 中的可视化工具用于可视化深度学习模型的结构、训练过程和结果，包括绘制模型图(tf_graph())、绘制训练曲线(tf_plot())等。

需要注意的是，因为 R 语言中的 tensorflow 包是 TensorFlow 库的一个接口，所以在使用包 tensorflow 之前需要首先安装 TensorFlow 库。

实例 10-9：训练卷积神经网络(CNN)来识别手写数字(源码路径：R-codes\10\ tensorflow.R)

本实例的功能是训练一个简单的 CNN 模型来识别手写数字，并通过训练过程的可视化图表展示模型的性能。实例文件 tensorflow.R 的具体实现流程如下。

(1) 首先确保已经安装了 TensorFlow 和 Keras 库，然后加载它们。代码如下：

```
library(tensorflow)
library(keras)
```

(2) 加载 MNIST 数据集，并对数据进行预处理。代码如下：

```
# 加载 MNIST 数据集
mnist <- dataset_mnist()
x_train <- mnist$train$x
y_train <- mnist$train$y
x_test <- mnist$test$x
y_test <- mnist$test$y

# 数据预处理
x_train <- array_reshape(x_train, c(dim(x_train)[1], 28, 28, 1))
x_test <- array_reshape(x_test, c(dim(x_test)[1], 28, 28, 1))
x_train <- x_train / 255
```

```
x_test <- x_test / 255
y_train <- to_categorical(y_train, 10)
y_test <- to_categorical(y_test, 10)
```

(3) 定义并编译 CNN 模型，代码如下：

```
model <- keras_model_sequential()
model %>%
  layer_conv_2d(filters = 32, kernel_size = c(3, 3), activation = "relu", input_shape
= c(28, 28, 1)) %>%
  layer_max_pooling_2d(pool_size = c(2, 2)) %>%
  layer_conv_2d(filters = 64, kernel_size = c(3, 3), activation = "relu") %>%
  layer_max_pooling_2d(pool_size = c(2, 2)) %>%
  layer_flatten() %>%
  layer_dense(units = 128, activation = "relu") %>%
  layer_dropout(rate = 0.5) %>%
  layer_dense(units = 10, activation = "softmax")

model %>% compile(
  loss = "categorical_crossentropy",
  optimizer = optimizer_rmsprop(),
  metrics = c("accuracy")
)
```

(4) 训练模型并可视化训练过程和结果，代码如下：

```
history <- model %>% fit(
  x_train, y_train,
  epochs = 10,
  batch_size = 128,
  validation_split = 0.2
)

# 可视化训练过程
plot(history)

# 在测试集上评估模型
evaluate_result <- model %>% evaluate(x_test, y_test)
cat("Test Loss:", evaluate_result$loss, "\n")
cat("Test Accuracy:", evaluate_result$accuracy, "\n")

# 随机选择一些测试样本进行预测并可视化结果
num_samples <- 10
sample_indices <- sample(1:nrow(x_test), num_samples)
sample_images <- x_test[sample_indices,,]
sample_labels <- y_test[sample_indices,]
predicted_labels <- model %>% predict_classes(sample_images)
```

```
par(mfrow = c(2, 5))
for (i in 1:num_samples) {
  image(sample_images[i,,] * 255, col = gray(12:1/12), main = paste("Label:",
which.max(sample_labels[i,]) - 1, "\nPredicted:", predicted_labels[i] - 1))
}
```

程序执行后会输出下面的训练过程，并从测试集中随机选择一些样本进行预测，并绘制可视化预测结果折线图，如图 10-6 所示。

```
Epoch 1/10
375/375 [==============================] - 108s 284ms/step - loss: 0.3215 - accuracy:
0.9007 - val_loss: 0.0747 - val_accuracy: 0.9779
Epoch 2/10
375/375 [==============================] - 103s 275ms/step - loss: 0.1017 - accuracy:
0.9700 - val_loss: 0.0560 - val_accuracy: 0.9833
//////省略部分训练过程
Epoch 10/10
375/375 [==============================] - 137s 364ms/step - loss: 0.0280 - accuracy:
0.9911 - val_loss: 0.0408 - val_accuracy: 0.9899

313/313 [==============================] - 10s 31ms/step - loss: 0.0293 - accuracy:
0.9922
```

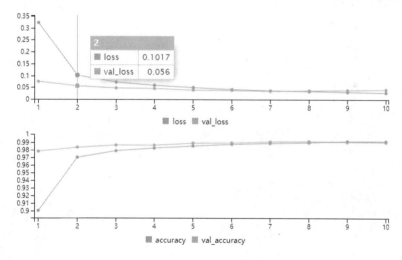

图 10-6　可视化预测结果折线图

第 11 章

心力衰竭数据
分析系统

心力衰竭数据分析系统是一个用于分析和可视化心力衰竭患者临床记录数据的应用程序。它旨在帮助医疗专业人员和研究人员对心力衰竭的病例数据进行统计分析、可视化展示和洞察力挖掘，从而支持决策制定和研究发现。本章将详细讲解使用 R 语言开发一个心力衰竭临床记录数据分析系统的知识，展示 R 语言在商业项目中的功能和作用。

11.1 背景介绍

扫码看视频

随着数据分析技术的发展和普及，人们愈发明确数据分析技术在医疗行业中的重要价值。数据分析在医疗领域中具有广泛的应用前景，可以帮助改善临床决策、提高医疗效果、优化药物研发和管理医疗资源，为患者提供更好的医疗服务和健康管理。

11.1.1 数据分析在医疗行业的作用

数据分析技术可以在医疗行业发挥以下几个方面的作用。

- ❑ 临床决策支持：通过对大量的临床数据进行分析和挖掘，可以帮助医生做出更准确的诊断和治疗决策。数据分析可以揭示潜在的规律和关联，辅助医生进行病情评估、风险预测和治疗方案选择。
- ❑ 疾病预测和预防：通过对患者的临床数据进行统计和建模分析，可以预测患者患病的风险，并提前采取干预措施。数据分析可以识别出与特定疾病相关的因素和指标，帮助医生制定个性化的预防策略。
- ❑ 药物研发和优化：数据分析在药物研发过程中发挥着重要的作用。通过对大规模的临床试验数据和药物效应数据进行分析，可以评估药物的疗效和安全性，并优化药物的剂量和使用方案。数据分析还可以帮助发现新的药物靶点和治疗策略。
- ❑ 医疗资源管理：数据分析可以帮助医疗机构合理配置医疗资源，优化医疗流程和提高医疗效率。通过对医疗数据进行分析，可以识别出病种的就诊规律和特点，为医院的资源调配和医疗服务提供指导。
- ❑ 健康管理和个性化医疗：数据分析可以在健康管理领域发挥作用，通过对个体的生理数据、生活习惯和基因信息进行分析，为个性化的健康管理和治疗提供支持。数据分析可以帮助识别潜在的健康风险因素，并制定个体化的预防和干预措施。

11.1.2 心力衰竭临床记录介绍

心力衰竭临床记录是指医疗机构或医生在对心力衰竭患者进行诊断、治疗和随访过程中所记录的相关信息。心力衰竭是一种心脏疾病，指心脏无法有效泵血，导致身体组织和器官供血不足的状况。临床记录是医疗过程中的重要文档，记录了患者的基本信息、病史、体征、实验室检查结果、诊断、治疗方案、用药情况、疗效评估等内容。

在大多数情况下，心力衰竭临床记录包括但不限于以下信息。

❑ 患者基本信息：包括姓名、年龄、性别、联系方式等。

❑ 病史：包括既往疾病史、家族病史、心脏病史等。

❑ 主诉和症状：记录患者主观的不适感受和心力衰竭相关症状，如呼吸困难、乏力、水肿等。

❑ 体征：记录患者体检所见，如心率、血压、心脏杂音、水肿程度等。

❑ 实验室检查：包括血液生化指标、心脏超声检查、心电图等检查结果。

❑ 诊断：医生对患者的诊断和分级，如心力衰竭分级(NYHA 分级)。

❑ 治疗方案：包括药物治疗、手术干预、心脏康复计划等治疗方案。

❑ 随访记录：记录患者的随访情况，包括随访时间、症状变化、治疗效果评估等。

心力衰竭临床记录的目的是全面了解患者的病情和治疗效果，为医生提供决策依据，帮助制定个体化的治疗方案和进行疗效评估。这些记录对于临床医生的工作和患者的健康管理都具有重要意义。

11.2 需求分析

本系统为用于分析和可视化心力衰竭患者临床记录数据的应用程序，旨在帮助医疗专业人员和研究人员对心力衰竭的病例数据进行统计分析、可视化展示和洞察力挖掘，从而支持决策制定和研究发现。一个典型的心力衰竭临床记录数据分析系统的功能如下。

扫码看视频

(1) 数据导入和管理。

❑ 系统应支持导入心力衰竭患者的临床记录数据，通常以 CSV 或类似的格式进行存储。

❑ 用户应能够上传数据文件，并确保数据的正确导入和管理。

(2) 数据摘要和统计分析。

❑ 系统应能够提供数据摘要功能，以便用户可以查看整体数据集的概要信息，如数据行数、列数、数据类型等。

❑ 用户应能够选择特定的列或变量进行统计分析，例如计算均值、中位数、标准差等。

❑ 用户应能够生成描述性统计表和图表，以了解心力衰竭患者的基本特征和数据分布情况。

(3) 可视化展示和图表生成。

❑ 系统应提供多种图表类型，如柱状图、折线图、箱线图、密度图等，用于可视化心力衰竭患者的各种临床指标和变量。

❑ 用户应能够选择特定的变量和图表类型，并生成相应的图表以进行可视化分析。

❑ 图表应具有交互性，允许用户缩放、平移、悬停等操作，以便更详细地查看数据和趋势。

(4) 数据筛选和过滤。

❑ 用户应能够根据特定的条件对数据进行筛选和过滤，以便获取感兴趣的子集数据。

❑ 用户应能够使用基本的逻辑操作符(如等于、大于、小于等)进行条件筛选。

(5) 数据标记和标签管理。

❑ 用户应能够为数据集中的特定变量或列添加标签和注释，以便更好地理解数据和进行进一步的分析。

❑ 标签和注释应能够与数据一起存储和导出。

11.3　系统介绍

本软件项目的核心功能包括数据上传和展示、预处理功能、数据可视化以及数据导出，提供了一个用户友好的界面，帮助用户快速导入、预处理和可视化心力衰竭临床记录数据，并将处理后的数据导出供进一步分析和使用。

扫码看视频

11.3.1　系统功能模块

❑ 数据上传和展示：用户可以通过界面上传心力衰竭临床记录的 CSV 文件。上传后，系统会读取文件数据并在界面中展示数据的概要信息和数据表格，以便用户查看和分析数据。

❑ 预处理功能：在 Preprocessing 选项卡中，用户可以对数据进行预处理操作。其中，Column Labels 部分允许用户为数据表格中的列设置标签，以便更好地理解和解释数据。用户可以为每个分类列输入自定义的标签，并将其应用到数据中。预处理后的带有标签的数据将在界面中展示。

❑ 数据可视化：在 Plots 选项卡中，用户可以选择要进行数据可视化的列。用户可以选择一个数值列作为横轴，并选择一个分类列作为数据分组的标准(可选)。用户可以选择不同的图表类型，包括直方图、密度图、箱线图和小提琴图。系统会根据用户的选择生成相应的图表，并以用户指定的布局方式展示。

- ❑ 数据导出：系统提供数据导出功能，用户可以通过点击界面上的下载按钮，将经过预处理的带有标签的数据以 CSV 格式进行下载保存。

11.3.2 系统模块结构

本心力衰竭临床记录数据分析系统的系统模块结构如图 11-1 所示。

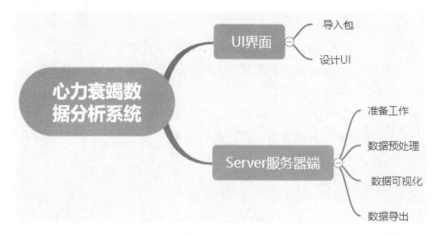

图 11-1　系统模块结构图

11.4　技术分析

扫码看视频

本心力衰竭临床记录数据分析系统的功能比较强大，使用了现实中主流的数据分析技术，并且为了便于展示可视化结果，特意将分析结果在 Web 页面中展示。在本节的内容中，将介绍本项目用到的主要开发技术。

11.4.1　Web 包 Shiny

Shiny 是一个用于构建交互式 Web 应用程序的 R 包，由 RStudio 开发和维护。它允许用户通过 R 语言创建具有动态和可视化功能的 Web 应用程序，无需了解复杂的 Web 开发技术。通过使用 Shiny，可以将 R 语言代码转换为交互式应用程序，以便用户可以通过 Web 浏览器与 R 代码进行交互。Shiny 应用程序通常由以下两个主要组件组成。

- ❑ UI(用户界面)：它定义了应用程序的外观和布局，包括各种输入控件(如滑块、复选框、文本框)和输出元素(如图表、数据表格)等。通过 Shiny 的 UI 函数，用户可以使用 R 语言和 HTML 标记语言创建交互式界面。

□ Server(服务器端)：它是应用程序的后端部分，负责处理用户的输入、执行相应的计算和数据处理，并将结果发送回 UI 以供显示。通过 Shiny 的 server 函数，用户可以编写 R 代码来定义与 UI 交互的行为和逻辑。

Shiny 应用程序基于响应式编程模型，这意味着当用户与应用程序交互时，Shiny 会自动更新 UI 并执行必要的计算。每当用户更改输入控件的值，服务器端的 R 代码将重新运行，并将更新的结果发送回 UI 进行显示。

Shiny 提供了丰富的功能和扩展性选项，可以用于创建各种类型的数据分析和可视化应用程序。它还支持与其他 R 包和工具的集成，如 ggplot2、leaflet、DT 等，能够创建高度定制和交互式的数据分析工具。

总之，Shiny 为 R 用户提供了一种简便而强大的方式来构建交互式 Web 应用程序，使数据分析和可视化变得更加直观和可访问。它在数据科学、统计学、生物信息学等领域中得到广泛应用，并成为 R 语言生态系统中不可或缺的工具之一。

11.4.2 交互式表格包 DT

DT 是 DataTables 的缩写，是一个功能强大的 JavaScript 库，用于创建交互式数据表格。在 R 语言中，通过使用包 DT 可以将数据表格转换为具有丰富功能的交互式表格，例如排序、筛选、分页和搜索。DT 还支持导出数据表格为不同格式(如 CSV、Excel)并具有自定义样式的功能。在 Shiny 应用程序中，包 DT 提供了方便的函数和接口，使得在网页上展示和操作数据表格变得简单而灵活。

11.4.3 集成可视化包 tidyverse

包 tidyverse 是由一系列 R 语言包组成的集合，旨在提供一致和高效的数据处理和可视化工具。这些包共享相似的设计理念和语法风格，使得数据科学的工作流程更加简单和直观。包 tidyverse 由以下的核心包组成。

□ ggplot2：ggplot2 是一款功能强大的数据可视化包，基于图形语法，可以创建高质量的统计图形，如散点图、柱状图、线图等。

□ dplyr：dplyr 提供了一组简洁而高效的函数，用于数据处理和转换。它支持常见的数据操作，如筛选、排序、汇总、分组和连接等，使得数据的清洗和转换变得简单而直观。

❑ tidyr：tidyr 专注于数据整理和重塑，提供了一些函数来处理数据的宽格式和长格式之间的转换。它能够轻松处理数据集中的缺失值、重复值和多重观测问题。

❑ readr：readr 提供了快速而一致的数据读取功能，可以高效地读取和解析各种数据格式，如 CSV、Excel、数据库等。

通过使用包 tidyverse，使得 R 语言数据处理的流程更加简洁，提高了开发者的工作效率，并提高了代码可读性。

11.4.4 图形排列包 gridExtra

包 gridExtra 是一个用于组合和排列图形的 R 包，它基于 grid 图形系统，允许将多个图形对象(如绘图、表格)放置在同一个图形设备中，并进行灵活的排列和组合。gridExtra 提供了函数和工具，可以将图形水平或垂直排列、堆叠、网格化等，从而创建复杂且具有结构的图形布局。这对于比较多个图形、创建自定义图形布局或制作报告中的图形展示非常有用。

11.5 UI 界面

本项目的具体源码由两大部分组成：UI(用户界面)和 Server(服务器端)，其中 UI 部分由文件 ui.R 实现，实现了本项目程序的外观和布局。在本节的内容中，将详细讲解文件 ui.R 使用 R 语言和 HTML 标记语言创建 UI 交互式界面的过程。

扫码看视频

11.5.1 导入包

导入本项目需要用到的包，这些包提供了在 Shiny 应用程序中使用的各种功能和工具。对应的实现代码如下：

```
library(DT)
library(shiny)
library(tidyverse)
library(gridExtra)
library(shinythemes)
```

❑ DT：用于创建交互式数据表格。
❑ shiny：用于构建 Shiny 应用程序的包。
❑ tidyverse：提供了一组用于数据处理和可视化的包。

- ❑ gridExtra：用于组合多个图形的包。
- ❑ shinythemes：提供了一些 Shiny 应用程序的主题样式。

11.5.2　设计 UI

（1）创建 Shiny 应用程序的 UI 部分。

使用函数 shinyUI()创建 Shiny 应用程序的用户界面，对应的实现代码如下：

```
shinyUI(
  fluidPage(
    # 页面布局和设置
  )
)
```

（2）页面布局和设置。

在函数 fluidPage()中设置页面的布局和外观。函数 fluidPage()是 Shiny 包中用于创建 Shiny 应用程序用户界面的函数之一。它提供了一个灵活的页面布局，可以根据需要调整和自定义页面的外观。函数 fluidPage()的功能如下。

- ❑ 创建页面布局：创建一个页面布局容器，其中包含应用程序的各个组件和元素，例如标题、选项卡、侧边栏、主面板等。
- ❑ 自适应响应式布局：函数 fluidPage()创建的布局是自适应的，可以根据屏幕大小和设备类型进行响应式调整，以确保应用程序在不同设备上的良好显示和交互体验。
- ❑ 设置页面外观：通过 theme 参数，函数 fluidPage()可以为应用程序设置不同的主题样式，如 flatly、cerulean、cosmo 等，以改变应用程序的整体外观和风格。

对应的实现代码如下：

```
fluidPage(
  # 设置主题样式
  theme = shinytheme("flatly"),
  # 设置标题面板
  titlePanel("UCI 心衰数据集分析与可视化系统"),

  # 创建选项卡面板
  tabsetPanel(
    # 选项卡 1：Input
    tabPanel(
      "Input",
      # 侧边栏布局
      sidebarLayout(
        # 侧边栏面板
```

```
    sidebarPanel(
      # 文件上传
      fileInput("file", "Upload CSV file", accept = c(".csv")),
      # 数据摘要
      tags$hr(),
      h4("Data Summary"),
      verbatimTextOutput("summary"),
      # 分类列选择
      tags$hr(),
      h4("Categorical Column Selection"),
      uiOutput("select_categorical_columns")
    ),
    # 主面板
    mainPanel(
      # 数据表格输出
      DT::dataTableOutput("data_table")
    )
  )
),

# 选项卡 2: Preprocessing
tabPanel(
  "Preprocessing",
  # 侧边栏布局
  sidebarLayout(
    # 侧边栏面板
    sidebarPanel(
      # 列标签
      h4("Column Labels"),
      uiOutput("column_labels")
    ),
    # 主面板
    mainPanel(
      # 标记后的数据表格输出
      DT::dataTableOutput("data_table_labeled"),
      downloadButton("download", "Download Labeled Data")
    )
  )
),

# 选项卡 3: Plots
tabPanel(
  "Plots",
  # 侧边栏布局
  sidebarLayout(
    # 侧边栏面板
    sidebarPanel(
```

```
    # 列选择
    h4("Column Selection for Plotting"),
    uiOutput("select_columns"),
    # 分类列选择
    uiOutput("select_categorical"),
    tags$hr(),
    h4("Plot Options"),
    # 图表类型选择
    checkboxGroupInput("plot_types", "Choose plot types:",
                choices = list("Histogram" = "hist",
                               "Density Plot" = "density",
                               "Box Plot" = "box",
                               "Violin Plot" = "violin")),
    # 条件面板 - 直方图的 bin 数量
    conditionalPanel(
      condition = "input.plot_types.indexOf('hist') > -1",
      sliderInput("hist_bins", "Number of bins for histogram:",
             min = 5, max = 100, value = 30, step = 1)
    ),
    tags$hr(),
    h4("Plot Layout"),
    # 图表布局 - 每行图表数量
    sliderInput("plots_per_row", "Plots per row:", min = 1, max = 6, value = 3),
    # 图表布局 - 每列图表数量
    sliderInput("plots_per_col", "Plots per column:", min = 1, max = 6, value = 2)
  ),
  # 主面板
  mainPanel(
    # 图表输出
    plotOutput("plots")
  )
  )
  )
 )
)
```

上述代码的实现流程如下。

① 使用函数 fluidPage()创建一个页面布局容器，将其作为 Shiny 应用程序的用户界面。

② 在 fluidPage()的参数中，可以设置不同的选项和布局组件来构建页面。常见的选项包括 titlePanel()用于设置应用程序的标题面板，sidebarLayout()用于创建具有侧边栏和主面板的布局等。

③ 在布局容器内部，可以使用其他 Shiny UI 组件和函数来添加各种用户界面元素，如文件上传组件、数据表格输出、下拉菜单、文本输入框、图形输出等。

④ 可以通过嵌套布局、条件面板、标签面板等方式实现更复杂的页面布局和交互

逻辑。

⑤ 使用 fluidPage()返回的布局容器作为 Shiny 应用程序的用户界面部分，最后可以将其传递给 shinyApp()函数与服务器逻辑部分(server.R)一起创建完整的 Shiny 应用程序。

总之，fluidPage()函数为 Shiny 应用程序提供了一个灵活的、自适应的页面布局容器，可以通过添加不同的 UI 组件和函数来实现具有个性化外观和功能的用户界面。

11.6 Server 服务器端

在本项目中，Server 服务器端负责处理用户的输入、执行相应的计算和数据处理，并将结果发送回 UI 以供显示。在本项目中，Server 服务器端功能由文件 server.R 实现，本节将详细讲解文件 server.R 的具体实现过程。

扫码看视频

11.6.1 准备工作

(1) 准备好要处理的数据集文件 heart_failure_clinical_records_dataset.csv，其中保存了美国加利福尼亚大学尔湾分校收集的病例数据，有关该数据集的详细信息可参考 https://archive.ics.uci.edu/ml/datasets/Heart+failure+clinical+records。然后准备需要的 R 包，并加载这个 CSV 文件。

(2) 加载所需的 R 包，对应的实现代码如下：

```
library(DT)
library(shiny)
library(tidyverse)
library(gridExtra)
library(shinythemes)
```

(3) 创建一个名为 data 的响应式函数。当用户选择一个文件后，该函数将读取该文件的内容，并将其存储在一个数据框中。对应的实现代码如下：

```
shinyServer(function(input, output) {
  data <- reactive({
    req(input$file)
    read.csv(input$file$datapath, header = TRUE)
  })
```

(4) 创建一个名为 summary 的输出，用于在 Shiny 应用程序中显示数据的摘要统计信息。该输出使用 renderPrint 函数，它将 summary(data())的结果呈现为文本。对应的实现代码如下：

```
output$summary <- renderPrint({
  summary(data())
})
```

11.6.2 数据预处理

(1) 创建一个名为 select_categorical_columns 的输出，用于让用户选择数据框中的分类列。该输出使用 renderUI 函数，它生成一个复选框组输入控件(checkboxGroupInput)，其中选项由数据框的列名(colnames(data()))构成。对应的实现代码如下：

```
output$select_categorical_columns <- renderUI({
  checkboxGroupInput("categorical_columns", "Select categorical columns:",
              choices = colnames(data()), selected = NULL)
})
```

分类列是具有有限数量离散取值的列，例如性别(男/女)、教育水平(小学/初中/高中/大学)等。选择分类列后，应用程序将基于这些列生成可视化图表，以展示数据的分布、关系和趋势。通过选择分类列，用户可以针对不同的数据特征进行分组和比较，从而更好地理解数据的特点和变化。这对于发现模式、探索关联以及进行数据分析和预测都非常有帮助。在应用程序中，用户可以通过复选框的方式选择一个或多个分类列。选中的列将被用于生成图表，并提供更多数据的可视化呈现方式。

(2) 创建一个名为 data_with_factors 的响应式函数。该函数将从选择的分类列中创建因子变量，并将其存储在新的数据框中。它通过迭代用户选择的分类列(input$categorical_columns)，将相应的列转换为因子(as.factor)。对应的实现代码如下：

```
data_with_factors <- reactive({
  df <- data()
  for (col_name in input$categorical_columns) {
    df[[col_name]] <- as.factor(df[[col_name]])
  }
  df
})
```

(3) 创建一个名为 data_table 的输出，用于在 Shiny 应用程序中显示数据框的交互式表格。该输出使用 DT::renderDataTable 函数和 DT::datatable 函数生成一个可自定义的数据表，其中数据来自 data_with_factors()，并通过 options 参数设置表格选项，例如每页显示的行数。对应的实现代码如下：

```
output$data_table <- DT::renderDataTable({
  DT::datatable(data_with_factors(), options = list(lengthMenu = c(5, 10, 20, 50),
```

```
pageLength = 10))
  })
```

(4) 创建一个名为 select_columns 的输出，用于让用户选择进行绘图的数值列。该输出使用 renderUI 函数，生成一个选择输入控件(selectInput)，其中选项由数据框中的数值列构成(colnames(data_with_factors()[sapply(data_with_factors(), is.numeric)]))。对应的实现代码如下：

```
output$select_columns <- renderUI({
  selectInput("columns", "Choose a numeric column for plotting:", choices =
colnames(data_with_factors()[sapply(data_with_factors(), is.numeric)]), selected
= colnames(data_with_factors()[sapply(data_with_factors(), is.numeric)])[1])
  })
```

(5) 创建一个名为 select_categorical 的输出，用于让用户选择进行分组的分类列(可选)。该输出使用 renderUI 函数，生成一个选择输入控件(selectInput)，其中选项由数据框中的逻辑型列和因子列构成 (colnames(data_with_factors()[sapply(data_with_factors(), function(x) is.logical(x) | is.factor(x))]))。对应的实现代码如下：

```
output$select_categorical <- renderUI({
  selectInput("categorical", "Choose a categorical column for grouping
(optional):", choices = c("None" = "",
colnames(data_with_factors()[sapply(data_with_factors(), function(x)
is.logical(x) | is.factor(x))])), selected = "")
  })
```

(6) 创建一个名为 column_labels 的输出，用于为数据框的因子列添加标签，并显示因子级别。该输出使用 renderUI 函数，根据数据框中的因子列生成多个文本输入框(textInput)，其中每个输入框都用于为相应列添加标签，并显示因子的级别。对应的实现代码如下：

```
output$column_labels <- renderUI({
  label_choices <- colnames(data_with_factors()[sapply(data_with_factors(),
is.factor)])
  inputs <- lapply(seq_along(label_choices), function(i) {
    name <- label_choices[i]
    id <- paste0("label_", name)
    label <- paste0(name, ": ")
    # 获取列的因子级别
    factor_levels <- levels(data_with_factors()[[name]])
    textInput(id, label, value = "", placeholder = factor_levels)
  })
  do.call(tagList, inputs)
  })
```

(7) 创建一个名为 labeled_data 的响应式函数，该函数根据用户输入的标签为数据框的因子列重新赋值，即将输入的标签设置为因子的级别。它通过迭代数据框中的因子列(colnames(labeled)[sapply(labeled, is.factor)])，获取相应的输入值(input[[paste0("label_", col)]])，将输入的标签分割为字符向量(strsplit(labels_str, "\\s*,\\s*")[[1]])，并将其赋值给因子的级别(levels(labeled[[col]]) <- labels)。对应的实现代码如下：

```
labeled_data <- reactive({
  labeled <- data_with_factors()
  for (col in colnames(labeled)[sapply(labeled, is.factor)]) {
    labels_str <- input[[paste0("label_", col)]]
    if (labels_str != "") {
      labels <- strsplit(labels_str, "\\s*,\\s*")[[1]]
      levels(labeled[[col]]) <- labels
    }
  }
  labeled
})
```

(8) 创建一个名为 data_table_labeled 的输出，用于在 Shiny 应用程序中显示经过标签化处理的数据表。该输出使用 DT::renderDataTable 函数和 DT::datatable 函数生成一个可自定义的数据表，其中数据来自 labeled_data()，并通过 options 参数设置表格选项，例如每页显示的行数。对应的实现代码如下：

```
output$data_table_labeled <- DT::renderDataTable({
  DT::datatable(labeled_data(), options = list(lengthMenu = c(5, 10, 20, 50),
pageLength = 10))
})
```

11.6.3　数据可视化

创建一个名为 plots 的输出，用于在 Shiny 应用程序中显示数据可视化绘图。该输出使用 renderPlot()函数，根据用户选择的绘图类型和参数，生成一个或多个绘图。根据用户选择的数值列(input$columns)和分类列(input$categorical)，选择相应的数据进行绘图。根据用户选择的绘图类型(input$plot_types)，使用 ggplot2 包生成直方图(hist)、密度图(density)、箱线图(box)或小提琴图(violin)。绘制的图形根据用户选择的分组列(input$categorical)进行分组，并通过 input$plots_per_row 和 input$plots_per_col 控制每行和每列的图形数量。最后，使用 gridExtra 包的 grid.arrange 函数将所有绘图按照指定的行数和列数排列在一起。对应的实现代码如下：

```
output$plots <- renderPlot({
 req(input$columns, input$plot_types)

 if (input$categorical != "") {
  selected_data <- labeled_data()[, c(input$columns, input$categorical)]
 } else {
  selected_data <- labeled_data()[, input$columns, drop = FALSE]
 }

 num_plots <- length(input$plot_types)
 num_rows <- ceiling(num_plots / input$plots_per_row)
 num_cols <- ceiling(num_plots / input$plots_per_col)

 plots <- list()
 for (i in seq_len(num_plots)) {
  plot_type <- input$plot_types[i]
  if (plot_type == "hist") {
   p <- ggplot(selected_data, aes_string(x = input$columns)) +
    geom_histogram(bins = input$hist_bins, fill = "dodgerblue", color = "black",
     alpha = 0.8)
   p <- p + theme_minimal() + labs(title = "Histogram")
   if (input$categorical != "") {
    p <- p + facet_wrap(~ .data[[input$categorical]], ncol = input$plots_per_row)
   }
   plots <- append(plots, list(p))
  } else if (plot_type == "density") {
   p <- ggplot(selected_data, aes_string(x = input$columns, fill =
     input$categorical)) +
    geom_density(alpha = 0.6) +
    theme_minimal() + labs(title = "Density Plot")
   if (input$categorical != "") {
    p <- p + scale_fill_discrete(name = input$categorical)
   } else {
    p <- p + guides(fill = FALSE)
   }
   plots <- append(plots, list(p))
  } else if (plot_type == "box") {
   p <- ggplot(selected_data, aes_string(x = input$categorical, y =
     input$columns, fill = input$categorical)) +
    geom_boxplot(alpha = 0.6) +
    theme_minimal() + labs(title = "Box Plot")
   if (input$categorical != "") {
    p <- p + scale_fill_discrete(name = input$categorical)
   } else {
    p <- p + guides(fill = FALSE)
```

```
        }
        plots <- append(plots, list(p))
    } else if (plot_type == "violin") {
      p <- ggplot(selected_data, aes_string(x = input$categorical, y =
          input$columns, fill = input$categorical)) +
        geom_violin(alpha = 0.6) +
        theme_minimal() + labs(title = "Violin Plot")
      if (input$categorical != "") {
        p <- p + scale_fill_discrete(name = input$categorical)
      } else {
        p <- p + guides(fill = FALSE)
      }
      plots <- append(plots, list(p))
    }
  }

  while (num_rows * num_cols < num_plots) {
    if (input$plots_per_row < input$plots_per_col) {
      num_cols <- num_cols - 1
    } else {
      num_rows <- num_rows - 1
    }
  }

  do.call("grid.arrange", c(plots, ncol = num_cols, nrow = num_rows))
})
```

11.6.4 数据导出

创建一个名为 download 的输出，用于在 Shiny 应用程序中提供数据的下载。该输出使用 downloadHandler()函数，设置下载的文件名和文件内容。文件名由当前日期和文件扩展名组成，文件内容通过 write.csv 函数将 labeled_data()写入 CSV 文件。对应的实现代码如下：

```
output$download <- downloadHandler(
  filename = function() {
    paste("labeled_data_", Sys.Date(), ".csv", sep = "")
  },
  content = function(file) {
    write.csv(labeled_data(), file, row.names = FALSE)
  }
)
})
```

11.7 调试运行

程序执行后在浏览器中输入 shiny 提示的网址，首先显示系统主页，效果如图 11-2 所示。

图 11-2 系统主页效果

单击 Browse 按钮，选择加载处理预先准备好的病历数据文件 heart_failure_clinical_records_dataset.csv，加载完成后，将在新页面上方显示数据集中的概览信息，如图 11-3 所示。

图 11-3 病例概览信息

在左下方显示 Categorical Column Selection 选项信息，这是一个用于选择分类列的选项。在本项目中，用户可以从上传的数据文件中选择一列或多列作为分类列。例如勾选 sex 复选框和 time 复选框，如图 11-4 所示。

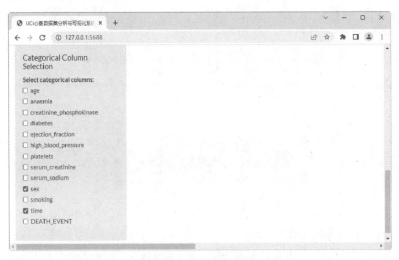

图 11-4　选择分类列

切换到 Preprocessing 选项卡，进入数据预处理界面，在这个界面中，用户可以对上传的数据进行一些预处理操作，以准备数据用于后续的分析和可视化，如图 11-5 所示。

图 11-5　数据预处理页面

切换到 Plots 选项卡，进入数据可视化界面，首先在 Column Selection for Plotting 列表中选择进行绘图的数值列，用户可以从数据集中选择一个数值列，用作后续绘图的横坐标或纵坐标。然后在 Choose a categorical column for grouping (optional)下拉列表框中选择一个分类列作为可选的分组依据。如果用户希望按照某个分类变量对数据进行分组，并在绘图时以不同的组别进行区分，可以使用这个功能。选择 Column Selection for Plotting 和 categorical column for grouping (optional)选项后即可绘制可视化图像，执行效果如图 11-6 所示。

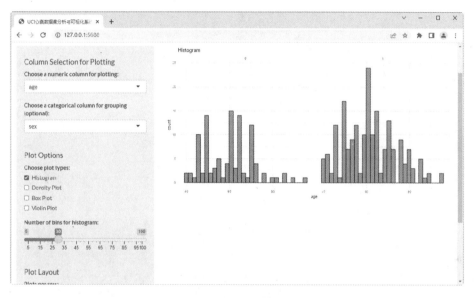

图 11-6　绘制的可视化图

第 12 章

基于机器学习的
患者再入院预测
分析系统

　　再入院预测分析系统是一种基于数据和机器学习技术的系统,用于预测患者在出院后是否会再次入院。该系统利用历史患者的临床数据和其他相关特征,如年龄、性别、诊断信息、用药记录等,通过建立预测模型来评估患者再次入院的风险。本章将详细讲解使用 R 语言开发一个再入院预测分析系统的知识,展示 R 语言在商业项目中的功能和作用。

12.1 背景介绍

扫码看视频

再入院是指患者在出院后一段时间内需要再次住院接受治疗或护理的情况，再入院不仅给患者本身带来身体和心理的负担，同时也对医疗资源和费用造成压力。再入院的原因可能包括疾病复发、并发症、不良的康复过程、药物管理问题等。因此，准确预测患者再入院的风险对于提供个性化的护理和管理医疗资源至关重要。传统上，再入院的预测主要依赖于医生的临床经验和直觉。然而，这种主观判断容易受到医生个体差异和主观偏见的影响，而且无法充分利用大量的患者数据。随着医疗信息技术和大数据分析的发展，再入院预测分析系统应运而生。再入院预测分析系统可以为医疗机构提供有针对性的预防措施，减少患者的不必要再入院，改善患者的医疗体验和结果，同时降低医疗成本。

再入院预测分析系统利用机器学习和统计模型，通过分析大规模的患者数据，包括临床指标、诊断信息、治疗记录等，来建立预测模型。这些模型可以根据患者的个人特征和临床情况，评估其再入院的风险。通过对患者的风险进行评估，医生和护士可以采取相应的干预措施，例如提供更密切的随访、定期复诊、调整治疗方案等，以降低再入院的概率。

再入院预测分析系统的应用主要有以下几个方面。

- ❑ 提供预警和风险评估：系统可以对患者进行实时监测，及时发现高风险的患者，并提供预警和风险评估，帮助医生采取适当的干预措施。
- ❑ 个性化护理计划：系统可以根据每个患者的特征和预测结果，为其制定个性化的护理计划，包括药物管理、康复计划等，以降低再入院的风险。
- ❑ 资源管理和规划：通过分析再入院预测结果，医疗机构可以更好地管理资源和规划护理服务，提高效率和质量。

12.2 需求分析

扫码看视频

- ❑ 数据需求：明确需要收集哪些数据以进行再入院预测分析。包括患者的临床数据、诊断信息、治疗记录、用药情况等。还需要确定数据的来源、格式和存储方式。
- ❑ 功能需求：确定系统需要具备的功能，例如数据预处理、特征选择、模型训练、预测结果展示等。需要明确每个功能的具体要求和操作流程。

❑ 预测准确性需求：明确对再入院预测的准确性要求。这可以通过定义评估指标，如准确率、召回率、F1 值等来衡量系统的性能。

❑ 实时性需求：确定系统对患者数据的处理和预测是否需要实时进行。有些场景可能需要实时监测患者的再入院风险，并及时提供干预措施。

❑ 用户界面需求：确定系统的用户界面设计要求，包括易用性、可视化展示、交互性等方面。确保系统能够提供直观且用户友好的界面。

❑ 数据安全和隐私需求：考虑患者数据的隐私和安全保护要求，确保系统符合相关法规和标准，如 HIPAA(美国健康保险可移植性与责任法案)。

❑ 可扩展性需求：考虑系统的可扩展性，能够适应不同规模的数据和用户量。确保系统能够处理大量的患者数据和高并发的请求。

❑ 集成需求：确定系统是否需要与其他医疗信息系统或数据库进行集成，以获取更全面的数据并实现更多功能。

❑ 维护和支持需求：考虑系统的维护和支持需求，包括软件更新、故障排除、技术支持等方面，以确保系统的稳定运行和持续改进。

通过对再入院预测分析系统的需求进行全面分析，可以明确系统的功能和性能要求，为系统的设计和开发提供指导，并确保系统能够满足医疗机构和用户的需求。

12.3 系统分析

系统分析旨在确保再入院预测分析系统的可靠性、准确性和实用性。通过合理的数据处理和模型建立，系统可以为医疗机构提供有价值的决策支持，提高患者的护理质量和医疗资源的利用效。再入院预测分析系统的系统分析主要涉及以下几个方面。

扫码看视频

❑ 数据收集和整合：系统需要获取并整合患者的相关数据，包括临床数据、诊断信息、医疗记录、药物使用情况等。这些数据可以来自医院的电子病历系统、实验室系统、药房系统等。数据收集的过程需要确保数据的准确性和完整性。

❑ 数据预处理：在进行再入院预测之前，需要对数据进行预处理和清洗。数据项处理包括处理缺失值、异常值和重复数据，进行特征选择和特征工程，以及对数据进行归一化或标准化等操作。预处理的目的是使数据适合用于机器学习模型的训练和分析。

❑ 特征选择和建模：系统需要根据预测目标(再入院)选择合适的特征，并建立相应的预测模型。常用的机器学习算法包括逻辑回归、决策树、朴素贝叶斯和随机森林等。特征选择和建模的过程需要考虑模型的准确性、可解释性和效率等因素。

- ❏ 模型训练和评估：使用训练数据对选定的机器学习模型进行训练，并使用测试数据进行模型评估。评估指标可以包括准确率、召回率、F1 值等。通过不断优化模型参数和算法选择，提高再入院预测的准确性和稳定性。

- ❏ 预测和干预措施：根据训练好的模型，对新的患者数据进行预测，评估其再入院的风险。系统可以提供预警和风险评估结果，帮助医生和护士采取适当的干预措施，例如调整治疗方案、加强随访、提供教育指导等，以降低再入院的概率。

- ❏ 系统性能监测和改进：系统需要进行定期的性能监测和评估，以确保预测模型的稳定性和准确性。同时，根据实际应用中的反馈和数据更新，对系统进行改进和优化，提高再入院预测的效果和实用性。

12.4　系统介绍

本项目将基于 R 语言、机器学习和深度学习技术，采用加州大学尔湾分校的糖尿病患者数据集开发一个再入院预测分析系统。

扫码看视频

12.4.1　系统功能介绍

糖尿病不仅是全球十大死因之一，也是全世界范围内最昂贵的慢性病之一。患有糖尿病的住院患者比没有糖尿病的患者更容易再入院。因此，降低糖尿病患者的再入院率能在很大程度上显著降低医疗成本。本研究的目标是预测糖尿病患者再入院的可能性。数据集来源于加州大学尔湾分校的机器学习和智能系统中心，包含了超过 100 000 个属性和 50 个特征，如手术次数、药物数量和住院时间等。在项目中使用 Boruta 算法选择特征并使用 ROSE(随机过采样示例)平衡数据后，将数据集分为训练集和测试集，并采用十折交叉验证方法进行分析。同时，建立了多种预测模型：逻辑回归、决策树、朴素贝叶斯和随机森林。对不同属性的重要性获得了重要见解，可以用于向医院提供建议。

12.4.2　系统模块结构

本心力衰竭临床记录数据分析系统的系统模块结构如图 12-1 所示。

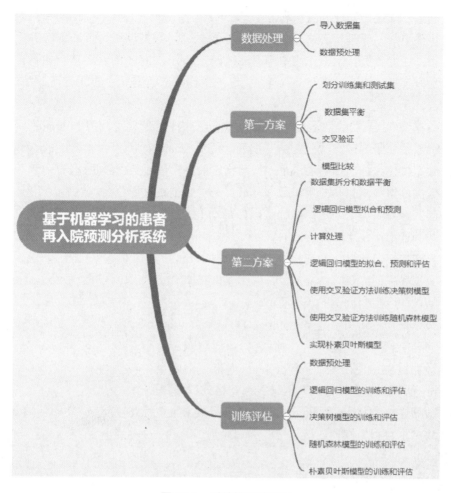

图 12-1　系统模块结构图

12.5　技术分析

扫码看视频

本再入院预测分析系统的功能比较强大，使用了现实中主流的数据分析技术。本节将详细介绍本项目用到的主要开发技术。

12.5.1　dplyr：数据预处理

dplyr 是一个用于数据处理和转换的强大框架，提供了一组简洁、一致且高效的函数，用于对数据进行筛选、整理、变换和汇总。dplyr 提供了一种直观、简洁的数据处理语法，使得数据操作更加易于理解和实现。它在数据预处理、数据清洗、特征工程等环节都能发挥重要作用，成为数据科学工作流中不可或缺的一部分。dplyr 的常用功能如下。

❑ 数据筛选：使用函数 filter()根据指定的条件筛选数据集中的观测行。例如，可以筛选满足特定条件的观测值。

❑ 数据整理：使用函数 select()选择数据集中的特定变量列，使用 mutate()函数可以添加新的变量列或修改已有的变量列，使用 rename()函数可以修改变量列的名称。

❑ 数据排序：使用函数 arrange()按照指定的变量列对数据集进行排序。

❑ 数据分组和汇总：使用函数 group_by()对数据集进行分组，然后使用 summarize()函数计算每个组的汇总统计量，如平均值、总和、计数等。

❑ 数据连接：使用函数 join()将两个数据集根据指定的关键变量连接起来，可以进行内连接、左连接、右连接等。

❑ 数据抽样：使用函数 sample_n()随机抽取指定数量的观测行，使用函数 sample_frac()随机抽取指定比例的观测行。

❑ 数据聚合：使用函数 summarize()对整个数据集进行聚合计算，返回一个包含统计摘要信息的新数据框。

❑ 数据重塑：使用函数 pivot_longer()将宽格式数据转换为长格式数据，使用函数 pivot_wider()将长格式数据转换为宽格式数据。

❑ 数据连接：使用函数 bind_rows()将多个数据集按行连接起来，使用函数 bind_cols()将多个数据集按列连接起来。

12.5.2 psych：心理学和社会科学研究

psych 是一个用于心理学和社会科学研究的 R 语言扩展包。它提供了一系列函数和工具，用于数据统计分析、数据可视化、因子分析、信度分析、相关分析、回归分析等。下面是 psych 包的一些常见功能。

❑ 描述统计分析：使用函数 describe()计算数据集的描述性统计量，包括均值、标准差、最小值、最大值、中位数等。该函数还可以输出缺失值的数量和频率。

❑ 相关分析：使用函数 cor()计算数据集中各个变量之间的相关系数。通过设置参数，可以计算皮尔逊相关系数、斯皮尔曼等级相关系数、切比雪夫相关系数等。

❑ 因子分析：使用 fa()函数可以进行因子分析，用于发现潜在的变量结构或隐含因素。该函数可以计算因子载荷、共同性、特征值等，并提供因子旋转的功能。

❑ 信度分析：使用函数 alpha()可以计算数据集中测量工具或问卷的信度。它基于克伦巴赫 α 系数，可以评估测量工具的内部一致性。

❑ 数据可视化：psych 包提供了一些用于数据可视化的函数，如函数 pairs.panels()用于绘制多个变量之间的散点图矩阵，plot.histogram()用于绘制直方图，plot.density()用于绘制密度图等。

❑ 回归分析：psych 包中的函数还提供了一些用于回归分析的功能，如函数 sim()用于进行模拟分析，函数 sim.regress()用于模拟回归分析，函数 relate()用于计算变量之间的相关性等。

❑ 数据处理和转换：psych 包还包含一些函数用于数据处理和转换，如 drop.levels()用于删除数据集中无效的水平，trans()用于对数据进行线性或非线性变换，withinBetween()用于计算组内和组间的差异等。

总之，psych 包提供了一系列功能强大的函数和工具，用于进行心理学和社会科学研究中的数据分析和统计。它简化了数据分析的过程，提供了丰富的统计方法和可视化选项，方便用户进行数据探索和结果解释。

12.5.3 ROSE：不平衡处理

ROSE(Random Over-Sampling Examples)是一个 R 语言扩展包，用于处理数据集中的类别不平衡问题。该包提供了一种基于随机过采样的方法，用于平衡数据集中不同类别之间的样本数量。包 ROSE 的主要功能如下。

❑ 过采样方法：ROSE 包提供了 ROSE()函数，可以对数据集进行过采样操作。过采样是一种增加少数类样本数量的方法，通过复制和添加少数类样本来平衡数据集中的类别分布。

❑ 过采样策略：ROSE 包支持多种过采样策略，包括随机过采样、SMOTE 过采样(合成少数类过采样技术)以及 Borderline-SMOTE 过采样。这些策略基于不同的算法和原理，可以根据具体情况选择合适的过采样方法。

❑ 过采样评估：ROSE 包提供了评估过采样效果的函数，如 rose.diag()和 rose.plot()。这些函数可以计算过采样前后的样本分布、类别比例，以及绘制过采样后的样本分布图。

❑ 数据处理：ROSE 包还提供了一些用于数据处理的函数，如 one_hot()用于对分类变量进行独热编码，scale()用于对数值变量进行标准化处理，subset()用于子集选择等。

ROSE 包的使用可以有效地解决类别不平衡问题，特别适用于机器学习和数据挖掘任务中需要平衡数据集的情况。通过过采样操作，ROSE 包可以增加少数类样本的数量，提高模型对少数类的学习能力，从而改善模型的性能和准确性。

12.5.4　caret 模型训练和评估

caret(Classification And REgression Training)是一个常用的 R 语言扩展包，为开发者提供了美观的界面和工具，用于训练、评估分类和回归模型。caret 是一个功能强大的机器学习工具包，可以帮助用户进行模型选择、参数调优、特征选择等任务。具体来说，包 caret 主要包括以下功能。

- ❑　数据准备：提供了一系列函数用于数据的预处理和准备工作，如数据分割 (createDataPartition()、createDataPartition2())、数据缩放(preProcess())、特征选择 (rfe()、sbf())等。
- ❑　模型训练：支持多种分类和回归模型，包括线性回归、逻辑回归、支持向量机、决策树、随机森林等。用户可以通过 train()函数来训练模型，该函数提供了简单而一致的接口，可以方便地选择不同的算法进行训练。
- ❑　模型评估：提供了一系列用于模型评估的函数，包括交叉验证(trainControl()、train())、混淆矩阵(confusionMatrix())、ROC 曲线和 AUC 值的计算(roc()、auc())等。这些函数可以帮助用户评估模型的性能、选择最佳的模型和参数。
- ❑　模型调优：提供了一些用于模型调优的函数，如 gridSearch()、trainControl()等。用户可以通过这些函数来搜索最佳的超参数组合，从而提高模型的性能和泛化能力。
- ❑　模型集成：支持模型集成方法，如随机森林、梯度提升机等。用户可以通过集成多个基模型来提高模型的预测性能。
- ❑　可视化工具：提供了一些可视化工具，如函数 plot()可以绘制模型训练的结果、ROC 曲线等。这些工具有助于用户理解模型的性能和结果。

包 caret 的设计目标是简化机器学习流程，提供一个统一的接口和工具集，方便用户进行模型的训练、评估和调优。包可以节省用户的时间和精力，使得机器学习任务更加高效和方便。

12.6　数据处理

本项目的程序文件是 Predicting Hospital Readmission of Diabetic Patients.R，本节将详细讲解处理文件的具体过程。

扫码看视频

12.6.1　导入数据集

使用 library()加载需要的库，然后通过函数 read.csv()读取 CSV 文件 diabetic_data.csv 中的数据集。对应代码如下：

```
library(dplyr)            # 加载 dplyr 库，用于数据处理和转换
library(skimr)            # 加载 skimr 库，用于数据摘要和概览
library(stringr)          # 加载 stringr 库，用于字符串处理
library(psych)            # 加载 psych 库，用于统计分析
library(ROSE)             # 加载 ROSE 库，用于处理不平衡数据
library(ggplot2)          # 加载 ggplot2 库，用于数据可视化
library(caret)            # 加载 caret 库，用于机器学习模型训练和评估

hospData <- read.csv("diabetic_data.csv")    # 读取名为"diabetic_data.csv"的数据文件，
并将数据存储在 hospData 变量中
skim(hospData)            # 对 hospData 数据进行摘要分析和概览
#summary(hospData)        # 使用 summary 函数对 hospData 数据进行统计描述
```

对上述代码的具体说明如下。

❑　加载所需的 R 库，如 dplyr、skimr、stringr、psych、ROSE、ggplot2 和 caret。

❑　使用函数 read.csv()从名为 diabetic_data.csv 的文件中读取数据，并将其存储在变量 hospData 中。

❑　使用函数 skim()对 hospData 数据进行摘要分析和概览。

程序执行后会输出：

```
── Data Summary ──────────────────────────
                        Values
Name                    hospData
Number of rows          101766
Number of columns       50

── Column type frequency:
  factor                37
  numeric               13

── Group variables      None

── Variable type: factor ────────────────────
  skim_variable         n_missing complete_rate ordered n_unique
1 race                     0            1 FALSE          6
2 gender                   0            1 FALSE
///省略部分结果
```

```
23 No: 101458, Ste: 295, Up: 10, Dow: 3
24 No: 101728, Ste: 31, Dow: 5, Up: 2
25 No: 101763, Ste: 3
26 No: 101727, Ste: 38, Up: 1
27 No: 101766
28 No: 101766
29 No: 47383, Ste: 30849, Dow: 12218, Up: 11316
30 No: 101060, Ste: 692, Up: 8, Dow: 6
31 No: 101753, Ste: 13
32 No: 101765, Ste: 1
33 No: 101764, Ste: 2
34 No: 101765, Ste: 1
35 No: 54755, Ch: 47011
36 Yes: 78363, No: 23403
37 NO: 54864, >30: 35545, <30: 11357
```

── Variable type: numeric ──────────────

	skim_variable	n_missing	complete_rate	mean	sd
1	encounter_id	0	1	165201646.	102640296.
2	patient_nbr	0	1	54330401.	38696359.
3	admission_type_id	0	1	2.02	1.45
4	discharge_disposition_id	0	1	3.72	5.28
5	admission_source_id	0	1	5.75	4.06
6	time_in_hospital	0	1	4.40	2.99
7	num_lab_procedures	0	1	43.1	19.7
8	num_procedures	0	1	1.34	1.71
9	num_medications	0	1	16.0	8.13
10	number_outpatient	0	1	0.369	1.27
11	number_emergency	0	1	0.198	0.930
12	number_inpatient	0	1	0.636	1.26
13	number_diagnoses	0	1	7.42	1.93

	p0	p25	p50	p75	p100	hist
1	12522	84961194	152388987	230270888.	443867222	▃▇▅▁▁
2	135	23413221	45505143	87545950.	189502619	▇▇▅▁▁
3	1	1	1	3	8	▇▁▁▁▁
4	1	1	1	4	28	▇▁▁▁▁
5	1	1	7	7	25	▇▃▁▁▁
6	1	2	4	6	14	▇▂▁▁▁
7	1	31	44	57	132	▂▇▃▁▁
8	0	0	1	2	6	▇▂▁▁▁
9	1	10	15	20	81	▇▃▁▁▁
10	0	0	0	0	42	▇▁▁▁▁
11	0	0	0	0	76	▇▁▁▁▁
12	0	0	0	1	21	▇▁▁▁▁
13	1	6	8	9	16	▁▃▇▁▁

12.6.2　数据预处理

数据预处理的主要功能是删除数据集中的指定列，并使用负索引和-c 函数(作用是将多个对象组合成一个向量，例如数字、字符、向量等，它可以接受多个参数，并将这些参数合并为一个新的向量。)来删除多个列。

(1) 将列 Admission type、Discharge disposition 和 Admission source 的数据类型从数值型转换为因子型。具体实现代码如下：

```
# 将 Admission type、Discharge disposition 和 Admission source 列的数据类型从数值型更改
为因子型
hospData$admission_type_id <- as.factor(hospData$admission_type_id)
hospData$discharge_disposition_id <-
as.factor(hospData$discharge_disposition_id)
hospData$admission_source_id <- as.factor(hospData$admission_source_id)
```

(2) 统计带有?和 Unknown/Invalid 标记的缺失值，并将其替换为 NA。具体实现代码如下：

```
# 统计带有?和 Unknown/Invalid 标记的缺失值
count <- 0
for(i in 1:ncol(hospData)){
  if(is.factor(hospData[,i])){
    for(j in 1:nrow(hospData)){
      if(hospData[j,i]== "?" | hospData[j,i]== "Unknown/Invalid" ){
        count <- count + 1
        hospData[j,i] <- NA  # 使用 NA 替换?和 Unknown/Invalid 的值
      }
    }
    if(count > 0){
      print(c(colnames(hospData)[i],count))
    }
  }
  count <- 0
}
```

程序执行后会输出：

```
[1] "race" "2273"
[1] "gender" "3"
[1] "weight" "98569"
[1] "payer_code" "40256"
[1] "medical_specialty" "49949"
```

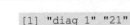

```
[1] "diag_1" "21"
[1] "diag_2" "358"
[1] "diag_3" "1423"
```

(3) 由于数据量大且运行时间长，将转换后的数据保存成名为 hospData_NA.csv 的文件。具体实现代码如下：

```
# 其他方法：使用 NA 替换?和 Unknown/Invalid 的值
# library(naniar)
# replace_with_na_all(data = hospData, condition = ~.x %in% c("?",
"Unknown/Invalid"))

# 由于数据量大且运行时间长，为了方便后续调用，先将转换后的数据存档
write.csv(hospData, file = "hospData_NA.csv")
```

(4) 使用函数 read.csv 从文件 hospData_NA.csv 中读取数据，并将其存储在 hospD 变量中。具体实现代码如下：

```
hospD <- read.csv("hospData_NA.csv")
# 读取名为 hospData_NA.csv 的数据文件，并将数据存储在 hospD 变量中
hospD$X <- NULL                        # 移除 hospD 数据中自动生成的行索引列 X
```

(5) 删除数据集 hospD 中的列 weight、payer_code 和 medical_specialty。具体实现代码如下：

```
# 删除列 weight、payer_code、medical_specialty
hospD$weight <- NULL
hospD$payer_code <- NULL
hospD$medical_specialty <- NULL
dim(hospD)   # 输出处理后数据的维度
```

程序执行后会输出：

```
101766   47
```

(6) 删除数据集 hospD 中的列 encounter_id，具体实现代码如下：

```
# 删除列 encounter_id
hospD$encounter_id <- NULL
```

(7) 删除数据集 hospD 中的列 diag_2 和 diag_3，只保留主要诊断(diag_1)。具体实现代码如下：

```
hospD$diag_2 <- NULL
hospD$diag_3 <- NULL
```

(8) 输出处理后数据集 hospD 的维度。具体实现代码如下：

```
dim(hospD)    # 输出处理后数据的维度

# examide 和 citoglipton 只有一个取值，移除这两列
hospD$examide <- NULL
hospD$citoglipton <- NULL
dim(hospD)    # 输出处理后数据的维度
```

程序执行后会输出：

```
101766    42
```

（9）移除数据集 hospD 中的 examide 和 citoglipton 两列，因为它们只有一个取值。代码如下：

```
hospD <- na.omit(hospD)
dim(hospD)    # 输出处理后数据的维度
```

程序执行后会输出：

```
99473    42
```

（10）根据一些常识：由于目标是预测再入院情况，因此在本次住院期间死亡的患者被排除在外。具有"出院去向"数值为 11、13、14、19、20 或 21 的就诊记录与死亡或临终关怀相关，这意味着这些患者无法再次入院。代码如下：

```
par(mfrow = c(1,2))
barplot(table(hospD$discharge_disposition_id), main = "Before")
# "discharge_disposition_id"告诉我们患者在住院后去了哪里
hospD <- hospD[!hospD$discharge_disposition_id %in% c(11,13,14,19,20,21), ]
barplot(table(hospD$discharge_disposition_id), main = "After")
```

对上述代码的具体说明如下。

① 使用 par(mfrow = c(1,2))将绘图布局设置为 1 行 2 列。

② 使用 barplot(table(hospD$discharge_disposition_id), main = "Before") 绘制了 hospD 数据集中 discharge_disposition_id 变量的频数表的条形图，这显示了患者在住院后的出院去向分布情况。

③ 使用 hospD <- hospD[!hospD$discharge_disposition_id %in% c(11,13,14,19,20,21),] 移除了 hospD 数据集中 discharge_disposition_id 等于 11、13、14、19、20 或 21 的行。这些值表示死亡或临终关怀，意味着这些患者无法再次入院。

④ 使用 barplot(table(hospD$discharge_disposition_id), main = "After") 绘制了经过删除后的 hospD 数据集中 discharge_disposition_id 的更新频数表的条形图。这显示了删除与死亡或临终关怀相关的行后的分布情况。

绘制的条形图如图 12-2 所示。

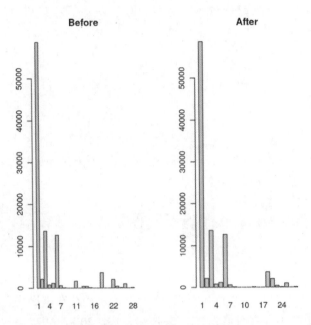

图 12-2　绘制的条形图对比效果

(11) 将列 admission_type_id 的名称改为 admission_type，具体实现代码如下：

```
colnames(hospD)[5] <- "admission_type"
barplot(table(hospD$admission_type))
```

(12) 再比如下面的代码，继续预处理数据。

```
# 合并其他变量
hospD$admission_type <- replace(hospD$admission_type,hospD$admission_type == 2, 1)
hospD$admission_type <- replace(hospD$admission_type,hospD$admission_type == 7, 1)
hospD$admission_type <- replace(hospD$admission_type,hospD$admission_type == 6, 5)
hospD$admission_type <- replace(hospD$admission_type,hospD$admission_type == 8, 5)

barplot(table(hospD$admission_type), main = "After collapsing")

# 更改变量名称
hospD$admission_type <- str_replace(hospD$admission_type,"1","Emergency")
hospD$admission_type <- str_replace(hospD$admission_type,"5","Other")
hospD$admission_type <- str_replace(hospD$admission_type,"3","Elective")
hospD$admission_type <- str_replace(hospD$admission_type,"4","Newborn")

hospD$admission_type <- as.factor(hospD$admission_type)
barplot(table(hospD$admission_type))
```

```
# 将列 admission_source_id 的名称改为 admission_source
colnames(hospD)[7] <- "admission_source"
barplot(table(hospD$admission_source))
```

对上述代码的具体说明如下。

① 合并其他变量，将 admission_type 列中的值 2 替换为 1，将 7 替换为 1，将 6 替换为 5，将 8 替换为 5。

② 绘制条形图显示处理后的 admission_type 列的频数分布。

③ 更改 admission_type 列的变量名称，将 1 替换为 Emergency，将 5 替换为 Other，将 3 替换为 Elective，将 4 替换为 Newborn。

④ 将 admission_type 列的数据类型更改为因子型。

⑤ 绘制条形图显示处理后的 admission_type 列的频数分布。

⑥ 将 admission_source_id 列的名称改为 admission_source。

⑦ 绘制条形图显示 admission_source 列的频数分布。

(13) 继续对名为 hospD 的数据框进行一系列操作和转换，对数据框进行列值的合并、更名、转换和删除操作，并根据条件生成新的列，最后绘制柱状图以可视化转换后的数据。具体代码如下：

```
# 将列 admission_source 的值合并和更改名称
hospD$admission_source <- case_when(hospD$admission_source %in% c("1","2","3") ~
    "Physician Referral", hospD$admission_source %in% c("4","5","6","8",
    "9","10","11","12","13","14","15","17","18","19","20","21","22","23","24",
    "25","26") ~ "Other",  TRUE ~ "Emergency Room")

hospD$admission_source <- as.factor(hospD$admission_source)
barplot(table(hospD$admission_source), main = "After collapsing and changing the
type")

# 将列 discharge_disposition_id 的名称改为 discharge_disposition
colnames(hospD)[6] <- "discharge_disposition"
barplot(table(hospD$discharge_disposition))

# 合并其他变量并更改变量名称
hospD$discharge_disposition <- case_when(hospD$discharge_disposition %in% "1" ~
  "Home", TRUE ~ "Other")

hospD$discharge_disposition <- as.factor(hospD$discharge_disposition)
barplot(table(hospD$discharge_disposition), main = "After collapsing and changing
the type")


hospD <- mutate(hospD, primary_diagnosis =
```

```
  ifelse(str_detect(diag_1, "V") | str_detect(diag_1, "E"),"Other",
    ifelse(str_detect(diag_1, "250"), "Diabetes",
      ifelse((as.integer(diag_1) >= 390 & as.integer(diag_1)
        <= 459) | as.integer(diag_1) == 785, "Circulatory",
        ifelse((as.integer(diag_1) >= 460 & as.integer(diag_1) <= 519) | as.integer
          (diag_1) == 786, "Respiratory",
          ifelse((as.integer(diag_1) >= 520 & as.integer(diag_1) <= 579) |
            as.integer(diag_1) == 787, "Digestive",
            ifelse((as.integer(diag_1) >= 580 & as.integer(diag_1) <= 629) |
              as.integer(diag_1) == 788, "Genitourinary",
              ifelse((as.integer(diag_1) >= 140 & as.integer(diag_1) <= 239),
                "Neoplasms",
                ifelse((as.integer(diag_1) >= 710 & as.integer(diag_1) <= 739),
                  "Musculoskeletal",
                  ifelse((as.integer(diag_1) >= 800 & as.integer(diag_1) <= 999),
                    "Injury", "Other")))))))))

hospD$primary_diagnosis <- as.factor(hospD$primary_diagnosis)
table(hospD$primary_diagnosis)

#remove "diag_1"列
hospD$diag_1 <- NULL

barplot(table(hospD$age))
```

① 根据条件将 hospD 数据框中的 admission_source 列的值合并和更改名称。将值为 1、2 或 3 的行替换为 Physician Referral，将值为 4、5、6、8、9 等的行替换为 Other，其他行替换为 Emergency Room。然后将 admission_source 列的类型转换为因子，并绘制柱状图。

② 将 hospD 数据框中的 discharge_disposition_id 列的名称改为 discharge_disposition，然后绘制柱状图。

③ 将 hospD 数据框中的 discharge_disposition 列的值进行合并和更改。将值为 1 的行替换为 Home，其他行替换为 Other。然后将 discharge_disposition 列的类型转换为因子，并绘制柱状图。

④ 使用嵌套的 ifelse 语句根据诊断码(diag_1 列)将新的 primary_diagnosis 列赋值给 hospD 数据框。根据不同的诊断码范围，将诊断归类为不同的类别，例如 Diabetes、Circulatory、Respiratory 等。然后将 primary_diagnosis 列的类型转换为因子，并显示各类别的计数。

⑤ 移除了 hospD 数据框中的 diag_1 列，并绘制 age 列的柱状图。

(14) 继续对 hospD 的数据框进行操作和转换，对数据框进行年龄分组、列名更改和列删除等操作，并可视化转换后的数据。对应代码如下：

```
#将 age 列重新分组为[0-40],[40-50],[50-60],[60-70],[70-80],[80-100]
```

```
hospD$age <- case_when(hospD$age %in% c("[0-10)","[10-20)","[20-30)","[30-40)") ~ "[0-40]",
                       hospD$age %in% c("[80-90)","[90-100)") ~ "[80-100]",
                       hospD$age %in% "[40-50)" ~ "[40-50]",
                       hospD$age %in% "[50-60)" ~ "[50-60]",
                       hospD$age %in% "[60-70)" ~ "[60-70]",
                       TRUE ~ "[70-80]")
barplot(table(hospD$age), main = "Regroup Age")

hospD$age <- as.factor(hospD$age)

#将 A1Cresult 列的名称改为 HbA1c
colnames(hospD)[17] <- "HbA1c"

#删除一些药物特征，只保留 7 个特征
hospD$repaglinide <- NULL
hospD$nateglinide <- NULL
hospD$chlorpropamide <-NULL
hospD$acetohexamide <- NULL
hospD$tolbutamide <- NULL
hospD$acarbose <- NULL
hospD$miglitol <- NULL
hospD$troglitazone <- NULL
hospD$tolazamide <- NULL
hospD$glyburide.metformin <- NULL
hospD$glipizide.metformin <- NULL
hospD$glimepiride.pioglitazone <- NULL
hospD$metformin.rosiglitazone <- NULL
hospD$metformin.pioglitazone <- NULL

dim(hospD)
```

① 根据条件将 hospD 数据框中的 age 列重新分组。根据不同的年龄范围，将年龄分组为[0-40]、[40-50]、[50-60]、[60-70]、[70-80]、[80-100]等。然后绘制柱状图显示各组的计数。

② 将 hospD 数据框中的 age 列的类型转换为因子。

③ 将 hospD 数据框中的 A1Cresult 列的名称改为"HbA1c"。

④ 删除 hospD 数据框中的一些药物特征列，只保留 7 个特征。

⑤ 显示 hospD 数据框的维度(行数和列数)。

(15) 继续对名为 hospD 的数据框进行一系列操作和分析，具体实现代码如下：

```
hospD$readmitted <- case_when(hospD$readmitted %in% c(">30","NO") ~ "0",
                       TRUE ~ "1")
hospD$readmitted <- as.factor(hospD$readmitted)
levels(hospD$readmitted)
```

```
#删除多次就诊的患者(根据某一列去除重复行)
hospD <- hospD[!duplicated(hospD$patient_nbr),]
#删除 patient_nbr 列
hospD$patient_nbr <- NULL

dim(hospD)

#将转换后的数据先存档，以方便后续调用
write.csv(hospD, file = "hospD_bef_outlier.csv")

par(mfrow = c(2,4))
boxplot(hospD$time_in_hospital, main = "time_in_hospital")
boxplot(hospD$num_lab_procedures, main = "num_lab_procedures")
boxplot(hospD$num_procedures, main = "num_procedures")
boxplot(hospD$num_medications, main = "num_medications")
boxplot(hospD$number_outpatient, main = "number_outpatient")
boxplot(hospD$number_emergency, main = "number_emergency")
boxplot(hospD$number_inpatient, main = "number_inpatient")
boxplot(hospD$number_diagnoses, main = "number_diagnoses")

hospD$number_emergency <- NULL
hospD$number_inpatient <- NULL
hospD$number_outpatient <- NULL
dim(hospD)

#删除数据集 hospD 中的 number_emergency、number_inpatient 和 number_outpatient 列
#输出处理后的 hospD 数据集的维度(行数和列数)

outliers_remover <- function(a){
  df <- a
  aa <- c()
  count <- 1
  for(i in 1:ncol(df)){
    if(is.integer(df[,i])){
      Q3 <- quantile(df[,i], 0.75, na.rm = TRUE)
      Q1 <- quantile(df[,i], 0.25, na.rm = TRUE)
      IQR <- Q3 - Q1  #IQR(df[,i])
      upper <- Q3 + 1.5 * IQR
      lower <- Q1 - 1.5 * IQR
      for(j in 1:nrow(df)){
        if(is.na(df[j,i]) == TRUE){
          next
        }
        else if(df[j,i] > upper | df[j,i] < lower){
          aa[count] <- j
          count <- count+1
```

```
          }
        }
      }
    }
  df <- df[-aa,]
}
hospD <- outliers_remover(hospD)

pairs.panels(hospD[c("time_in_hospital", "num_lab_procedures", "num_procedures",
"num_medications", "number_diagnoses")])

dim(hospD)
table(hospD$readmitted)
#确保结果可重复
set.seed(100)
library(Boruta)

boruta <- Boruta(readmitted ~., data = hospD, doTrace = 2)
plot(boruta, las = 2, cex.axis = 0.5)
plotImpHistory(boruta)
attStats(boruta)
boruta

#尝试修复
bor <- TentativeRoughFix(boruta)
print(bor)
```

① 根据条件将 hospD 数据框中的 readmitted 列进行分类。如果值为>30 或 NO，则将其分类为 0，否则分类为 1。然后将 readmitted 列的类型转换为因子，并显示因子的水平。

② 根据 patient_nbr 列去除重复行，即删除多次就诊的患者的数据。

③ 删除 hospD 数据框中的 patient_nbr 列。

④ 显示处理后的 hospD 数据框的维度(行数和列数)。

⑤ 将转换后的数据保存为 CSV 文件，方便后续调用。

⑥ 使用盒图绘制几个列的箱线图，包括 time_in_hospital、num_lab_procedures、num_procedures、num_medications、number_outpatient、number_emergency、number_inpatient 和 number_diagnoses。

⑦ 删除 hospD 数据框中的 number_emergency、number_inpatient 和 number_outpatient 列。

⑧ 显示删除列后的 hospD 数据框的维度。

⑨ 定义了一个名为 outliers_remover 的函数，用于检测和删除离群值。函数遍历数据框的每一列，对整数类型的列进行离群值检测，使用箱线图的方法确定上界和下界，并将超出界限的行标记为删除。然后，函数返回处理后的数据框。

⑩　使用定义的 outliers_remover 函数对 hospD 数据框进行离群值检测和删除操作。

⑪　使用 pairs.panels 函数绘制 hospD 数据框中的几个列之间的散点图矩阵。

⑫　显示处理后的 hospD 数据框的维度。

⑬　统计 hospD 数据框中 readmitted 列的计数。

⑭　使用 Boruta 算法对数据进行特征选择和重要性评估。首先，创建一个 Boruta 对象，指定目标变量为 readmitted，其他变量为自变量。然后，绘制 Boruta 算法的结果图表、重要性历史图表以及特征的重要性统计。最后，输出 Boruta 对象的详细结果。

⑮　尝试修复可能存在的问题，并打印修复后的结果。

12.7　第一方案

在本项目中，使用不同的方案划分方法来划分训练集和测试集是为了进行比较和对比。在机器学习中，使用不同的数据划分方法可以评估模型的稳定性和性能。通过使用不同的划分方法，可以观察到模型在不同数据集上的表现，从而更全面地评估模型的泛化能力。比较不同划分方法得到的模型性能指标(如准确率、召回率等)可以帮助我们判断模型在不同数据划分下的表现，并选择最佳的划分方法来训练和评估模型。此外，通过对比不同划分方法下的结果，还可以帮助我们了解数据划分的影响，例如不同的划分方法可能导致训练集和测试集的分布不均衡或样本偏差，从而影响模型的性能。因此，使用不同的划分方法来划分训练集和测试集是为了进行对比和评估模型性能，并选择最佳的划分方法来建立可靠的模型。

扫码看视频

12.7.1　划分训练集和测试集

在本方案中，使用函数 createDataPartition()将数据划分为训练集和测试集，设置随机种子。

(1)　设置随机种子，将原始数据集划分为训练集(80%)和测试集(20%)。对应代码如下：

```
# 设置随机种子以确保结果的可重复性
set.seed(100)

# 使用createDataPartition()函数将数据集 hospD$readmitted 按照 0.8 的比例划分为训练集和测试集
train <- createDataPartition(hospD$readmitted, p = 0.8, list = FALSE)
training <- hospD[train, ]
testing <- hospD[-train, ]
```

(2) 训练集频数分布。

输出训练集中因变量 readmitted 的频数分布，具体实现代码如下：

```
# 检查训练集中的因变量(readmitted)的频数分布
table(training$readmitted)
```

12.7.2 数据集平衡

许多研究已经表明，平衡数据的结果比不平衡数据具有更高的准确性。我比较了两种方法：ROSE(随机过采样示例)使用自助法从特征空间中的少数类别 1(<30)周围的邻居增加人工样本，"欠采样"则减少了多数类别 0(>30 和 No)的观察数量，使数据集保持平衡。在本项目中选择使用 ROSE 方法来平衡数据集，因为在四个机器学习模型中，该方法的准确性更高，如图 12-3 所示。

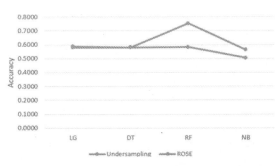

图 12-3　模型对比

使用 ROSE 函数对训练集进行过采样，使得正负类别样本数量平衡化，并输出过采样后的数据集 data_rose 中因变量 readmitted 的频数分布。对应代码如下：

```
# 平衡数据集
data_rose <- ROSE(readmitted ~., data = training)$data
table(data_rose$readmitted)
```

程序执行后会输出：

```
    0        1
24795    24823
```

12.7.3 交叉验证

交叉验证是一种多次分割数据的技术，以获得对性能指标更好的估计。K 折交叉验证是常用的一种方法，旨在减少与训练数据的随机抽样相关的偏差。在新项目中，为了评估分类器的性能，采用了分层十折交叉验证算法。这种交叉验证方法将数据随机分为 10 个互斥的相等部分。其中 9 个部分用于训练算法，1 个部分用于评估算法。然后，通过使用不同的训练和测试部分，重复执行此过程 10 次。

1. 逻辑回归模型交叉验证

使用逻辑回归模型进行十折交叉验证，训练模型并在测试集上进行预测，输出模型评估结果。具体实现代码如下：

```
# 10 折交叉验证
trCntl <- trainControl(method = "CV", number = 10)

# 逻辑回归模型进行 10 折交叉验证
logitMod_CV <- train(readmitted ~ race + gender + age + admission_type +
                    discharge_disposition + admission_source + time_in_hospital
                    + num_lab_procedures + num_procedures + num_medications
                    + number_diagnoses + max_glu_serum + HbA1c + metformin
                    + insulin + change + diabetesMed + primary_diagnosis, data =
                    data_rose, trControl = trCntl, method = "glm", family = "binomial")

logit_pred_CV <- predict(logitMod_CV, testing)

confusionMatrix(logit_pred_CV, testing$readmitted)
```

程序执行后会输出：

```
Confusion Matrix and Statistics

          Reference
Prediction   0    1
        0  6726  517
        1  4559  601

             Accuracy : 0.5907
               95% CI : (0.582, 0.5994)
  No Information Rate : 0.9099
  P-Value [Acc > NIR] : 1

                Kappa : 0.0508

 Mcnemar's Test P-Value : <2e-16

          Sensitivity : 0.5960
          Specificity : 0.5376
```

```
       Pos Pred Value : 0.9286
       Neg Pred Value : 0.1165
           Prevalence : 0.9099
       Detection Rate : 0.5423
 Detection Prevalence : 0.5840
    Balanced Accuracy : 0.5668

       'Positive' Class : 0
```

2. 决策树模型交叉验证

使用决策树模型进行十折交叉验证,训练模型并在测试集上进行预测,输出模型评估结果。具体实现代码如下:

```
# 决策树模型进行 10 折交叉验证
DTMod_CV <- train(readmitted ~ race + gender + age + admission_type +
                  discharge_disposition + admission_source + time_in_hospital +
                  num_lab_procedures + num_procedures + num_medications +
                  number_diagnoses + max_glu_serum + HbA1c + metformin + insulin
                  + change + diabetesMed + primary_diagnosis,
                  data = data_rose, trControl = trCntl, method = "rpart")

DT_pred_CV <- predict(DTMod_CV, testing)

confusionMatrix(DT_pred_CV, testing$readmitted)
```

程序执行后会输出:

```
Confusion Matrix and Statistics

          Reference
Prediction    0    1
         0 6171  439
         1 5114  679

            Accuracy : 0.5523
              95% CI : (0.5435, 0.5611)
 No Information Rate : 0.9099
 P-Value [Acc > NIR] : 1

               Kappa : 0.0535

 Mcnemar's Test P-Value : <2e-16
```

```
            Sensitivity : 0.5468
            Specificity : 0.6073
         Pos Pred Value : 0.9336
         Neg Pred Value : 0.1172
             Prevalence : 0.9099
         Detection Rate : 0.4975
   Detection Prevalence : 0.5329
      Balanced Accuracy : 0.5771

        'Positive' Class : 0
```

3. 随机森林模型交叉验证

使用随机森林模型进行十折交叉验证，训练模型并在测试集上进行预测，输出模型评估结果。具体实现代码如下：

```
RFMod_CV <- train(readmitted ~ race + gender + age + admission_type +
                  discharge_disposition + admission_source + time_in_hospital +
                  num_lab_procedures + num_procedures + num_medications +
                  number_diagnoses + max_glu_serum + HbA1c + metformin + insulin
                  + change + diabetesMed + primary_diagnosis,
                  data = data_rose, trControl = trCntl, method = "rf")

RF_pred_CV <- predict(RFMod_CV, testing)

confusionMatrix(RF_pred_CV, testing$readmitted)
```

4. 朴素贝叶斯模型交叉验证

使用朴素贝叶斯模型进行十折交叉验证，训练模型并在测试集上进行预测，输出模型评估结果。具体实现代码如下：

```
NBMod_CV <- train(readmitted ~ race + gender + age + admission_type +
                  discharge_disposition + admission_source + time_in_hospital +
                  num_lab_procedures + num_procedures + num_medications +
                  number_diagnoses + max_glu_serum + HbA1c + metformin + insulin
                  + change + diabetesMed + primary_diagnosis,
                  data = data_rose, trControl = trCntl, method = "nb")

NB_pred_CV <- predict(NBMod_CV, testing)

confusionMatrix(NB_pred_CV, testing$readmitted)
```

注意：决策树是一种常用的机器学习算法，它基于对数据集进行逐步划分来建立预测模型。在这个研究中，我们使用了带有十折交叉验证的决策树模型。交叉验证是一种用于评估模型性能的技术，它将数据集多次划分为训练集和验证集，以获得更准确的性能指标估计。在十折交叉验证中，数据集被随机划分为 10 个互斥的等份。其中 9 份用于训练决策树模型，而剩下的 1 份用于评估模型的性能。这个过程重复执行 10 次，每次使用不同的训练集和测试集。

通过使用十折交叉验证的决策树模型，我们能够更准确地评估模型的性能，并得出关于决策树在预测患者再次住院可能性方面的表现的结论。

12.7.4 模型比较

（1）对比不同模型的性能，计算模型评估指标并绘制 ROC 曲线，同时输出模型比较的结果和绘制的图表。具体实现代码如下：

```
model_list <- list(LR = logitMod2_CV, DT = DTMod_CV, RF = RFMod_CV, NB = NBMod_CV)
res <- resamples(model_list)
summary(res)

roc.curve(testing$readmitted, logit_pred2CV, plotit = T, col = "blue")
roc.curve(testing$readmitted, DT_pred_CV, plotit = T, add.roc = T, col = "red")
roc.curve(testing$readmitted, NB_pred_CV, plotit = T, add.roc = T, col = "yellow")
roc.curve(testing$readmitted, RF_pred_CV, plotit = T, add.roc = T, col = "green")

legend(.8, .4, legend = c("LG", "DT", "NB", "RF"),
    col = c("blue", "red", "yellow", "green"),
    lty = c(1,2,3,4), ncol = 1)

bwplot(res)
```

（2）计算随机森林模型的变量重要性，并通过图形化方式展示变量重要性的结果。具体实现代码如下：

```
varImp(RFMod_CV)          # 计算随机森林模型的变量重要性
ggplot(varImp(RFMod_CV))  # 绘制变量重要性的图形

plot(varImp(RFMod_CV), col = "red", lwd = 10)  # 绘制变量重要性的图形，红色表示变量重要性较高

ggplot(varImp(RFMod_CV)) +
  geom_bar(stat = 'identity') +
  theme_bw() +
```

```
coord_flip() +
guides(fill=F)+
scale_fill_gradient(low="red", high="blue")   # 绘制变量重要性的柱状图, 采用渐变色表示
变量重要性的程度
```

可视化效果如图 12-4 所示。

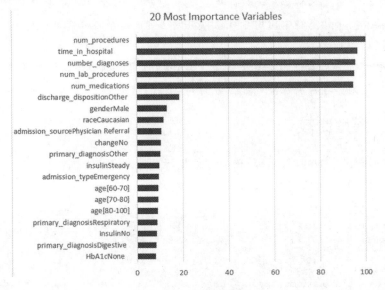

图 12-4　可视化效果

(3)　绘制直方图。

根据不同的变量绘制对应的直方图, 并根据 readmitted 进行分组和颜色填充。具体实现代码如下:

```
ggplot(hospD, aes(x=num_procedures, group=readmitted, fill=readmitted)) +
  geom_histogram(position="identity", alpha=1, binwidth=1) +
    theme_bw()  # 绘制 num_procedures 变量的直方图, 根据 readmitted 进行分组并用颜色填充

ggplot(hospD, aes(x=time_in_hospital, group=readmitted, fill=readmitted)) +
  geom_histogram(position="identity", alpha=1, binwidth=1) +
    theme_bw()  # 绘制 time_in_hospital 变量的直方图, 根据 readmitted 进行分组并用颜色填充

ggplot(hospD, aes(number_diagnoses, group=readmitted, fill=readmitted)) +
  geom_histogram(position="identity", alpha=1, binwidth=1) +
    theme_bw()  # 绘制 number_diagnoses 变量的直方图, 根据 readmitted 进行分组并用颜色填充

ggplot(hospD, aes(num_lab_procedures, group=readmitted, fill=readmitted)) +
  geom_histogram(position="identity", alpha=1, binwidth=1) +
    theme_bw()  # 绘制 num_lab_procedures 变量的直方图, 根据 readmitted 进行分组并用颜色填充
```

```
ggplot(hospD, aes(num_medications, group=readmitted, fill=readmitted)) +
  geom_histogram(position="identity", alpha=1, binwidth=1) +
  theme_bw()  # 绘制 num_medications 变量的直方图, 根据 readmitted 进行分组并用颜色填充
```

例如 num_procedures 变量的直方图效果如图 12-5 所示。

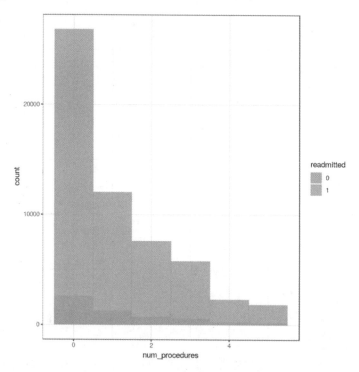

图 12-5　num_procedures 变量的直方图效果

12.8　第二方案

在第二种方案中,通过随机选择索引的方式将数据划分为训练集和测试集,并同样设置了随机种子。使用 ROSE 库中的 ovun.sample 函数进行欠采样操作,平衡训练集的数据。并使用 glm 函数拟合逻辑回归模型。

扫码看视频

12.8.1　数据集拆分和数据平衡

将数据集分为训练集和测试集,并进行数据平衡处理,使用欠采样方法平衡训练集的

数据。具体实现代码如下:

```
set.seed(100)
trainingRowIndex <- sample(1:nrow(hospD), 0.8*nrow(hospD))  # 随机选择 80%的行作为训
练集的索引
hospD_train <- hospD[trainingRowIndex, ]  # 训练集数据
hospD_test  <- hospD[-trainingRowIndex, ]  # 测试集数据
table(hospD_train$readmitted)  # 检查训练集的依赖变量

library(ROSE)
data_balance_under <- ovun.sample(readmitted ~., data = hospD_train, method =
"under", N = 8954, seed = 1)$data  # 使用欠采样方法平衡训练集的数据,并指定欠采样后的样本
数量为 8954
table(data_balance_under$readmitted)  # 检查平衡后的训练集的依赖变量
```

12.8.2　逻辑回归模型拟合和预测

使用逻辑回归模型对平衡后的训练集进行拟合,并对测试集进行预测。具体实现代码
如下:

```
logitMod <- glm(readmitted ~ race + gender + age + admission_type +
            discharge_disposition + admission_source + time_in_hospital +
            num_lab_procedures + num_procedures + num_medications +
            number_diagnoses + max_glu_serum + HbA1c + metformin + insulin +
            change + diabetesMed + primary_diagnosis, data =
            data_balance_under,
        family=binomial(link="logit"))  # 使用逻辑回归模型对平衡后的训练集进行拟合
summary(logitMod)  # 输出逻辑回归模型的摘要信息

logit_pred <- predict(logitMod, newdata = hospD_test)  # 对测试集进行预测,使用逻辑回
归模型
```

12.8.3　计算处理

1. 计算最佳阈值

使用了 InformationValue 包中的 optimalCutoff 函数,根据预测结果和实际结果,计算最
佳阈值(cut-off),用于将预测的概率转化为二分类的结果。具体实现代码如下:

```
optCutoff <- optimalCutoff(hospD_test$readmitted, logit_pred)[1]
optCutoff
```

2. 计算误分类错误率

利用最佳阈值,通过调用 InformationValue 包中的 misClassError 函数,计算误分类错误

率。具体实现代码如下：

```
misClassError(hospD_test$readmitted, logit_pred, threshold = optCutoff)
```

3. 计算混淆矩阵

利用最佳阈值，通过调用 InformationValue 包中的 confusionMatrix 函数，计算混淆矩阵，进而得到模型的准确率、敏感度、特异度等指标。具体实现代码如下：

```
confusionMatrix(hospD_test$readmitted, logit_pred, threshold = optCutoff)
```

4. 绘制 ROC 曲线

调用 InformationValue 包中的 plotROC 函数，绘制 ROC 曲线，用于评估模型的性能。具体实现代码如下：

```
plotROC(hospD_test$readmitted, logit_pred)
```

5. 计算 concordance 指数、灵敏度和特异度

通过调用 concordance 包中的 concordance 函数，计算 concordance 指数。另外，使用 InformationValue 包中的 sensitivity 和 specificity 函数，分别计算灵敏度和特异度。具体实现代码如下：

```
Concordance(hospD_test$readmitted, logit_pred)
sensitivity(hospD_test$readmitted, logit_pred, threshold = optCutoff)
specificity(hospD_test$readmitted, logit_pred, threshold = optCutoff)
```

12.8.4 逻辑回归模型的拟合、预测和评估

1. 加载数据集

加载数据集，并将 readmitted 变量转换为因子类型。具体实现代码如下：

```
hospD <- read.csv("hospDataOld_cleaned.csv")
hospD$X <- NULL
hospD$readmitted <- as.factor(hospD$readmitted)
```

2. 创建训练集和测试集

利用 caret 包中的 createDataPartition 函数，将数据集分为训练集和测试集。具体实现代码如下。

```
train <- createDataPartition(hospD$readmitted, p = 0.8, list = FALSE)
training <- hospD[train, ]
testing <- hospD[-train, ]
```

3. 数据平衡

使用 ROSE 包中的 ovun.sample 函数，采用欠采样方法平衡训练集的数据。具体实现代码如下：

```
data_bal_under <- ovun.sample(readmitted ~., data = training, method = "under", N
= 8950, seed = 1)$data
table(data_bal_under$readmitted)
```

4. 使用逻辑回归模型训练数据

使用 caret 包中的 train 函数，利用逻辑回归模型拟合训练集。具体实现代码如下：

```
logitMod2 <- train(readmitted ~ race + gender + age + admission_type +
                   discharge_disposition + admission_source + time_in_hospital +
                   num_lab_procedures + num_procedures + num_medications +
                   number_diagnoses + max_glu_serum + HbA1c + metformin + insulin
                   + change + diabetesMed + primary_diagnosis,
                   data = data_bal_under, method = "glm", family = "binomial")
```

5. 对测试集进行预测和评估

对测试集进行预测，然后通过调用 confusionMatrix 函数，计算混淆矩阵，进而得到模型的准确率等指标。具体实现代码如下：

```
logit_pred2 <- predict(logitMod2, newdata = testing)
confusionMatrix(logit_pred2, reference=testing$readmitted)
```

6. 计算 concordance 指数

使用 concordance 包中的 concordance 函数，计算 concordance 指数。具体实现代码如下：

```
concordance(testing$readmitted, logit_pred2)
```

7. 绘制 ROC 曲线

调用 InformationValue 包中的 roc.curve 函数，绘制 ROC 曲线。具体实现代码如下：

```
roc.curve(testing$readmitted, logit_pred2, plotit = F)
```

12.8.5 使用交叉验证方法训练决策树模型

1. 创建训练控制对象

创建了一个训练控制对象，使用十折交叉验证方法进行模型训练。具体实现代码如下：

```
trCntl <- trainControl(method = "CV", number = 10)
```

2. 使用交叉验证训练决策树模型

使用 caret 包中的 train 函数，利用交叉验证方法训练决策树模型。具体实现代码如下：

```
DTMod_CV <- train(readmitted ~ race + gender + age + admission_type +
                  discharge_disposition + admission_source + time_in_hospital +
                  num_lab_procedures + num_procedures + num_medications +
                  number_diagnoses + max_glu_serum + HbA1c + metformin + insulin
                  + change + diabetesMed + primary_diagnosis,
                  data = data_bal_under, trControl = trCntl, method = "rpart")
```

3. 输出信息

分别输出决策树模型的摘要信息、训练好的模型和计算的混淆矩阵信息。具体实现代码如下：

```
summary(DTMod_CV)
DTMod_CV
confusionMatrix(DTMod_CV)
```

4. 对测试集进行预测和评估

对测试集进行决策树模型的预测，并计算混淆矩阵。具体实现代码如下：

```
DT_pred_CV <- predict(DTMod_CV, testing)
confusionMatrix(DT_pred_CV, testing$readmitted)
```

5. 检查准确率和绘制 ROC 曲线

计算预测结果的准确率，并绘制 ROC 曲线。具体实现代码如下：

```
accuracy.meas(DT_pred_CV, testing$readmitted)
roc.curve(testing$readmitted, DT_pred_CV, plotit = F)
```

12.8.6　使用交叉验证方法训练随机森林模型

1. 创建训练控制对象

创建了一个训练控制对象，使用十折交叉验证方法进行模型训练。具体实现代码如下：

```
trCntl <- trainControl(method = "CV", number = 10)
```

2. 使用交叉验证训练随机森林模型

使用 caret 包中的 train 函数，利用交叉验证方法训练随机森林模型。具体实现代码如下：

```
RFMod_CV <- train(readmitted ~ race + gender + age + admission_type +
```

```
                discharge_disposition + admission_source + time_in_hospital +
                num_lab_procedures + num_procedures + num_medications +
                number_diagnoses + max_glu_serum + HbA1c + metformin + insulin
                + change + diabetesMed + primary_diagnosis,
                data = data_bal_under, trControl = trCntl, method = "rf")
```

3. 输出信息

分别输出随机森林模型的摘要信息、训练好的模型和计算的混淆矩阵。具体实现代码如下：

```
summary(RFMod_CV)
RFMod_CV
confusionMatrix(RFMod_CV)
```

4. 对测试集进行预测和评估

对测试集进行随机森林模型的预测，并计算混淆矩阵。具体实现代码如下：

```
RF_pred_CV <- predict(RFMod_CV, testing)
confusionMatrix(RF_pred_CV, testing$readmitted)
```

5. 检查准确率和绘制 ROC 曲线

计算预测结果的准确率，并绘制 ROC 曲线。具体实现代码如下：

```
accuracy.meas(RF_pred_CV, testing$readmitted)
ROSE::roc.curve(testing$readmitted, RF_pred_CV, plotit = F)
```

12.8.7 实现朴素贝叶斯模型

1. 加载包

加载了包 e1071，该包提供了朴素贝叶斯模型的实现。具体实现代码如下：

```
library(e1071)
```

2. 创建交叉验证的折叠索引

根据因变量 readmitted 创建了十折交叉验证的折叠索引，具体实现代码如下：

```
folds <- createFolds(hospD$readmitted, k = 10)
```

3. 使用交叉验证训练朴素贝叶斯模型

使用交叉验证的每个折叠训练朴素贝叶斯模型。在每个折叠中，将随机种子设置为 100，将数据集划分为训练集和测试集。然后，使用 ROSE 函数对训练集进行过采样(数据平衡)，然后使用 naiveBayes 函数训练朴素贝叶斯模型。最后，对测试集进行预测并计算模型的特异度(specificity)。具体实现代码如下：

```
NBMod_CV <- lapply(folds, function(x) {
  set.seed(100)
  train <- hospD[-x,]
  test <- hospD[x,]
  data_bal_ROSE <- ROSE(readmitted ~., data = train, seed = 1)$data
  model <- naiveBayes(readmitted~ race + gender + age + admission_type +
                      discharge_disposition + admission_source + time_in_hospital
                      + num_lab_procedures + num_procedures + num_medications +
                      number_diagnoses + max_glu_serum + HbA1c + metformin + insulin
                      + change + diabetesMed + primary_diagnosis,
                      data = data_bal_ROSE)
  pred <- predict(model, test)
  conf_matrx <- table(pred, test$readmitted)
  spec <- specificity(pred, test$readmitted)
  return(spec)
})
```

4. 输出模型特异度

输出每个交叉验证折叠的朴素贝叶斯模型的特异度，具体实现代码如下：

```
NBMod_CV
```

5. 将模型转换

将模型特异度转换为向量形式，并计算平均模型特异度。具体实现代码如下：

```
unlist(NBMod_CV)
mean(unlist(NBMod_CV))
```

6. 创建模型列表并进行模型比较

将不同模型的结果放入模型列表中，并使用 resamples 函数进行模型比较。然后，使用 summary 函数输出模型的摘要信息，并使用 bwplot 函数绘制模型比较的盒状图。具体实现代码如下：

```
model_list <- list(LR = logitMod2_CV, DT = DTMod_CV, RF = RFMod_CV, NB = NBMod_CV)
res <- resamples(model_list)
summary(res)
bwplot(res)
```

R 语言入门与实践

12.9 模型训练和评估

在本项目中一共进行了两次训练集和测试集的划分，并使用了四种不同的模型(逻辑回归、决策树、随机森林、朴素贝叶斯)进行训练和评估。

扫码看视频

12.9.1 数据预处理

再次准备数据，对数据集进行预处理和准备训练集与测试集。具体实现代码如下：

```
hospD <- read.csv("hospDataOld_cleaned.csv")
hospD$X <- NULL
hospD$readmitted <- as.factor(hospD$readmitted)

# checking dimensions of data
glimpse(hospD)  # 查看数据的维度信息

# set random seed
set.seed(100)
library(caret)

train <- createDataPartition(hospD$readmitted, p = 0.8, list = FALSE)
training <- hospD[train, ]
testing <- hospD[-train, ]

# check dependent variable (training set)
table(training$readmitted)  # 检查训练集的因变量分布

# balance dataset
library(ROSE)
data_bal_ROSE <- ROSE(readmitted ~., data = training, seed = 1)$data
table(data_bal_ROSE$readmitted)  # 检查平衡后的数据集的因变量分布
```

对以上代码的说明如下。

① 使用函数 read.csv()读取名为 hospDataOld_cleaned.csv 的数据集。

② 通过 hospD$X <- NULL 将无用的列 X 删除。

③ 使用函数 as.factor()将 readmitted 列转换为因子型变量。

④ 通过 glimpse(hospD)检查数据集的维度信息，并输出数据集的结构概览。

⑤ 使用函数 set.seed(100)设置随机种子，以确保结果的可重复性。

⑥ 载入 caret 包，该包提供了机器学习中常用的函数和工具。

⑦ 使用函数 createDataPartition()根据 readmitted 列创建一个训练集和测试集的索引，其中 80%的样本用于训练，20%的样本用于测试。

⑧ 将训练集和测试集分别存储在 training 和 testing 中。

⑨ 使用 table(training$readmitted)检查训练集中因变量 readmitted 的分布情况。

⑩ 载入 ROSE 包，该包提供了处理不平衡数据集的函数。

⑪ 使用 ROSE 函数对训练集进行过抽样处理，以平衡数据集，生成平衡后的数据集 data_bal_ROSE。

⑫ 使用 table(data_bal_ROSE$readmitted)检查平衡后的数据集中因变量 readmitted 的分布情况。

12.9.2 逻辑回归模型的训练和评估

使用逻辑回归(Logistic Regression)模型进行训练和评估，具体实现代码如下：

```
trCntl <- trainControl(method = "CV", number = 10)
logitMod2_CV <- train(readmitted ~ race + gender + age + admission_type +
                      discharge_disposition + admission_source + time_in_hospital
                      + num_lab_procedures + num_procedures + num_medications +
                      number_diagnoses + max_glu_serum + HbA1c + metformin +
                      insulin + change + diabetesMed + primary_diagnosis,
                      data = data_bal_ROSE, trControl = trCntl, method = "glm",
                      family = "binomial")
summary(logitMod2_CV)   # 输出模型的摘要信息
logitMod2_CV  # 输出训练好的模型
confusionMatrix(logitMod2_CV)   # 计算模型的混淆矩阵

logit_pred2CV <- predict(logitMod2_CV, testing)
confusionMatrix(logit_pred2CV, testing$readmitted)   # 计算混淆矩阵
#plotROC(testing$readmitted, logit_pred2CV)   # 绘制 ROC 曲线
# 检查准确率
accuracy.meas(logit_pred2CV, testing$readmitted)
roc.curve(testing$readmitted, logit_pred2CV, plotit = F)   # 绘制 ROC 曲线
```

对以上代码的说明如下。

① 函数 trainControl()使用交叉验证方法进行模型训练，其中 method = "CV"表示使用交叉验证，number = 10 表示使用十折交叉验证。

② 函数 train()使用 glm 方法训练逻辑回归模型，family = "binomial"表示二分类问题。

③ 函数 summary(logitMod2_CV)用于输出逻辑回归模型的摘要信息。

④ 函数 logitMod2_CV 输出训练好的逻辑回归模型。

⑤ 函数 confusionMatrix(logitMod2_CV)计算逻辑回归模型的混淆矩阵。

⑥ 函数 predict(logitMod2_CV, testing)使用训练好的模型对测试集进行预测。

⑦ 函数 confusionMatrix(logit_pred2CV, testing$readmitted)计算预测结果的混淆矩阵。

⑧ 函数 accuracy.meas(logit_pred2CV, testing$readmitted)计算预测准确率。

⑨ 函数 roc.curve(testing$readmitted, logit_pred2CV, plotit = F)绘制 ROC 曲线(注释掉的代码)。

12.9.3 决策树模型的训练和评估

使用决策树(Decision Tree)模型进行训练和评估，具体实现代码如下：

```
trCntl <- trainControl(method = "CV", number = 10)
DTMod_CV <- train(readmitted ~ race + gender + age + admission_type +
                  discharge_disposition + admission_source + time_in_hospital +
                  num_lab_procedures + num_procedures + num_medications +
                  number_diagnoses + max_glu_serum + HbA1c + metformin + insulin
                  + change + diabetesMed + primary_diagnosis,
                  data = data_bal_ROSE, trControl = trCntl, method = "rpart")
summary(DTMod_CV)  # 输出模型的摘要信息
DTMod_CV  # 输出训练好的模型
confusionMatrix(DTMod_CV)  # 计算模型的混淆矩阵

DT_pred_CV <- predict(DTMod_CV, testing)
confusionMatrix(DT_pred_CV, testing$readmitted)  # 计算混淆矩阵
# 检查准确率
accuracy.meas(DT_pred_CV, testing$readmitted)
roc.curve(testing$readmitted, DT_pred_CV, plotit = F)  # 绘制 ROC 曲线
```

对以上代码的说明如下。

① 函数 trainControl()使用交叉验证方法进行模型训练，其中 method = "CV"表示使用交叉验证，number = 10 表示使用十折交叉验证。

② 函数 train()使用 rpart 方法训练决策树模型。

③ 函数 summary(DTMod_CV)用于输出决策树模型的摘要信息。

④ DTMod_CV 输出训练好的决策树模型。

⑤ 函数 confusionMatrix(DTMod_CV)计算决策树模型的混淆矩阵。

⑥ 函数 predict(DTMod_CV, testing)使用训练好的模型对测试集进行预测。

⑦　函数 confusionMatrix(DT_pred_CV, testing$readmitted)计算预测结果的混淆矩阵。

⑧　函数 accuracy.meas(DT_pred_CV, testing$readmitted)计算预测准确率。

⑨　函数 roc.curve(testing$readmitted, DT_pred_CV, plotit = F)绘制 ROC 曲线(注释掉的代码)。

12.9.4　随机森林模型的训练和评估

使用随机森林(Random Forest)模型进行训练和评估，具体实现代码如下：

```
trCntl <- trainControl(method = "CV", number = 10)
RFMod_CV <- train(readmitted ~ race + gender + age + admission_type +
                  discharge_disposition + admission_source + time_in_hospital +
                  num_lab_procedures + num_procedures + num_medications +
                  number_diagnoses + max_glu_serum + HbA1c + metformin + insulin
                  + change + diabetesMed + primary_diagnosis,
                  data = data_bal_ROSE, trControl = trCntl, method = "rf")
summary(RFMod_CV)  # 输出模型的摘要信息
RFMod_CV  # 输出训练好的模型
confusionMatrix(RFMod_CV)  # 计算模型的混淆矩阵

RF_pred_CV <- predict(RFMod_CV, testing)
confusionMatrix(RF_pred_CV, testing$readmitted)  # 计算混淆矩阵

confusionMatrix(RF_pred_CV, testing$readmitted, positive = "1")  # 计算正类别的混淆
矩阵

# 检查准确率
accuracy.meas(RF_pred_CV, testing$readmitted)
ROSE::roc.curve(testing$readmitted, RF_pred_CV, plotit = F)  # 绘制 ROC 曲线
```

对以上代码的说明如下。

①　函数 trainControl()使用交叉验证方法进行模型训练，其中 method = "CV"表示使用交叉验证，number = 10 表示使用十折交叉验证。

②　函数 train()使用 rf 方法训练随机森林模型。

③　函数 summary(RFMod_CV)用于输出随机森林模型的摘要信息。

④　RFMod_CV 输出训练好的随机森林模型。

⑤　函数 confusionMatrix(RFMod_CV)计算随机森林模型的混淆矩阵。

⑥　函数 predict(RFMod_CV, testing)使用训练好的模型对测试集进行预测。

⑦　函数 confusionMatrix(RF_pred_CV, testing$readmitted)计算预测结果的混淆矩阵。

⑧　函数 confusionMatrix(RF_pred_CV, testing$readmitted, positive = "1")计算正类别的
混淆矩阵。

⑨　函数 accuracy.meas(RF_pred_CV, testing$readmitted)计算预测准确率。

⑩　函数 ROSE::roc.curve(testing$readmitted, RF_pred_CV, plotit = F)绘制 ROC 曲线。

12.9.5　朴素贝叶斯模型的训练和评估

使用朴素贝叶斯(Naive Bayes)模型进行训练和评估，具体实现代码如下：

```
trCntl <- trainControl(method = "CV", number = 10)
NBMod_CV <- train(readmitted ~ race + gender + age + admission_type +
                  discharge_disposition + admission_source + time_in_hospital +
                  num_lab_procedures + num_procedures + num_medications +
                  number_diagnoses + max_glu_serum + HbA1c + metformin + insulin
                  + change + diabetesMed + primary_diagnosis,
                  data = data_bal_ROSE, trControl = trCntl, method = "nb")
summary(NBMod_CV)  # 输出模型的摘要信息
NBMod_CV  # 输出训练好的模型
confusionMatrix(NBMod_CV)  # 计算模型的混淆矩阵

NB_pred_CV <- predict(NBMod_CV, testing)
confusionMatrix(NB_pred_CV, testing$readmitted)  # 计算混淆矩阵
confusionMatrix(NB_pred_CV, testing$readmitted, positive = "1")  # 计算正类别的混淆
矩阵

# 检查准确率
accuracy.meas(NB_pred_CV, testing$readmitted)
ROSE::roc.curve(testing$readmitted, NB_pred_CV, plotit = F)  # 绘制 ROC 曲线
```

对以上代码的说明如下。

①　函数 trainControl()使用交叉验证方法进行模型训练，其中 method = "CV"表示使用
交叉验证，number = 10 表示使用十折交叉验证。

②　函数 train()使用 nb 方法训练朴素贝叶斯模型。

③　函数 summary(NBMod_CV)用于输出朴素贝叶斯模型的摘要信息。

④　NBMod_CV 输出训练好的朴素贝叶斯模型。

⑤　函数 confusionMatrix(NBMod_CV)计算朴素贝叶斯模型的混淆矩阵。

⑥　函数 predict(NBMod_CV, testing)使用训练好的模型对测试集进行预测。

⑦　函数 confusionMatrix(NB_pred_CV, testing$readmitted)计算预测结果的混淆矩阵。

⑧　函数 confusionMatrix(NB_pred_CV, testing$readmitted, positive = "1")计算正类别的

混淆矩阵。

 ⑨ 函数 accuracy.meas(NB_pred_CV, testing$readmitted)计算预测准确率。

 ⑩ 函数 ROSE::roc.curve(testing$readmitted, NB_pred_CV, plotit = F)绘制 ROC 曲线。

12.10　结论

扫码看视频

  本项目利用涵盖了人口统计学、临床相关的诊疗过程以及诊断相关特征和所有年龄段的药物信息的数据，构建了一个预测模型，以识别糖尿病患者在 30 天内有较高再次住院的可能性。通过对四种机器学习算法(逻辑回归、决策树、随机森林和朴素贝叶斯)在准确率、Kappa 系数、ROC 曲线和混淆矩阵等方面进行分析，得出每个算法的性能指标。

 (1) Logistic Regression (逻辑回归)

 ❑ Accuracy (准确率)：72.45%。

 ❑ Sensitivity (敏感度)：63.81%。

 ❑ Specificity (特异度)：76.14%。

 ❑ Precision (精确度)：64.20%。

 (2) Decision Tree (决策树)

 ❑ Accuracy (准确率)：69.91%。

 ❑ Sensitivity (敏感度)：61.62%。

 ❑ Specificity (特异度)：73.48%。

 ❑ Precision (精确度)：61.97%。

 (3) Naive Bayes (朴素贝叶斯)

 ❑ Accuracy (准确率)：61.02%。

 ❑ Sensitivity (敏感度)：68.35%。

 ❑ Specificity (特异度)：54.23%。

 ❑ Precision (精确度)：60.01%。

 (4) Random Forest (随机森林)

 ❑ Accuracy (准确率)：73.22%。

 ❑ Sensitivity (敏感度)：64.53%。

 ❑ Specificity (特异度)：76.92%。

 ❑ Precision (精确度)：65.49%。

以上是每个算法在预测糖尿病患者再次住院可能性方面的性能指标。可以看出，随机森林模型在准确率、敏感度、特异度和精确度方面表现最好，达到了 73.22% 的准确率，因此被认为是最高性能的模型。这些性能指标可以帮助我们评估和比较不同模型在预测任务中的表现。影响再次住院率的一些关键因素包括患者在医院中的住院次数、诊断次数、实验室检查次数和用药次数。其他一些次要的参考信息包括入院类型、入院来源、主要诊断、胰岛素剂量、HbA1c 值等。根据本研究的结果，建议医院不仅要关注住院治疗，还要在患者出院后继续关心他们的护理。